梯度自润滑陶瓷刀具

许崇海 衣明东 肖光春 等 著

科学出版社

北京

内 容 简 介

本书是作者结合多年从事梯度自润滑陶瓷刀具的相关研究成果撰写而成。在全面综述国内外自润滑陶瓷材料、纳米复合陶瓷材料、梯度陶瓷材料等研究进展的基础上,论述了梯度自润滑陶瓷刀具材料的设计理论与建模模拟方法,阐述了多元梯度自润滑陶瓷刀具、纳微米复合梯度自润滑陶瓷刀具、纳米固体润滑剂与梯度设计协同改性陶瓷刀具等三种刀具材料的制备工艺、微观结构与物理力学性能,以及梯度自润滑陶瓷刀具材料的摩擦磨损特性、切削性能及其减摩耐磨机理。书中既有理论分析与模拟计算,又有实际切削应用,反映了梯度自润滑陶瓷刀具领域的最新研究成果。

本书可供金属切削理论与切削刀具等相关领域的工程技术人员和管理人员参考,也可作为机械工程领域科研人员及高等院校机械类专业教师、研究生和高年级本科生的参考书。

图书在版编目(CIP)数据

梯度自润滑陶瓷刀具/许崇海等著. —北京:科学出版社,2015
ISBN 978-7-03-046527-6

Ⅰ.①梯… Ⅱ.①许… Ⅲ.①陶瓷刀具 Ⅳ.①TG711

中国版本图书馆 CIP 数据核字(2015)第 285456 号

责任编辑:裴 育 / 责任校对:桂伟利
责任印制:徐晓晨 / 封面设计:蓝正设计

科 学 出 版 社 出版
北京东黄城根北街 16 号
邮政编码:100717
http://www.sciencep.com

北京教图印刷有限公司 印刷
科学出版社发行 各地新华书店经销

*

2015 年 12 月第 一 版 开本:720×1000 B5
2015 年 12 月第一次印刷 印张:15 3/4
字数:301 000

定价:85.00 元
(如有印装质量问题,我社负责调换)

序　言

作为一种绿色制造技术,干切削解决了切削液带来的环境及经济效应弊端,是当前金属切削加工技术的重要发展方向之一。干切削技术与高速切削技术的有机结合,将获得生产率高、加工质量好和无环境污染等多重效益。但高速干切削对刀具材料提出了更高的要求。在刀具技术研究领域,陶瓷刀具以其高硬度和耐磨性,在高速切削和干切削中表现出优异的切削性能,是一类极具发展前途的刀具材料。然而,陶瓷刀具材料的力学性能与减摩耐磨性能仍有待进一步提高。

近年来研究发现,通过在陶瓷基体中引入固体润滑剂制备自润滑刀具,是提高干切削刀具性能的有效途径之一,有望借助其低摩擦系数、良好的自润滑特性,实现对镍基合金、不锈钢等易黏结的难加工工件材料的高速高效加工。但固体润滑剂的添加在降低摩擦系数、实现自润滑的同时,也会导致刀具材料的力学性能显著降低。二者的共同作用,使得刀具寿命很难有所提高。因此,如何兼顾刀具材料的力学性能和润滑特性,使之既能获得良好的自润滑效果,又能提高刀具寿命,是当前自润滑干切削刀具研究亟待解决的理论与技术难题。

该书作者许崇海等一直致力于新型刀具材料及切削加工技术的相关研究。他们提出了梯度自润滑陶瓷刀具的设计思路,研制了多种梯度自润滑陶瓷刀具材料,并阐述了梯度自润滑陶瓷刀具的设计理论、制备工艺、力学性能、切削特性与减摩耐磨机理,从而较好地解决了上述难题。可以说,这是一项具有重要理论意义与实际应用价值的工作。所研制的梯度自润滑系列陶瓷刀具,是一类高效、洁净的绿色切削刀具,在现代切削加工中具有良好的应用前景。

在总结多年研究成果的基础上,许崇海等撰写了该书,对梯度自润滑陶瓷刀具进行了系统介绍。我相信该书将成为金属切削加工相关领域的研究者和工程技术人员进行科学研究与技术开发的重要参考书,对于提高我国切削刀具技术的水平、促进切削加工技术的发展和进步必将起到重要的推动作用。

山东大学　教授

前　　言

　　自润滑刀具作为切削加工中的有效润滑技术之一,已经引起切削加工研究工作者的广泛关注。通过添加固体润滑剂实现自润滑是自润滑刀具的重要方式之一。作为一个重要的研究方向,通过添加固体润滑剂制备的自润滑陶瓷刀具因其内部始终含有固体润滑剂,而在整个生命周期内始终具有自润滑功能。但同时也存在一定不足,由于固体润滑剂的影响,自润滑陶瓷刀具的力学性能较低,从而限制了其在切削加工中的应用。

　　本书针对目前自润滑刀具减摩性能和耐磨性能不能合理兼顾的难题,将梯度设计思想引入自润滑刀具的研制过程,提出梯度自润滑刀具的设计思路与系列新技术,研制开发兼具高减摩性能和耐磨性能的新型自润滑刀具。通过对新型梯度自润滑陶瓷刀具的研究,可以有效解决自润滑刀具减摩性能和耐磨性能不能合理兼顾的技术难题,显著改善刀具的综合力学性能与使用性能。这不仅为切削刀具的设计提供了新的思路和新的研究领域,也为提高刀具性能开拓了新的途径;同时,采用梯度自润滑刀具进行干切削作为一种环境效益和经济效益俱佳的工艺选择,还将有力地推动我国切削技术的发展和进步,具有广阔的应用前景。

　　本书主要内容包括:梯度自润滑陶瓷刀具材料的设计理论与建模模拟方法,多元梯度自润滑陶瓷刀具、纳微米复合梯度自润滑陶瓷刀具、纳米固体润滑剂与梯度设计协同改性陶瓷刀具等三种刀具材料的制备工艺、微观结构与物理力学性能,以及梯度自润滑陶瓷刀具材料的摩擦磨损特性、切削性能及其减摩耐磨机理。

　　作者一直致力于新型刀具材料的研制与切削加工技术的相关研究。近年来,在国家自然科学基金项目(51075248)、教育部新世纪优秀人才支持计划(NCET-10-0866)、教育部科学技术研究重点项目(212097)、山东省自然科学杰出青年基金项目(JQ201014)、山东省自然科学基金重点项目(ZR2009FZ005)等资助下,在梯度自润滑陶瓷刀具研究领域取得了系列研究成果。本书是在总结这些研究成果的基础上撰写而成的,其主要内容均取材于作者在国内外专业期刊上发表的学术论文以及作者指导的研究生的学位论文。撰写本书的目的是向读者系统介绍梯度自润滑陶瓷刀具研究方面的最新进展并推广应用,进而对我国刀具技术的研究与发展起到相应的促进作用。

　　本书由齐鲁工业大学许崇海、衣明东、肖光春、吴光永撰写,全书由许崇海统稿。感谢恩师艾兴院士为本书作序,并提出了宝贵的指导性意见和建议。感谢研究生张永莲、徐秀国、王春林所做的研究工作。在本书撰写过程中,科学出版社给予了热情的帮助和指导,在此深表谢意。

限于作者水平,书中难免存在不足之处,恳请广大读者批评指正。

许崇海

2015 年 7 月

目　　录

第1章 绪 论

绿色制造已成为 21 世纪机械制造业的发展趋势,是实现资源和能源高效、清洁、循环利用与环境影响最小化的重要途径。随着社会可持续发展意识的提高和研究的不断深入,使用切削液所带来的负面效应越来越明显。消除使用切削液所带来的负面影响,最直接的方法就是取消切削液的使用,进行干式切削加工。由于干切削加工过程中没有切削液的冷却润滑作用,使得切削条件更加恶劣,对刀具提出了更严格的要求,刀具需要具备优异的耐高温、耐磨损特性,较低的摩擦系数,以及合理的刀具结构和几何参数等。基于干切削加工特性,对刀具进行合理设计,改善刀具的减摩和高温磨损性能,使刀具具备自润滑功能尤其重要。因此,本书针对自润滑陶瓷刀具不能合理兼顾自润滑性能和力学性能的难题,采用梯度设计剪裁刀具内部的固体润滑剂分布,使陶瓷刀具兼具表层良好的自润滑性能和整体良好的力学性能。

1.1 自润滑陶瓷材料的研究现状

1.1.1 常用固体润滑剂及其主要性能

固体润滑剂具有摩擦性能优良、承载能力和耐磨性较高、宽温特性和时效性良好等特点,可以在不能使用润滑油脂的地方、环境恶劣及无需维护的场合下应用。常用的固体润滑剂可分为软金属类、层状无机物类、非层状无机物类和有机物类等,而应用于陶瓷刀具复合材料的主要是前三类固体润滑剂。

1. 软金属类

软金属类固体润滑材料作为固体润滑剂是基于其剪切强度低,与对偶材料发生摩擦时能够发生晶间滑移,起到良好的减摩作用。许多软金属,如金、银、铅、锡、锌、铟等,在重载、高低温、真空和辐射等条件下都具有良好的润滑效果,可以作为固体润滑剂。

软金属类固体润滑材料作为固体润滑剂时,必须考虑其硬度、熔点、高温下的化学稳定性等因素。一些软金属,如锡、铅、铟、镉等熔点较低;铂在高温下会形成氧化膜易导致工件黏着磨损;锌、铝、铜等在高温下生成的氧化物具有比基体更大的硬度,且分解的温度很高,因此都不适合作为高温润滑。金、银等软金属可以作为耐高温固体润滑剂,其中金在高温下相当稳定,1000℃以上也不发生氧化反应,而银的氧化物 AgO、Ag₂O 则分别在 145℃和 300℃下就会发生分解反应,其产物为单质银和氧气。

　　2. 层状无机物类

　　层状无机物类包括石墨、六方氮化硼和过渡金属二硫化合物(二硫化钨、二硫化钼、二硒化铌),该类化合物具有层片状六方晶系结构,层与层之间以较弱的范德华力结合,晶面容易产生滑移,发生塑性变形,从而具有良好的减摩性能。常见层状无机物类固体润滑剂的特性如表 1-1 所示。

表 1-1　常见层状无机物类固体润滑剂的特性

润滑剂	氧化温度/℃	熔点/℃	相对摩擦系数
石墨	350	3527	0.19
六方氮化硼	900	3000	0.20
二硫化钼	350	1185	0.18
二硫化钨	440	1250	0.17

　　石墨来源广泛、价格低廉并具有优良的化学稳定性、高温安定性、导电性等优点。由于石墨的润滑作用受吸附气体的影响,其在真空中的润滑效果较差。在真空高温下,石墨脱气时,石墨表面的化合表面膜或吸附膜将发生热解,生成碳的易挥发性氧化物,从而导致石墨失去润滑性能。因此,石墨作为固体润滑剂,不能单独使用,必须经过改性或者复合处理后使用。六方氮化硼为六方晶体,具有与石墨一样的层状结构和类似的性质,可以用作高温润滑剂或者绝缘性隔热润滑材料。

　　层状无机物类固体润滑剂中以二硫化钼的应用最为广泛。二硫化钼具有很好的防真空冷焊能力和承载能力,摩擦系数和磨损率很低,对速度和温度的变化不是很敏感,抗辐照性能和耐高低温交变能力较好,但纯的二硫化钼润滑层在大气,特别是潮湿的大气环境中易发生潮解、氧化,从而导致二硫化钼的润滑性能下降甚至失效。二硫化钨具有与二硫化钼相似的物理性质,润滑机理与石墨大体相似,二硫化钨为立方晶系,在该晶系中,W 原子和 S 原子以强化学键结合,而 S 原子和 S 原子之间以弱分子键结合,在摩擦过程中 S 原子和 S 原子之间剪切强度低,很容易沿 S 原子和 S 原子面滑动。

　　3. 非层状无机物类

　　非层状无机物类主要包括金属氧化物、金属氟化物等。金属氧化物如氧化铅、氧化硼、氧化锌、二氧化硅和三氧化钼等,金属氟化物如氟化钙和氟化钡等,这些无机化合物在高温下都具有良好的润滑作用。氧化铅是润滑性能最好的一种高温润滑材料,其摩擦系数随温度的升高而减小,在 400℃ 以上时甚至比二硫化钼的润滑性还好。氟化钙和氟化钡在 500℃ 开始具有润滑性能,在高温下还具有相当强的抗氧化能力,在 900℃ 时仍不发生氧化失效还可以继续使用。部分无机化合物的物理性质如表 1-2 所示。

表 1-2　部分无机化合物的物理性质

化合物	晶系	密度/(g/cm³)	熔点/℃	莫氏硬度	摩擦系数(测试温度/℃)
PbMoO₄	正方	6.92	1070	3	0.29~0.33(704)
Pb₂WO₄	正方	8.23	1123	3	0.35(704)
PbCrO₄	单斜	6.12	844		
BaCrO₄	斜方	4.50			0.3~0.4(25~800)
BaCr₂O₄	斜方	4.90			0.3~0.4(25~800)
CaF₂	立方	3.18	1418	4	0.2~0.4(25~900)
BaF₂	立方	4.78	1353		0.2~0.4(25~900)
CeF₃	正方	4.50	1437	4.5	0.2~0.4(25~900)
LaF₃	正方	4.50	1490	1.5	0.2~0.4(25~900)

此外,纳米润滑材料是一种新型的高性能润滑材料,由于其纳米效应的存在,使其表现出比现有润滑材料更好的综合性能和更广泛的应用前景。尽管它出现的时间还比较短,却已引起了世界范围的关注。胡坤宏等利用纳米 MoS_2 空心球填充聚甲醛制备自润滑复合材料,其减摩抗磨性能比微米 MoS_2 填充聚甲醛性能更好。

1.1.2　自润滑复合材料的研究现状

自润滑复合材料是以金属、陶瓷或非金属为基体,加入固体润滑剂和一些附加添加剂,通过一定工艺制备而成的具有一定力学性能和自润滑性能的固体润滑复合材料。自润滑复合材料可根据工作环境的要求方便地设计材料组分,一方面具有较高的力学性能,能够提高材料的耐磨性;另一方面又具有自润滑的效果,在摩擦表面形成一层固体润滑膜,减小材料的摩擦系数和摩擦功耗。随着社会科技的发展和人类环境保护意识的提高,低污染、较长使用寿命、低摩擦系数,同时具有自润滑性能的自润滑复合材料在生物、电子、通信、航空等高科学技术领域具有广阔的发展前景,应用范围也越来越广泛,备受人们的关注。按基体材料的类型,自润滑复合材料大致分为金属基、高分子基和陶瓷基三大类。

1. 自润滑金属基复合材料

自润滑金属基复合材料是材料科学与摩擦学研究领域的一个重要领域。自润滑金属基复合材料的摩擦性能由其力学性能、摩擦过程中的表面固体润滑膜能否不断地形成和补充、能否成功地转移到对偶材料决定。自润滑金属基复合材料必须具有足够的强度才能保证摩擦部件有很高的承载能力;还必须具有一定的固体润滑剂含量才能降低其摩擦系数;强度与润滑性能的协同配合问题一直是该领域的研究热点之一。张定军等采用粉末冶金的方法以石墨为固体润滑剂制备了 Ni-Al 基自润滑金属复合材料,并讨论了在不同试验条件下的摩擦磨损性能。结果表明,加入 5% 的鳞片状石墨能改善材料的摩擦性能;随着烧结温度的升高,该材料的机械性能及摩擦性能均有所改善,烧结温度为 1100℃ 时组织最致密、硬度最高、摩擦性能最优。Dong 等采用粉末冶金法制备 $Bi_2Sr_2CaCu_2O_x$(Bi2212)和 Ag/Bi2212 复合材料,并测定了 Ag/Bi2212 复合材料的摩擦磨损性能。试验表明,10% Ag/Bi2212 复合材料的润滑系数最低,为 0.2;15% Ag/Bi2212 复合材料的磨损率最低,为 $9.5×10^{-5}\,mm^3/(N·m)$。

　　原位反应型金属基自润滑复合材料较多地应用在高温下的摩擦中,材料本身各组成相之间或者材料与工作环境中的气体发生化学反应从而在材料的表面形成一层自润滑膜。在某些特定的情况下,这种原位反应不仅没有损害基体材料的承载能力,还会提高自润滑材料的承载能力。Tyagi 等将不同比例的 TiC 加入 Al 基体中制备出 Al 基复合材料,在研究与 Al_2O_3 干摩擦时发现,随着载荷的增加,该复合材料的磨损率并没有线性增大,而增加 TiC 含量时磨损率有所降低。主要原因是加入 TiC 后,摩擦过程中原位生成的氧化膜转移到摩擦副表面,起到了润滑的作用。Zhang 等将 Fe_2Ni_2RE 合金粉末热喷涂到 1045 碳钢上,并测试了与 SAE52100 钢干摩擦的性能,研究表明,Fe_2Ni_2RE 合金涂层高温下原位形成的氧化膜能有效地改善摩擦条件,随着载荷的增大,磨损率会少量增加。

　　金属基镶嵌型自润滑材料是指在金属基体材料上预先加工出按照一定方式排列的小孔或者沟槽,然后将固体润滑剂镶嵌在小孔或者沟槽中。工作过程中由于环境温度或摩擦热的影响,固体润滑剂从小孔或者沟槽略微突起,并通过摩擦作用在金属基体材料和对偶材料的表面形成润滑膜,从而起到减摩耐磨的作用。宋文龙等采用微细电火花加工技术在硬质合金刀具前刀面月牙洼磨损区域加工微孔并填装 MoS_2 固体润滑剂,制备一种镶嵌固体润滑剂的微织构自润滑陶瓷刀具,并进行干切削试验。试验表明,微织构自润滑陶瓷刀具能够显著降低切削力、减小刀具前刀面磨损;同时,微织构自润滑刀具的切削性能受到微织构结构的影响,合理的微织构结构能够减少切屑的黏结,从而提高微织构自润滑刀具的切削性能。

　　2. 自润滑高分子基复合材料

　　自润滑高分子基复合材料主要包括聚尼龙、聚甲醛、四氟乙烯、酰亚胺、聚醚醚酮等工程塑料。自润滑高分子基复合材料的密度小、摩擦系数低,但其机械性能、传热性能和耐热性能不是很理想。为了实现预期的目的,经常向高分子材料中掺入一些耐磨物质,如玻璃纤维、碳纤维、二硫化钼、石墨以及一些有机化合物,以提高材料的刚度、耐磨性和导热性能,从而获得优异的机械、物理和化学等性能。自润滑高分子基复合材料可以节省大量的金属材料、润滑油脂和消耗能源,实现无油润滑,在齿轮、滑块、滑动轴承和制作轴承保持架等方面具有广泛的应用空间。

目前自润滑高分子基复合材料主要通过聚合物与聚合物共混及添加晶须、纤维等途径来提高基体材料的机械性能。此外,通过电子辐射、等离子改性和离子注入等手段进行表面改性处理,也能有效地提高其综合性能。Wang 等研究的采用纳米 Si_3N_4 填充的聚醚醚酮(PEEK)复合材料表明,Si_3N_4 能降低 PEEK 复合材料的摩擦系数和磨损率,当 Si_3N_4 质量分数为 7.5% 时,PEEK 复合材料的磨损率最低。这是由于在摩擦过程中部分 Si_3N_4 被氧化生成 SiO_2,改善了润滑膜的特征,形成了较连续的润滑膜。Pei 等研究分析了电子辐射对 PES2C 聚乙烯的结构和摩擦性能的影响,聚乙烯被辐射后会形成新的碳化物,其磨损率随着辐射能量的增大而大大降低,这是因为新生成的无定形碳化物使聚乙烯材料的磨损类型发生改变,由黏结磨损转变为疲劳磨损。魏羟等对以铅粉、石墨、玻璃纤维(GF)、聚四氟乙烯(PTFE)的混合物为固体润滑剂制备的铜基镶嵌式自润滑轴承材料进行了摩擦磨损试验,结果表明,在 PTFE 中添加不同配比的铅粉、石墨、GF 形成的固体润滑剂,可以不同程度地降低铜基自润滑轴承材料的摩擦系数和磨损率,且 GF 的加入还能大幅度降低摩擦配副的磨损率。

3. 自润滑陶瓷基复合材料

新型结构陶瓷材料具有低密度、高硬度、高强度和高刚度等优点,以及优异的化学稳定性和高温力学性能等特点,在摩擦学领域得到了广泛的应用。

1) 添加固体润滑剂的自润滑陶瓷基复合材料

自润滑陶瓷基复合材料是将固体润滑剂作为添加剂直接添加到陶瓷基材料基体中制备的。利用固体润滑剂易拖覆、摩擦系数低等特点,在摩擦表面形成连续的固体润滑膜,从而使材料具有自润滑特性。

2) 原位反应自润滑陶瓷基复合材料

原位反应自润滑陶瓷基复合材料是利用摩擦高温化学反应在材料表面原位生成具有润滑作用的反应膜,此润滑膜在特定的工作条件下能够保持较低的剪切强度和摩擦系数,从而实现复合材料的自润滑目的。

3) 仿生自润滑陶瓷基复合材料

仿生材料是利用生物的各种特点或特性而进行模拟的各种材料。其研究内容以阐明生物体的材料构造与形成过程为目标,用生物材料的观点来考虑材料的设计与制作。仿生自润滑陶瓷基复合材料即利用生物体特定的润滑结构,使陶瓷材料具有自润滑性。

4) 软涂层自润滑陶瓷基复合材料

软涂层自润滑陶瓷基复合材料是将固体润滑剂以涂层的方法直接涂覆于材料表面或者在材料表面采用离子注入的方法,从而实现材料的自润滑目的。

1.1.3　自润滑陶瓷刀具的研究现状

自润滑陶瓷刀具是指刀具材料本身具有减摩和抗磨作用,在没有外加润滑液或润滑剂的条件下,刀具材料本身就具有润滑功能。实现刀具材料自润滑的意义在于克服陶瓷材料本身高摩擦系数的缺点、降低磨损、省掉冷却润滑系统、克服切削液造成的环境污染、实现清洁化生产以及降低成本。因此,自润滑陶瓷刀具是一种洁净的绿色加工刀具。

自润滑陶瓷刀具主要包括以下四种基本类型。

1) 添加固体润滑剂的自润滑陶瓷刀具

以固体润滑剂作为添加剂制成的自润滑陶瓷刀具,利用固态润滑剂易拖覆、摩擦系数小等特点,在刀具表面形成连续的固体润滑膜,从而使刀具材料获得自润滑特性。曹同坤采用热压工艺制备的 $Al_2O_3/TiC/CaF_2$ 自润滑陶瓷刀具,在切削加工时,在刀具的前刀面形成一层较完整的固体润滑膜,起到了较好的减摩作用。

通过添加固体润滑剂制成的自润滑陶瓷刀具由于刀具材料内部始终含有固体润滑剂,在其整个生命周期内始终具有自润滑功能,而且刀具材料在低速到高速切削过程中均具有自润滑能力。但是,固体润滑剂的加入必然导致陶瓷材料力学性能下降。因此,必须严格设计固体润滑剂的组分,既要保证足够的固体润滑剂在加工过程中能够形成连续润滑膜,又要保证刀具材料的力学性能不致明显下降。

2) 原位反应自润滑陶瓷刀具

原位反应自润滑陶瓷刀具是利用刀具在切削高温作用下的摩擦化学反应,在刀具材料表面原位生成具有润滑作用的反应膜,从而实现刀具的自润滑功能。李彬等利用热压烧结工艺制备的 $Al_2O_3/ZrB_2/ZrO_2$ 自润滑陶瓷刀具,在摩擦中其表面原位反应生成的 ZrO_2 和 B_2O_3 在高温下具有一定的润滑性,不易产生黏结磨损,有助于磨损率的降低。Wei 等热压烧结 $Si_3N_4/h\text{-}BN$ 复合陶瓷,在磨损试验中,复合材料表面形成一层含有 B_2O_3、SiO_2 和 Fe_2O_3 的摩擦膜,具有自润滑作用。

但是,原位反应自润滑陶瓷刀具的自润滑性能受加工工作温度的影响显著,且切削过程中的高温氧化反应无法控制。

3) 软涂层自润滑陶瓷刀具

软涂层自润滑陶瓷刀具是对刀具材料表面进行涂层,形成具有自润滑功能的涂层,使刀具材料具有自润滑功能,这类刀具也被称为固体润滑涂层刀具。王华明

等制备了 Al_2O_3/CaF_2 的陶瓷基高温自润滑耐磨复合材料涂层,干滑动摩擦磨损试验结果表明,该复合材料的摩擦系数比纯 Al_2O_3 陶瓷显著降低,而且其磨损失重也大幅度降低,耐磨性提高了 29 倍。赵金龙等研究的 MoS_2/Zr 软涂层自润滑刀具,在刀具材料与对摩材料之间形成的转移润滑膜,降低了摩擦过程中的摩擦系数,提高了材料的耐磨损性能。Liu 等研究了 MoS_2 涂层陶瓷刀具,MoS_2 涂层能有效地阻止工件和刀具之间的黏结磨损。

对刀具表面进行涂覆润滑涂层在切削过程中难以补充,一旦润滑涂层磨损或脱落便会发生润滑失效,降低刀具的使用寿命。

4) 微织构自润滑陶瓷刀具

微织构自润滑陶瓷刀具是在基体材料上按照一定的排列方式预先加工出一些孔洞或沟槽,然后将复合固体润滑剂嵌入其中,工作过程中由于摩擦热或环境温度的作用,固体润滑剂在滑动表面略微突起,并通过摩擦在金属基材和对偶表面形成转移膜,从而起到减摩耐磨的作用。吴泽等采用微细电火花加工技术在硬质合金刀具前刀面月牙洼磨损区域加工微孔并填装 MoS_2 固体润滑剂,制备一种镶嵌固体润滑剂的微织构自润滑陶瓷刀具,能够显著降低切削力,减小刀具前刀面磨损。

微织构自润滑刀具的切削性能受微织构结构影响,合理的微织构结构能够减少切屑的黏结,但在大部分陶瓷材料上难以加工微织构,且会大幅增大刀具的生产成本。

比较上述四种刀具自润滑功能的实现方式可知,原位反应自润滑刀具仅在较高的温度下才具有良好自润滑能力,但切削过程中的高温氧化反应无法控制;对刀具表面进行涂覆润滑涂层可以改善刀具的摩擦性能,但是涂层刀具中的润滑涂层在切削过程中难以补充,一旦润滑涂层磨损或脱落便会发生润滑失效,降低了刀具的使用寿命;微织构自润滑刀具对刀具材料的可加工性提出了要求,限制了刀具基体材料的选择;通过添加固体润滑剂制成的自润滑陶瓷刀具材料提高了刀具材料的自润滑性能,但降低了刀具的力学性能。

1.2 纳米复合陶瓷材料的研究现状

在陶瓷刀具中加入固体润滑剂可以显著改善摩擦磨损性能,但由于固体润滑剂的硬度较低,会导致自润滑陶瓷刀具力学性能的下降,制约自润滑陶瓷刀具的发展。20 世纪 90 年代以来,随着纳米技术的飞速发展,纳米技术在陶瓷材料领域的应用前景非常广阔,采用纳米颗粒对陶瓷材料进行增韧补强的研究十分广泛。将纳米复合技术引入自润滑陶瓷材料领域,通过纳米改性使自润滑陶瓷刀具兼具良好的自润滑性能和力学性能,这对于提高自润滑陶瓷刀具的使用性能具有重要意义。

　　纳米材料通常是指晶粒尺寸小于 100nm 的超细材料。由于晶粒尺寸小,其晶体表面原子数量显著增大,甚至多于晶内原子数,晶界密度极大,从而表现出一系列不同于粗晶材料(微米级材料)的优异性能,如硬度强度双高、低密度、低弹性模量、超塑性、高电阻、低导热率等。因此,纳米陶瓷为解决陶瓷脆性问题提供了可行的战略途径。

　　Karch 首次报道了具有高韧性和低温超塑性的纳米陶瓷。在真空中将 8nm 的氧化钛(TiO_2)纳米微粒压制成平板试样,180℃下加载 1s,平板试样弯曲 180° 而未发生裂纹扩展,显示出惊人的低温超塑性。此外,一般呈脆性的硅和 CaF_2 等,进入纳米尺度后也可以发现显著的塑性变形。针对纳米特性的变化,研究者发现具有高纵横比的纳米颗粒的弹性模量等物性参数明显异于传统尺度的材料,相应物性参数的测定和表征工作也有了很大进展。

　　基于纳米材料的性能变化,研究者将纳米颗粒应用在复合陶瓷材料的增韧补强领域,并已取得了许多进展。Niihara 等首先采用纳米 SiC 对 Al_2O_3 陶瓷进行增韧补强,该陶瓷材料中的纳米 SiC 大部分位于基体晶粒内部,材料强度提高到 1GPa 以上,并且断裂韧性也有所改善。纳微米复合陶瓷的增韧补强作用是由其微观结构决定的。Niihara 将纳米复合陶瓷材料的微观结构概括为四种形式:①纳米粒子位于基体晶粒内部(晶内型);②纳米粒子位于基体晶粒之间(晶间型);③纳米粒子同时存在于基体晶粒内部和晶间(晶内/晶间型);④基体和增强相均为纳米相。由于材料制备技术的限制,实际制备的纳米复合陶瓷材料基本都属于晶内/晶间型。

　　由于微观结构的复杂,研究者关于纳米颗粒对复合陶瓷材料的增韧补强分析出发点和结论也有所不同。Niihara 等认为晶内型纳米结构能减弱主晶界的作用,诱发穿晶断裂,断裂模式的改变会消耗大量的断裂能,是力学性能改善的主要原因。Ohji 认为当 Al_2O_3 晶粒中存在纳米 SiC 晶粒时,由于晶内拉应力和位错的作用形成微裂纹源,使裂纹沿晶内径向方向扩展产生穿晶断裂,从而具有增韧补强作用。而 Jiao 的研究结果表明,纳米 TiN 对 Al_2O_3/SiC 纳米复合陶瓷材料的主晶界具有强化作用。Tan 则认为晶内型结构不会引起穿晶断裂,穿晶断裂的出现是由于晶界上的纳米颗粒的“钉扎”作用导致裂纹发生偏转而进入晶内。此外,纳米颗粒还具有裂纹偏转、裂纹桥联等增韧作用。

　　Awaji 等建立了晶内型纳米复合陶瓷材料的轴对称同心球颗粒模型,对球形第二相纳米粒子周围的残余应力进行了分析。结果表明,残余应力随两相热膨胀系数之差和第二相弹性模量增大而增大,但弹性模量对残余应力的影响小于热膨胀系数。此外,第二相纳米颗粒的热膨胀系数如果低于基体,则会在基体晶粒中产生压应力,具有强化晶界的作用;反之,则会产生拉应力,形成裂纹偏转而具有增韧作用。目前,研究者通常采用的增韧补强相是具有低热膨胀系数和高弹性模量的材料,不符合此条件的系统包括同相复合陶瓷、ZTA(ZrO_2 toughening Al_2O_3)陶瓷和 Si_3N_4 陶瓷等。ZTA 陶瓷的增韧补强主要是 ZrO_2 的相变增韧作用;Si_3N_4 陶瓷主要是添加相的存在改变了 Si_3N_4 晶体的生长,增大了晶体长径比,从而具有增韧效果。

基于上述分析,采用纳米陶瓷颗粒对自润滑陶瓷刀具材料进行改性,具有显著的增韧补强应用前景。此外,分析晶内型纳米颗粒的增韧补强机理发现,当第二相纳米颗粒具有较大的热膨胀系数和较小的弹性模量时,如果两相之间的应力低于材料的承受极限,也会对陶瓷材料具有增韧作用。固体润滑剂的弹性模量通常较小,如果选择兼具高热膨胀系数的纳米固体润滑剂,并且将纳米固体润滑剂引入陶瓷基体晶粒的内部,具有对陶瓷刀具进行增韧的研究前景。

1.3 梯度陶瓷材料的研究现状

功能梯度材料(functionally graded materials,FGM)的概念是由日本材料学家新野正之、平井敏雄和渡边龙三等于 20 世纪 80 年代首先提出的。FGM 是通过先进的设计及制造技术控制两相或多相材料的组成、结构沿空间方向呈梯度变化,从而使材料性能也呈相应的梯度变化的一种新型材料。FGM最初用于金属和陶瓷材料组合中,用连续变化的组分梯度来代替突变界面,起到缓和热应力功能(图1-1)。

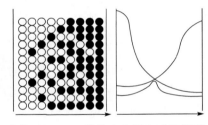

图 1-1　FGM 的热应力缓和功能模型
○-陶瓷材料;●-金属合金

1.3.1 梯度复合对陶瓷材料力学性能及抗热震性的影响

1. 提高抗弯强度和断裂韧性

尹飞等制备了均质和梯度结构的硬质合金基体,并制成涂层硬质合金及切削刀片,对两种基体的涂层硬质合金的微观组织结构与性能进行了对比研究。结果表明,梯度结构提高了涂层硬质合金的抗弯强度及抗冲击性能,梯度基体的表层韧性区阻碍了裂纹的扩展,提高了材料的断裂韧性。

Tohgo 等通过研究发现陶瓷-金属 FGM 的断裂韧性比对应的非梯度材料的断裂韧性高,具有精细显微结构的 FGM 的断裂韧性比粗糙显微结构的 FGM 的断裂韧性高。

2. 显微硬度呈梯度连续变化

蔡旬等研究了铸造铝合金激光表面改性金属-陶瓷梯度层的显微硬度。研究结果显示,在自基体至表面的显微硬度变化方面,激光表面改性梯度层与单次的激光合金化层明显不同,后者的显微硬度在其与基体的交界处存在着硬度的"突变",而前者自基体至表面显微硬度呈现连续变化的趋势。硬度的连续变化减小了改性层与基体之间的应力集中,有效降低了激光改性层的开裂倾向。

3. 增强耐磨性能

Tsuda 等研究了梯度 WC/Co 硬质合金刀具的耐磨性和使用寿命。该梯度刀具的表层 Co 含量低,具有高硬度和良好的耐磨性;刀具的中心部分 Co 含量高,具有高强度和良好的冲击韧性。这样使得硬质合金的硬度和韧性得到合理的协调,使梯度硬质合金刀具的使用寿命比均质硬质合金刀具提高了 3 倍。

尹衍升等利用等离子喷涂技术在钢表面制备了 Fe_3Al/Al_2O_3 梯度涂层以及 Fe_3Al-Al_2O_3 双层涂层和 Fe_3Al-$Fe_3Al/50\%$ Al_2O_3-Al_2O_3 三层涂层,对比研究了这三种涂层的摩擦磨损性能。结果表明,在抗磨性能方面,梯度涂层最佳,三层涂层的居中,双层涂层最差。成分和结构特征的梯度变化使得硬度相对较低的 Fe_3Al/Al_2O_3 梯度复合涂层的耐磨性优于硬度较高的 Al_2O_3 陶瓷表层。

4. 提高疲劳强度

许富民等研究了 SiC 颗粒增强铝基梯度复合材料的疲劳裂纹扩展行为,并测定了材料的疲劳裂纹扩展速率与应力强度因子范围关系曲线。研究结果显示,疲劳裂纹从 SiC 含量高的梯度层向 SiC 含量低的梯度层扩展时发生偏转和分支,克服了层状复合材料在层间界面处容易开裂的缺点,材料的疲劳强度得到了提高。

5. 改善抗热震性

赵军等采用水淬方式研究了 Al_2O_3/TiC 对称型功能梯度陶瓷材料的抗热震性能,并与采用相同工艺制备的均质 Al_2O_3/TiC 陶瓷材料进行了对比。试验结果表明,在各不同温差条件下淬火后,梯度陶瓷材料的残余抗弯强度较均质陶瓷材料都有不同程度的提高。

解念锁等采用粉末冶金方法制备了四种 SiC 颗粒呈渐变分布的梯度复合材料,研究了其显微组织、硬度分布和热疲劳性能。结果表明,SiC_p/Cu 梯度复合材料基体连续,梯度层过渡均匀,显微组织及硬度呈梯度分布;梯度复合材料的 SiC 颗粒渐变过渡越均匀,梯度复合材料的抗热疲劳性能越好。

Jin 等研究了莫来石/Mo 功能梯度材料的抗热震性能。结果表明,梯度样本的抗热震性能优于整体莫来石,且受烧结产生的残余热应力影响。可以通过降低残余拉应力或在陶瓷表面形成残余压应力来提高功能梯度材料的抗热震性。对于颗粒弥散增韧的陶瓷复合材料,分散相颗粒和基体晶粒的尺寸、尺寸比及体积含量比对其残余热应力也有很大影响。

1.3.2 梯度陶瓷刀具材料的研究现状

功能梯度材料的出现是为了满足航空航天、先进动力等高新科学领域对材料提出的苛刻要求,FGM一面为耐磨、耐高温和耐腐蚀的陶瓷,另一面为具有高强度、高韧性的金属,中间层则为陶瓷与金属组分复合梯度变化。这样的设计可保证FGM兼具高的耐热性能、高强度、高韧性、耐热冲击等特性,满足高温材料科学的需要。

应用功能梯度的概念来设计材料,可以解决某些材料在烧结、加工和使用过程中的问题,甚至可以解决材料本身的缺陷。例如,高性能的功能梯度硬质合金切削刀具解决了传统均质硬质合金刀具在耐磨损、抗破损、抗热震等方面的不足;陶瓷喷嘴的梯度结构是提高普通陶瓷喷嘴的抗冲蚀磨损性能的有效途径;在陶瓷基复合材料中引入金属相,并使其梯度分布,可以改善陶瓷材料的脆性和可加工性;在陶瓷材料顶层和底层各施加一个高弹性模量层,可以显著改善低弹性模量陶瓷材料的承受载荷的能力;应用热压烧结工艺制备的 Si_3N_4/h-BN 功能梯度陶瓷材料提高了这种复合材料可加工性,同时对材料的力学性能影响较小;而通过固体润滑剂的梯度分布设计,也在一定程度上缓和了自润滑陶瓷刀具力学性能和自润滑性能不能兼顾的难题。

梯度陶瓷材料的制备主要是梯度复合粉体的制备,这也是梯度陶瓷材料制备的难点,制备方法包括梯度离心法、定向氧化法和粉末注射成型等,在陶瓷刀具制备中主要采用逐层铺填法。

艾兴等率先将功能梯度的概念运用在陶瓷刀具的设计中,首次提出对陶瓷刀具的组成分布、微观结构进行设计以形成梯度结构的模型,通过对不同组成分布的刀具工作过程中的热应力、机械应力及刀具制备过程中的残余热应力进行模拟,以残余应力与外加应力部分抵消为目标优化设计了梯度陶瓷刀具的组成分布,成功制备了对称型双向分布的 Al_2O_3/TiC 系和 $Al_2O_3/(W,Ti)C$ 系功能梯度陶瓷刀具(抗弯强度为 $750\sim850MPa$,表面硬度为 HRA $94\sim95$,断裂韧性为 $5.6\sim6.5MPa\cdot m^{1/2}$),并对其切削性能进行了研究,发现与均质陶瓷刀具相比,梯度刀具寿命有了很大的提高。

目前,将功能梯度技术与纳米复合技术共同应用于陶瓷刀具中已取得了良好的增韧补强效果。一方面,纳米颗粒的增韧补强作用使纳米复合陶瓷刀具本身具有较好的力学性能;另一方面,梯度设计有利于缓解陶瓷刀具的热应力,并提高刀具切削性能。李艳征制备的 $Al_2O_3/TiCN$ 梯度纳米复合陶瓷刀具比均质刀具的力学性能有了大幅度提升,切削加工不同工件材料的结果表明,刀具的切削寿命提高了 $26\%\sim50\%$。郑光明结合功能梯度材料和纳米复合材料的研究方法,将功能梯度复合的热应力缓解及表面压应力特性和纳米复合的强韧化机制进行有机结合，制备出高性能的 $Sialon/Si_3N_4$ 梯度纳米复合陶瓷刀具，其抗弯强度、表层的断裂韧性及维氏硬度分别为 755MPa、9.74MPa·$m^{1/2}$ 及 16.94 GPa。此外，还提出梯度陶瓷刀具材料设计要求：硬度由里及表升高，以保证刀具前刀面具有高的耐磨性；强度和韧性由表及里增高，以保证刀具具有高的抗破坏能力；热膨胀系数由表及里增大，以保证刀具材料烧结后冷却过程中在表面形成残余压应力，有利于提高前刀面硬度。总的来说，在刀具组分的梯度设计方面，与均质刀具相比，梯度陶瓷刀具在高速切削条件下拥有更高的切削寿命。

此外，Vanmeensel 等采用电泳沉积和热压烧结法制备了 $Al_2O_3/ZrO_2/Ti(C,N)$ 陶瓷刀具材料，其中 TiCN 含量由外表面的 60%（体积分数，下同）过渡到中心层的 40%。这种组分梯度分布产生了从 $1520kg/mm^2$ 到 $1330kg/mm^2$ 外硬内韧的维氏硬度梯度变化，并为 ZrO_2 相引入 100MPa 的残余表面压应力。Golombek 等用物理气相沉积（PVD）工艺在陶瓷刀具材料表面制备了（Ti,Al,Si）N 梯度涂层。研究结果表明，梯度涂层与基体黏结可靠，增强了刀具的硬度及切削性能，提高了刀具的使用寿命和工件加工表面质量，进而节约了制造成本。

1.4　梯度自润滑陶瓷刀具的研究现状及发展趋势

1.4.1　梯度自润滑的实现方式

1. 采用涂层、离子注入等工艺在材料表面形成梯度自润滑层

王一三等采用金属涂覆铸造技术在铸钢件表面形成了含有球状石墨和合金碳化物的自润滑复合层，其成分、组织等由表及里呈梯度分布，并逐渐过渡到母体合金。该自润滑复合层在重载干滑动磨损条件下具有很好的耐磨性。

周静等选取 Ag、CaF_2、石墨、MoS_2、h-BN 作为润滑组元，采用等离子喷涂技术制备了 NiCr 合金基复合梯度润滑涂层。涂层由黏结层、梯度过渡层和功能层组成，形成了无明显结合界面的涂层组织。梯度结构缓和了涂层内部的物理性能差异，大幅提高了涂层的结合强度，进而改善了涂层的性能。

2. 将固体润滑剂添加入基体材料中制成梯度自润滑材料

刘雪峰等采用多坯料挤压成形与烧结致密化相结合的方法，以锡青铜、316L 不锈钢和 MoS_2 粉末为原料，制备了由承压层、过渡层和固体润滑层组成的不锈钢背锡青铜梯度自润滑复合棒材。复合棒材横截面径向上各组分呈梯度分布，材料显微维氏硬度由固体润滑层向承压层逐渐升高，实现了减摩和承载的功能。

李长虹用定向熔化工艺制备了梯度铜石墨自润滑材料，并对其进行了摩擦性

能研究。结果表明,铜石墨自润滑复合材料磨损量随摩擦时间变化的 $Q\text{-}t$ 曲线分为始磨损阶段和稳定磨损阶段,而未出现磨损随时间迅速升高的磨损第 III 阶段。分析其原因为该材料的梯度组成分布使摩擦过程所产生的应力和变形都集中在石墨润滑膜层内,减少了摩擦表层的摩擦磨损,避免了亚表层和基体组织中产生裂纹和剥落磨损,并且石墨自润滑膜破坏后能得到及时自动修复。

3. 向制成的以孔隙率梯度化为特征的基体材料中浸渍润滑剂

金卓仁等研制了一种梯度自润滑滑动轴承,实现了强度与减摩作用的统一。第一步利用 $PbCO_3$ 在高温下分解的 CO_2 气体溢出后在基体中留下的孔隙数量与 $PbCO_3$ 的量成正比的原理,通过连续改变 $PbCO_3$ 与铁合金粉的配比制备出以孔隙率梯度分布为特征的铁合金基体;第二步基体真空浸渍润滑剂与润滑剂固化。性能测试表明,在相同工况条件下梯度自润滑轴承的承载能力、极限 PV 值、耐磨性及使用寿命等均明显优于均质自润滑轴承。

1.4.2 梯度自润滑陶瓷刀具的设计思路与主要研究内容

针对目前自润滑刀具的减摩性能和耐磨性能不能合理兼顾的难题,将功能梯度材料的设计思想引入自润滑刀具的研制过程,采用固体润滑剂的梯度复合技术对陶瓷刀具材料复合体系进行剪裁设计;通过梯度复合工艺设计,控制固体润滑剂含量从刀具材料表面到内部的逐渐降低,实现刀具材料从表面良好的自润滑性能到内部良好的力学性能的梯度过渡,并通过残余应力设计改善刀具材料表层的残余应力状态,改善表层材料的力学性能;二者协同作用,共同改善刀具的摩擦磨损性能;同时,采用纳微米复合技术或采用纳米固体润滑剂代替传统微米尺度固体润滑剂,利用纳米改性和梯度设计的协同改性效应,研制开发兼具高减摩和耐磨性能的新型梯度自润滑陶瓷刀具。

在此基础上,建立了 $Al_2O_3/TiC/CaF_2$ 梯度自润滑陶瓷材料的物理模型、组成分布模型和物性参数模型,并采用有限元软件研究了组成分布指数和层数对残余应力的影响;提出了梯度自润滑陶瓷刀具的多元梯度组成分布模型,并按该模型得出的组分梯度设计结果,采用粉末叠层铺填与真空热压烧结工艺制备 $Al_2O_3/TiC/CaF_2$ 梯度自润滑陶瓷刀具;通过结合梯度复合与纳微米复合技术,以纳米 TiB_2 和微米 TiB_2 为基体、WC 为增强相,采用 h-BN 为固体润滑剂,研制了 $TiB_2/WC/h\text{-}BN$ 纳微米复合梯度自润滑陶瓷刀具;在纳米颗粒的增韧补强机理的研究基础上,提出采用纳米固体润滑剂代替传统微米尺度固体润滑剂,可以有效地改善自润滑陶瓷刀具的力学性能,进而提出了纳米固体润滑剂与梯度设计协同改性自润滑陶瓷刀具的设计思路,研制兼具高减摩和耐磨性能的新型梯度自润滑陶瓷刀具。

第 2 章　梯度自润滑陶瓷刀具材料设计基础

本章将功能梯度材料的概念引入自润滑陶瓷刀具材料的设计,建立物理模型、组成分布模型和物性参数模型,采用有限元方法进行热残余应力分析,计算梯度自润滑刀具材料的残余应力,分析分布指数、层数对残余应力的影响,确定最佳分布指数和层数,揭示梯度自润滑陶瓷刀具材料残余应力的分布规律,为梯度自润滑陶瓷刀具的研制开发提供理论基础。

2.1　梯度自润滑陶瓷刀具材料的建模

2.1.1　梯度自润滑陶瓷刀具材料残余应力的产生

残余应力是制备或加工过程中由于不均匀的应力场、应变场、温度场和组织不均匀性,在变形后的变形体内保留下来的应力。梯度自润滑陶瓷刀具材料设计是利用不同层间热膨胀系数的不同,通过调节分布指数、层数,使表层产生合适的残余应力,以提高整体结构的力学性能。

以三层对称结构为例,如图 2-1 所示。其中,h_1、α_1 和 h_2、α_2 分别为表层和中间层的厚度、热膨胀系数,$\alpha_1 < \alpha_2$;ΔT 为制备烧结温度与常温间的差值;L 为对称结构长度的一半;$\alpha_1 \Delta T L$ 和 $\alpha_2 \Delta T L$ 分别为表层和中间层在无约束条件下沿径向的变形;Δ_1、Δ_2 分别为表层和中间层在有层间约束的条件下沿径向的变形。

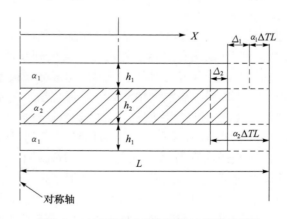

图 2-1　三层梯度对称陶瓷材料变形示意图

在无约束的自由状态下,材料温度变化 ΔT 时,热膨胀系数小的材料层会产生较小的变形 $\alpha_1\Delta TL$,而热膨胀系数大的材料层会产生较大的变形 $\alpha_2\Delta TL$。但在梯度结构下,为了保持梯度层的整体连续性,材料内部各层会相互约束,使热膨胀系数小的层内实际变形量大于 $\alpha_1\Delta TL$,而热膨胀系数大的层内实际变形量小于 $\alpha_2\Delta TL$,两层材料产生的变形是相同的。热膨胀系数小的层产生残余压应力,而热膨胀系数大的层产生残余拉应力。

包亦望等利用非均匀应变模型推导出对称层状材料层内残余应力的解析表达式,模型如图 2-1 所示。降温 ΔT 后,表层和中间层的位移协调变形量之间的方程为

$$\Delta_1 + \Delta_2 = L\Delta\alpha\Delta T \tag{2-1}$$

在均匀变温过程中,层间剪力在对称轴为零,在自由边缘处最大,中间部分连续递增过渡。将材料长度方向的坐标无量纲化,则层间剪力可近似表示为

$$\tau = \tau_0\xi^m \quad (0<\xi<1, \xi=x/L) \tag{2-2}$$

式中,τ_0 为边缘处最大剪应力;m 是与材料性能有关的常数,对于陶瓷材料,一般取 $5\sim8$。

考虑表层的剪应力分布时,界面的剪应力可看作外力,应力 σ_1 在径向与层间剪应力平衡,且 $\alpha_1<\alpha_2$。由上面的分析可知,σ_1 为压应力,平衡方程为

$$-Bh_1\sigma_1 = BL\int_{\xi}^{1}\tau(\xi)\mathrm{d}\xi = \frac{B\tau_0 L}{m+1}(1-\xi^{m+1}) \tag{2-3}$$

式中,B 为模型宽度。

求解得方程:

$$\sigma_1(\xi) = -\frac{\tau_0 L}{(m+1)h_1}(1-\xi^{m+1}) \tag{2-4}$$

则表层的应变为 $\varepsilon_1 = \dfrac{\sigma_1}{E_1} = -\dfrac{\tau_0 L(1-\xi^{m+1})}{(m+1)E_1 h_1}$,应力引起的伸缩变形为

$$\Delta_1 = \int_0^1 L\left|\frac{\sigma_1(\xi)}{E_1}\right|\mathrm{d}\xi = \frac{\tau_0 L^2}{(m+2)E_1 h_1} \tag{2-5}$$

同理,对于中间层:

$$\sigma_2(\xi) = -\frac{2\tau_0 L}{(m+1)h_2}(1-\xi^{m+1}) \tag{2-6}$$

$$\Delta_2 = \int_0^1 L\left|\frac{\sigma_2(\xi)}{E_2}\right|\mathrm{d}\xi = \frac{2\tau_0 L^2}{(m+2)E_2 h_2} \tag{2-7}$$

将式(2-5)、式(2-7)代入式(2-1),得变形协调方程为

$$\Delta\alpha\Delta TL = \frac{\tau_0 L^2}{(m+2)}\left(\frac{1}{E_1 h_1}+\frac{2}{E_2 h_2}\right) \tag{2-8}$$

于是得剪应力

$$\tau_0 = \frac{(m+2)\Delta\alpha\Delta TE_1 E_2 h_1 h_2}{L(2E_1 h_1 + E_2 h_2)} \tag{2-9}$$

将式(2-9)代入式(2-2)、式(2-4)和式(2-6),得层间剪应力及各层的径向应力表达式：

$$\tau = \frac{(m+2)\Delta\alpha\Delta T E_1 E_2 h_1 h_2}{L(2E_1 h_1 + E_2 h_2)} \tag{2-10}$$

$$\sigma_1 = -\frac{(m+2)\Delta\alpha\Delta T E_1 E_2 h_2}{(m+1)(2E_1 h_1 + E_2 h_2)}(1-\xi^{m+1}) \tag{2-11}$$

$$\sigma_2 = \frac{2(m+2)\Delta\alpha\Delta T E_1 E_2 h_1 h_2}{(m+1)(2E_1 h_1 + E_2 h_2)}(1-\xi^{m+1}) \tag{2-12}$$

由式(2-11)和式(2-12)可知,应力为沿 x 方向的函数,并非常数。上述计算结果可以推广到 $2N+1$ 层的梯度材料中。把上下表面看作材料1,其余层看作材料2,即中间几层等效为一层。这样,梯度材料中的残余应力计算就可以转化为图 2-1 的模型进行计算。

同时,可以看出应力分布比较复杂,应力求解过程中计算量很大,因此采用有限元软件对梯度自润滑陶瓷刀具材料的应力进行分析,可以更加直观地了解梯度自润滑陶瓷刀具材料内的应力及其分布规律。

2.1.2 梯度自润滑陶瓷刀具材料体系的选择

梯度自润滑陶瓷刀具材料的设计首先必须考虑各相材料在化学上的相容性及物理上的匹配性。前者可以通过化学热力学计算进行评价,但必须通过试验进行验证;后者主要是指弹性模量 E、泊松比 ν 及热膨胀系数 α 的匹配。

对于梯度自润滑陶瓷刀具材料,不同组分之间的化学及物理性能的匹配对梯度层间的应力及整个刀具的性能产生影响。$Al_2O_3/TiC/CaF_2$ 是比较成熟的材料体系,且化学相容性及物理匹配性也很好,故选择梯度自润滑陶瓷刀具的材料体系为 $Al_2O_3/TiC/CaF_2$。Al_2O_3、TiC 和 CaF_2 的物性参数如表 2-1 所示。

表 2-1　原材料的物性参数

组元	热导率(20℃) $k/[W/(m \cdot K)]$	密度 $\rho/(g/cm^3)$	弹性模量 E/GPa	泊松比 ν	热膨胀系数(20℃) $\alpha/(10^{-6}K^{-1})$
Al_2O_3	40.37	3.99	380	0.26	8.5
TiC	24.28	4.93	450	0.19	7.6
CaF_2	9.71	3.18	75.8	0.26	18.85

残余拉应力使材料硬度、韧性下降,残余压应力可使材料硬度、韧性提高。利用残余应力对材料性能的这种影响规律,结合 FGM 理论,通过合理设计梯度自润滑陶瓷刀具各层不同的成分,使梯度自润滑陶瓷刀具在制备过程中在表层形成残余压应力,同时尽量减小残余拉应力产生,从而提高耐磨性能。由表 2-1 可以看出,TiC 的热膨胀系数最小,所以设计对称材料时应使表层中 TiC 的体积分数最

大、中间层中最小;同时为保证润滑性能应使表层 CaF_2 的体积分数最大、中间层最小。结合制备工艺和成本,选择 TiC 及 CaF_2 的体积分数分别为 70%、55%、40%、25% 和 14%、13%、12%、11%。

2.1.3　梯度自润滑陶瓷刀具材料的设计模型

设计 FGM 时,梯度层数越多,其组成分布、显微结构及力学性能的分布就越接近理想的连续梯度,但会导致制备工艺复杂,成本提高。要合理地进行梯度自润滑陶瓷刀具的设计和制备,在表层恰当地引入残余应力的大小和分布是关键。为此,需合理设计梯度自润滑陶瓷刀具制备过程中残余应力的大小及分布,以便为 $Al_2O_3/TiC/CaF_2$ 梯度自润滑陶瓷刀具的制备提供理论依据。其设计模型包括物理模型、组成分布模型和物性参数模型。

1. 物理模型

图 2-2 为梯度自润滑陶瓷刀具的物理模型。以刀具在 Z 方向的垂直中心层为对称面,各组分由此面向表层、底层对称逐渐递变,为对称梯度刀具模型。

2. 组成分布模型

与普通材料不同,FGM 材料各组分含量沿着某一方向呈连续或梯度变化,因此必须建立

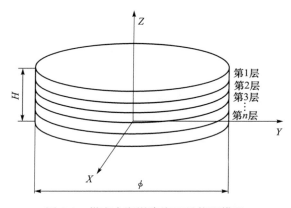

图 2-2　梯度自润滑陶瓷刀具物理模型

材料组分与梯度变化方向上的位置之间的函数关系。目前在进行功能梯度材料热分析时多采用幂函数组成分布模型,这是因为该模型组成分布的可变范围很大,以分布指数 n 来描述组分梯度比较直观。但是这种分布模型为单向梯度,为了使刀片的上下表面具有相同的切削性能,本书采用对称型双指数分布(图 2-3):

$$V_{TiC} = f(x) = \begin{cases} f_1, & 0 \leqslant x \leqslant x_0 \\ f_0 + (f_1 - f_0)\left[\dfrac{0.5 - x}{0.5 - x_0}\right]^n, & x_0 \leqslant x \leqslant 0.5 \\ f_0 + (f_1 - f_0)\left[\dfrac{x - 0.5}{1 - x_0 - 0.5}\right]^n, & 0.5 \leqslant x \leqslant 1 - x_0 \\ f_1, & 1 - x_0 \leqslant x \leqslant 1 \end{cases} \quad (2\text{-}13)$$

式中,V_{TiC} 为 TiC 体积分数;x 为梯度层的无量纲厚度(Z 方向坐标值与刀片厚度的比率);f_0 和 f_1 为中间层和表层中 TiC 的体积分数;n 为组成分布指数。

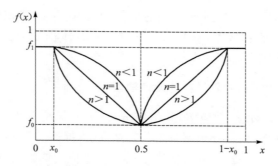

图 2-3　梯度自润滑陶瓷刀具组成分布模型

　　为了避免由于对称组成分布造成的中间层过厚(即同一组分的两层合为一层),而导致中间层与两侧相邻梯度层的厚度之间不满足幂函数分布的情况,梯度自润滑陶瓷刀具的总层数应为单数。

　　3. 物性参数模型

　　根据复合材料设计原则及使用要求,在选择材料组分配比、建立物理模型和确立梯度组成分布函数后,为了对 $Al_2O_3/TiC/CaF_2$ 梯度自润滑陶瓷刀具内部的温度分布及应力分布进行有限元计算,须确定不同混合比梯度层的物性参数。

　　各梯度层复合材料热导率 k 的预测采用 Kingery 公式,但 Kingety 公式是用于两相复合陶瓷材料的。对于本书中三相的陶瓷刀具材料,可以考虑采用该公式将组分材料两两计算,最终即可得到 $Al_2O_3/TiC/CaF_2$ 梯度自润滑陶瓷刀具材料的热导率:

$$k = k^* \frac{1 + 2V_3\left(1 - \dfrac{k^*}{k_3}\right)\bigg/\left(\dfrac{2k^*}{k_3} + 1\right)}{1 - V_3\left(1 - \dfrac{k^*}{k_3}\right)\bigg/\left(\dfrac{k^*}{k_3} + 1\right)} \tag{2-14}$$

式中

$$k^* = k_1 \frac{1 + 2\dfrac{V_2}{V_1 + V_2}\left(1 - \dfrac{k_1}{k_2}\right)\bigg/\left(\dfrac{2k_1}{k_2} + 1\right)}{1 - \dfrac{V_2}{V_1 + V_2}\left(1 - \dfrac{k_1}{k_2}\right)\bigg/\left(\dfrac{k_1}{k_2} + 1\right)} \tag{2-15}$$

其中,k_1、k_2 和 k_3 分别为 Al_2O_3、TiC 和 CaF_2 的热导率;V_1、V_2 和 V_3 分别为 Al_2O_3、TiC 和 CaF_2 的体积分数。

　　目前大多数用来预测功能梯度材料弹性性能的微观力学理论都是建立在 Eshelby 等效原理上的,其中 Mori-Tanaka 平均场理论是应用比较广的。根据该理论,可以计算不同混合比材料的等效体积模量 K 和等效剪切模量 G。同样,对于三相 $Al_2O_3/TiC/CaF_2$ 梯度自润滑陶瓷刀具材料,可以两两计算:

$$K = K^* \left[1 + \frac{V_3(K_3 - K^*)}{K^* + m^*(1 - V_3)(K_3 - K^*)} \right] \tag{2-16}$$

$$G = G^* \left[1 + \frac{V_3(G_3 - G^*)}{G^* + n^*(1 - V_3)(G_3 - G^*)} \right] \tag{2-17}$$

式中，$m^* = \frac{1}{3} \frac{1 + \nu^*}{1 - \nu^*}$；$n^* = \frac{2}{15} \frac{4 - 5\nu^*}{1 - \nu^*}$。

K^* 和 G^* 只要令 $V_2 = \frac{V_2}{V_1 + V_2}$，再按下式计算：

$$K^* = K_1 \left[1 + \frac{V_2(K_2 - K_1)}{K_1 + m(1 - V_2)(K_2 - K_1)} \right] \tag{2-18}$$

$$G^* = G_1 \left[1 + \frac{V_2(G_2 - G_1)}{G_1 + n(1 - V_2)(G_2 - G_1)} \right] \tag{2-19}$$

各相的体积模量和切变模量可用下式计算：

$$K_i = \frac{E_i}{3(1 - 2\nu_i)} \tag{2-20}$$

$$G_i = \frac{E_i}{2(1 + 2\nu_i)} \tag{2-21}$$

式中，$i = 1, 2, 3$；K_1、G_1、E_1 和 ν_1 分别为 Al_2O_3 的体积模量、切变模量、弹性模量和泊松比；K_2、G_2、E_2 和 ν_2 分别为 TiC 的体积模量、切变模量、弹性模量和泊松比；K_3、G_3、E_3 和 ν_3 分别为 CaF_2 的体积模量、切变模量、弹性模量和泊松比。

热膨胀系数 α 采用 Kerner 公式两两计算：

$$\alpha = \alpha^* + \frac{V_3(\alpha_3 - \alpha^*)}{\dfrac{12K^*G^*}{3K^* + 4G^*} \left[\dfrac{V_3}{3K^*} + \dfrac{1}{4G^*} + \dfrac{1 - V_3}{3K^*} \right]} \tag{2-22}$$

式中

$$\alpha^* = \alpha_1 + \frac{\dfrac{V_2}{V_1 + V_2}(\alpha_2 - \alpha_1)}{\dfrac{12K_1G_1}{3K_1 + 4G_1} \left[\dfrac{V_2}{3K_1(1 + V_2)} + \dfrac{1}{4G_1} + \dfrac{1 - V_1}{3K_2(V_1 + V_2)} \right]} \tag{2-23}$$

其中，α_1、α_2 和 α_3 分别为 Al_2O_3、TiC 和 CaF_2 的热膨胀系数。

2.1.4　梯度自润滑陶瓷刀具材料的有限元建模

1. 物理性能计算

各不同混合比梯度层的等效热导率采用式(2-14)计算，等效弹性模型和等效泊松比由式(2-20)和式(2-21)计算得到，等效热膨胀系数根据式(2-22)计算。各梯度层的物性参数计算结果列入表 2-2。

表 2-2　$Al_2O_3/TiC/CaF_2$ 梯度自润滑陶瓷刀具材料物性参数

层号	TiC 体积分数/%	CaF$_2$ 体积分数/%	热导率(20℃)$k/[W/(m\cdot K)]$	密度$\rho/(g/cm^3)$	弹性模量E/GPa	泊松比ν	热膨胀系数(20℃)$\alpha/(10^{-6}K^{-1})$
4	25	11	30.7	4.110	341.708	0.243	8.734
3	40	12	28.1	4.224	345.307	0.234	8.649
2	55	13	25.6	4.334	348.767	0.225	8.563
1	70	14	23.4	4.442	352.094	0.216	8.478

考虑到陶瓷材料的抗压强度远大于抗拉强度,但刀具切削时前刀面上拉应力区大于压应力区,所以在保证自润滑性能的前提下,应使梯度自润滑陶瓷刀具材料在制备过程中表层形成压应力,这样就在提高自润滑陶瓷刀具材料整体性能的同时缓解了切削时的拉应力。因此,要在自润滑陶瓷刀具表层引入残余压应力,设计过程中应使热膨胀系数由表层至中间层逐渐增大。所以,$Al_2O_3/TiC/CaF_2$ 梯度自润滑陶瓷刀具材料从表层(即第 1 层)至中间层(即第 4 层)TiC 和 CaF_2 的体积分数分别为 70%、55%、40%、25% 和 14%、13%、12%、11%,且为沿中间层对称分布。结合表 2-2 的数据,即可对梯度自润滑陶瓷刀具材料进行设计计算。

2. 有限元分析模型的建立

梯度自润滑陶瓷刀具制备过程中产生的残余应力属于热残余应力问题,本节采用间接计算法进行分析。图 2-4 为梯度自润滑陶瓷刀具残余应力有限元分析流程示意图。

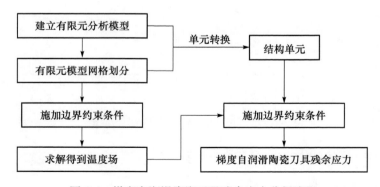

图 2-4　梯度自润滑陶瓷刀具残余应力分析流程

(1)建立有限元分析模型。按照分布指数、层数的不同建立如图 2-2 所示的有限元分析模型,使用布尔运算组合数据集。由于模型和载荷都是对称的,分析时可以采用 1/4 模型。根据梯度自润滑陶瓷刀具的结构特征,在热分析中选用八节点平面热单元 PLANE77。输入不同层材料的物性参数（表 2-2）。

（2）有限元模型网格划分。对模型的 1/4 进行网格划分，如图 2-5 所示。

（3）施加边界约束条件。梯度自润滑陶瓷刀具材料的烧结和冷却温度分别为 1700℃和 20℃；施加边界约束，对各层施加温度载荷，并设置载荷步。

（4）求解。根据上述模型及载荷进行分析，求得梯度自润滑陶瓷刀具的温度场。

（5）将热单元转换为结构单元 PLANE82，同时将其设定为轴对称单元，并输入各层的力学性能参数。

（6）将步骤（4）中得到的温度场作为载荷施加于梯度自润滑陶瓷刀具中，进行热残余应力分析，并得到梯度自润滑陶瓷刀具的残余应力分布。

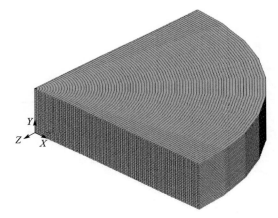

图 2-5　梯度自润滑陶瓷刀具有限元分析网格划分示意图

2.2　梯度自润滑陶瓷刀具材料的设计

2.2.1　梯度自润滑陶瓷刀具材料的组分选择与物化相容性分析

1. 化学相容性分析计算

对于复相陶瓷材料，化学相容性是设计材料过程中必须考虑的关键因素。在确定梯度陶瓷刀具材料组分过程中，首先应该考虑所选组分在化学上的相容性。同时，通过热力学计算可以预测各组分之间在烧结温度范围内发生化学反应的可能性，以缩小选择的范围，减少试验工作量，从而达到初步筛选各组分的目的。

根据吉布斯自由能 ΔG_T 可以判断化学反应是否进行：当 $\Delta G_T = 0$ 时，化学反应达到平衡；当 $\Delta G_T > 0$ 时，不进行化学反应；当 $\Delta G_T < 0$ 时，化学反应可以进行。

根据对国内外已有陶瓷刀具材料的分析，同时考虑到本书中对陶瓷刀具材料的要求,选择如表 2-3 中所示 4 种组分,分别将其与 Al_2O_3 和 CaF_2 进行热力学计算。根据 2000K 时的热力学数据进行计算,计算结果列于表 2-4。其中,固溶体相 $(W,Ti)C$ 由于缺乏相应的热力学数据,在计算中以 WC、TiC 的形式进行。可见,备选各组分与 Al_2O_3 和 CaF_2 均不发生化学反应,在热力学上应该是相容的。此时可以参考各组分与工件材料的有关计算结果,以进一步确定所需的组分系统。

表 2-3　备选组分的物性参数

组元	热导率(20℃) $k/[W/(m \cdot K)]$	密度 $\rho/(g/cm^3)$	弹性模量 E/GPa	泊松比 ν	热膨胀系数(20℃) $\alpha/(10^{-6}K^{-1})$
$(W,Ti)C$	26.74	9.56	550	0.194	5.8
SiC	41.87	3.217	480	0.17	4.35
WC	29.30	15.55	710	0.2	3.84
B_4C	8.37~29.3	2.52	441	0.21	4.5

表 2-4　备选组分的热力学计算结果(2000K)

组元	SiC	TiC	WC	B_4C
CaF_2	#	×	×	#
Al_2O_3	×(1800K)	×	×	×(1800K)

注:# 表示缺少相应的热力学数据或反应方程式;×表示不反应;( )中的温度值为现有热力学数据所能计算的最高温度。

　　表 2-5 为备选组分与四种工件材料在 1500K 时的热力学计算结果。可以看出,SiC、B_4C 和 WC 分别与三种、四种和两种工件材料发生化学反应,TiC 与四种工件材料都不发生化学反应,而化学反应会降低刀具材料的切削性能。因此,根据热力学计算结果,初步将备选系统缩小为 $Al_2O_3/TiC/CaF_2$、$Al_2O_3/(W,Ti)C/CaF_2$ 和 $Al_2O_3/WC/CaF_2$,$Al_2O_3/TiC/CaF_2$ 刀具材料分别适于加工 Fe、Ni、Al、Ti 基工件材料,后两种刀具适合加工 Fe、Ni 基工件材料。

表 2-5　备选组分与工件材料的热力学计算结果(1500K)

组元	Fe	Ni	Al	Ti
CaF_2	×	×	×	×
Al_2O_3	×	×	×	√
SiC	√(425K)	√(800K)	×	√
TiC	×	×(800K)	×	×
WC	×	×(800K)	√	√
B_4C	√	√(800K)	√	√

注:√表示发生反应;( )中的温度值为现有热力学数据所能计算的最高温度;×表示不反应。

2. 物理相容性分析

物理性能的匹配主要是指热膨胀系数 α、弹性模量 E 和泊松比 ν 等的匹配,这对于梯度自润滑陶瓷刀具材料设计尤为重要,特别是热膨胀系数 α,因为它在某些程度上影响着材料内部的残余应力分布,进而影响着材料的力学性能。

由于 WC 的抗氧化性较差,本章选择 $Al_2O_3/TiC/CaF_2$ 和 $Al_2O_3/(W,Ti)C/CaF_2$ 体系进行梯度自润滑陶瓷刀具的设计。

2.2.2　梯度自润滑陶瓷刀具材料的梯度设计

以 $Al_2O_3/TiC/CaF_2$ 材料体系为例进行梯度自润滑陶瓷刀具材料的梯度设计。残余应力的计算模型采用如图 2-2 所示圆盘状,其厚度 H 为 5mm,直径 ϕ 为 42mm。用表 2-2 中的组分则为 7 个梯度层,且第 1 层和第 7 层 TiC 及 CaF_2 的体积分数分别为 70% 和 14%,第 4 层分别为 25% 和 11%。

分布指数 n 决定了功能梯度材料的组成分布规律,是控制梯度自润滑陶瓷刀具梯度层材料分布的参数。首先需计算不同 n 时 $Al_2O_3/TiC/CaF_2$ 梯度自润滑陶瓷刀具的残余应力,分析组成分布指数对其残余应力的影响规律。分别取 $n=$ 0.6,0.8,1.0,1.2,1.4,1.6,1.8,2.0,2.2 和 2.4,采用 1/4 模型进行计算(图 2-5)。有限元计算时假设温度从 1700℃冷却到 20℃;各层材料物性参数不随温度变化且各向同性;各层材料分布均匀、平整,各层间界面结合良好。

1. 分布指数对径向应力的影响

1) 不同分布指数与径向应力最大值的关系

由于分析模型为沿着 Y 轴的旋转体(图 2-2),径向应力和周向应力完全相同,所以只需分析其一,便可知另外一个应力的变化规律。图 2-6 为最大径向拉应力和最大径向压应力随分布指数 n 的变化曲线。当 $n=0.6$ 时,最大径向拉应力为 141.7MPa,最大径向压应力为 -52.4MPa。随着 n 的增大,最大径向拉应力单调降低,而最大径向压应力的绝对值则随 n 的增大而单调增大。当 $n=2.4$ 时,二者分别为 66.1MPa 和 -127.8MPa。

在分布指数 n 由 0.6 变化到 1.2 的区间内,最大径向拉应力的减小明显,最大径向压应力绝对值的增大明显;n 由 1.2 增加到 2.4 时,二者的变化都较为缓慢。由图 2-6 还可以看出,最大径向拉应力和最大径向压应力的曲线走势相同。表 2-6 列出了分布指数变化过程中,第 1 层厚度间的变化,如 n 为 0.6 时第 1 层厚度为 1.1645mm,n 为 0.8 时第 1 层厚度为 0.9863mm,则分布指数变化引起的第 1 层厚度变化为 0.1782mm。由表 2-6 可以看出,随着分布指数的增大,第 1 层厚度间的变化先增大而后减小,在 0.6~1.2 范围内,厚度值变化为 0.1782~

0.2720mm,相对较大;而在1.4～2.4范围内,厚度值变化为0.0553～0.0218mm,相对较小。这种厚度值的变化直接引起了应力值及应力分布的不同,且导致了在厚度值变化较大时(0.6～1.2)应力增大或减小幅度大,厚度变化较小时(1.4～2.4)应力增大或减小幅度小。引起的应力分布的变化在后面具体讨论。

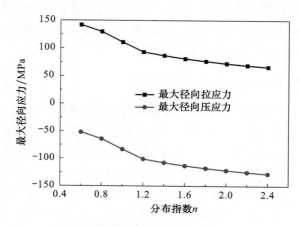

图 2-6　最大径向应力与 n 的关系

表 2-6　不同分布指数下第 1 层厚度差变化

分布指数 n	厚度差/mm	分布指数 n	厚度差/mm
0.6	0	1.6	0.0443
0.8	0.1782	1.8	0.0363
1.0	0.2720	2.0	0.0301
1.2	0.2208	2.2	0.0255
1.4	0.0553	2.4	0.0218

2) 不同分布指数时径向应力沿轴向分布规律

层间不同的热膨胀系数导致残余应力的存在,为了更好地分析应力在不同层的变化规律及应力梯度,需要分析径向应力沿轴向的分布规律。图 2-7 为径向应力的分布规律;图 2-8 为径向应力沿厚度方向的变化规律,取自 $Y=10$mm,$Z=0～5$mm 的路径,横坐标为沿 Z 轴厚度到底面的垂直距离,单位为 mm。由图 2-7 和图 2-8 可以看出,在分布指数 n 取值不同的情况下,径向应力均为对称分布,且最大径向拉应力都位于梯度自润滑陶瓷刀具材料的第 4 层,最大径向压应力都位于其第 1 层和第 7 层。

然而,当分布指数 $n<1$ 和 $n>1$ 时,径向应力在 $Al_2O_3/TiC/CaF_2$ 梯度自润滑陶瓷刀具材料内的分布规律具有相反的特征。当 $n<1$ 时,最大径向拉应力值很大,且分布于材料第 4 层很小的区域内,然后沿轴向第 1 层和第 7 层急剧减小,整个拉应力分布区域较小;最大径向压应力值很小,分布于第 1 层和第 7 层并且具

有一定的厚度(0.75mm),随后沿轴向向第 4 层缓慢减小,整个压应力区域很大,即第 4 层位置存在较大的应力梯度[图 2-7(a),图 2-8]。与此相反,当 $n>1$ 时,虽然最大径向拉应力值很小,但以该最大值在第 4 层具有一定的厚度(1mm),随后

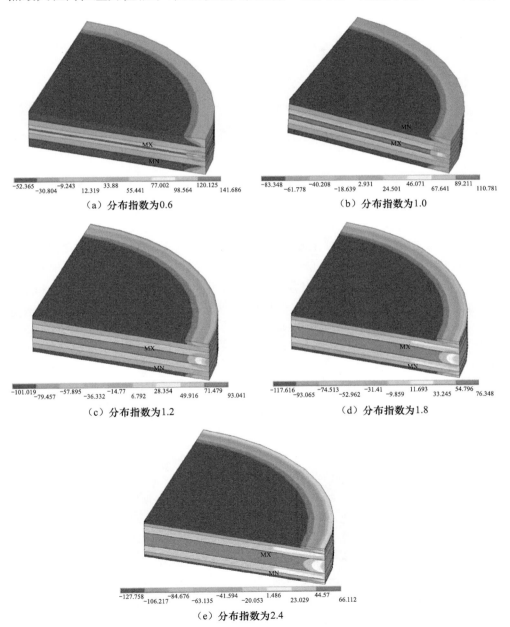

(a) 分布指数为0.6　　　　　　　　　　(b) 分布指数为1.0

(c) 分布指数为1.2　　　　　　　　　　(d) 分布指数为1.8

(e) 分布指数为2.4

图 2-7　径向应力的分布规律(单位:MPa)

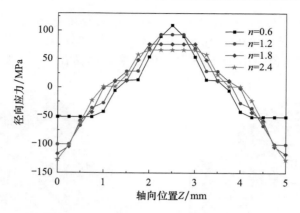

图 2-8　径向应力沿厚度方向的变化规律

才沿轴向向第 1 层和第 7 层缓慢减小，整个拉应力分布区域很大；最大径向压应力值很大，却分布于材料第 1 层和第 7 层很小的区域内，然后沿轴向向第 4 层剧烈减小，整个压应力区域较小，即第 1 层和第 7 层存在很大的应力梯度［图 2-7(e)，图 2-8］。也就是说，无论分布指数 n 较大或较小，都会在材料内部造成过大的应力梯度，这对于材料的力学性能都是不利的。

当 $n=1.0$ 时［图 2-7(b)］，各层厚度相同，最大径向压应力位于第 1 层和第 7 层，而后向中间层逐渐减小，最大径向拉应力位于第 4 层，此时拉应力区域和压应力区域相同。虽然此时应力梯度相对于 $n=2.4$ 时小很多，但是最大压应力的值为 $-83.3MPa$，与 $n=2.4$ 时的 $-127.8MPa$ 相比，同样比较小，对材料性能的增强效果较小。

而当 $n=1.2\sim1.8$ 时，最大径向拉应力的值相对较小，且虽有一定的厚度，但分布区域相对较小；最大径向压应力的值相对较大，并且也具有一定的厚度，拉应力区域和压应力区域大小相似，梯度变化在整个材料内部均匀缓和，形成了比较理想的残余应力分布状态［图 2-7(c)和(d)，图 2-8］。

3）不同分布指数时径向应力沿径向分布规律

由于刀具切削过程中，表层（即第 1 层）性能对刀具有较大影响，且 $Al_2O_3/TiC/CaF_2$ 梯度自润滑陶瓷刀具的设计目的是在保证表层良好润滑性能的基础上，在表层形成压应力，以改善表层的力学性能，因此分析表层的残余应力十分必要。

由图 2-7 可以看出，第 1 层形成的压应力呈以轴心处为圆心的圆形分布，且压应力在靠近轴心的大部分区域内均匀分布。图 2-9 为第 1 层径向压应力沿半径方向变化曲线，取自 $Y=0\sim21mm$、$Z=5mm$ 的路径，横坐标 Y 为表面上的点到轴心的垂直距离，即沿表面圆半径方向的距离，单位为 mm。由图可知，Y 在 $0\sim15.75mm$ 处，在组成分布指数 n 不同的情况下，表面径向压应力都分布均匀，并且均为各组成分布指数下的最大径向压应力值；由 15.75mm 至边界处，表面径向压应力都急剧减小至接近于 0，由此，造成边界处应力不均，具有较大的应力梯度；并且，n 值越大，应力梯度越大。但是，当 $n=0.6$ 时，虽然应力梯度较小，表层压应力的值也较小（-52.4MPa），对材料性能的增强作用就较小。

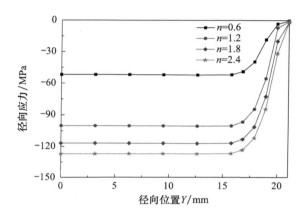

图 2-9　表面径向压应力沿半径方向变化曲线

同时，由图 2-7 还可以看出，中间层形成的拉应力也呈以轴心处为圆心的圆形分布，且拉应力在靠近轴心的大部分区域内均匀分布。图 2-10 为中间层径向应力沿半径方向变化曲线，取自 $Y=0\sim21$mm、$Z=2.5$mm 的路径。由图可知，中间层形成的拉应力的分布规律与第 1 层形成的压应力规律相似，但是拉应力的值随着 n 的增大而减小，并且 n 值越大，应力梯度越小。

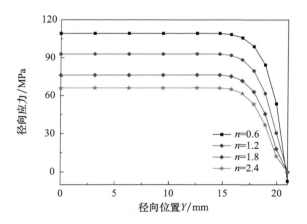

图 2-10　径向应力沿半径方向的变化规律

因此，结合图 2-7～图 2-10 可以得出，当 $n=1.2\sim1.8$ 时，$Al_2O_3/TiC/CaF_2$ 梯

度自润滑陶瓷刀具材料具有相对较小的拉应力和较大的表层压应力,且应力梯度较为缓和。

2. 分布指数对等效应力的影响

$Al_2O_3/TiC/CaF_2$ 梯度自润滑陶瓷刀具的残余应力分布状态为复杂应力状态,因此衡量材料可制备性的强度准则应采用第四强度理论,即最大 von Mises 等效应力越小越好(过大的 von Mises 等效应力会造成坯体的破坏而降低材料的性能),同时还要考虑不同分布指数 n 时 von Mises 等效应力的分布情况,根据分布情况分析 von Mises 等效应力的应力梯度,以综合确定最优分布指数。

1) 不同分布指数与最大等效应力的关系

图 2-11 为梯度自润滑陶瓷刀具材料的最大 von Mises 等效应力随分布指数 n 的变化曲线。当 $n=0.6$ 时,最大 von Mises 等效应力为 187.6MPa;随着 n 的增大,最大 von Mises 等效应力逐渐减小;当 $n=1.8$ 时,最大 von Mises 等效应力达到最小,其值为 119.3MPa。而后,随着 n 的继续增大,最大 von Mises 等效应力又逐渐增大,当 $n=2.4$ 时,最大 von Mises 等效应力增大到 127.5MPa。

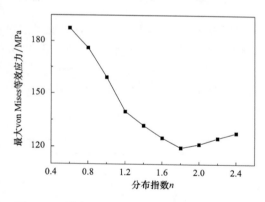

图 2-11　最大 von Mises 等效应力与 n 的关系

2) 不同分布指数时等效应力沿轴向分布规律

图 2-12 为 von Mises 等效应力的分布规律;图 2-13 为 von Mises 等效应力沿厚度方向的变化规律,取自 $Y=10mm$、$Z=0\sim5mm$ 的路径,横坐标为沿 Z 轴厚度到底面的垂直距离,单位为 mm。从图 2-12 和图 2-13 可以看出,在分布指数 n 取不同值时,von Mises 等效应力以第 4 层对称分布,且都是在第 1 层和第 7 层较大,而后沿厚度方向逐渐减小,在 $1\sim1.5mm$ 时出现最小值,之后向中间层逐渐增大。

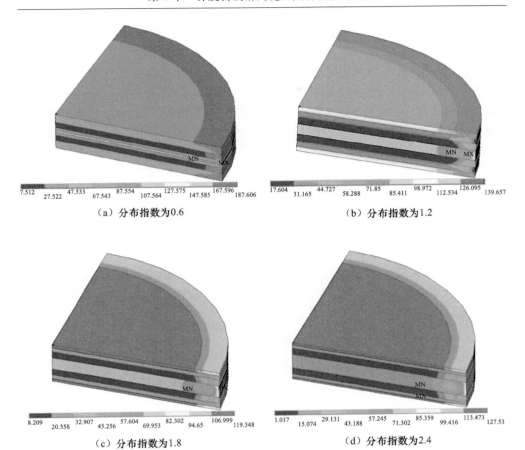

图 2-12　von Mises 等效应力的分布规律

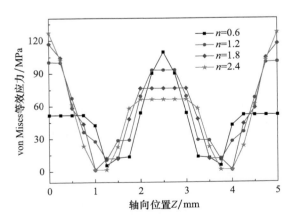

图 2-13　von Mises 等效应力沿厚度方向的变化规律

当 $n=0.6$ 时[图 2-12(a),图 2-13],von Mises 等效应力的最大值位于第 4 层边缘处,且整个第 4 层的 von Mises 等效应力都较大;而 $n=2.4$ 时[图 2-12(d),图 2-13],von Mises 等效应力的最大值位于材料的表层,呈以轴心处为圆心的圆形分布,且在靠近轴心的大部分区域内均匀分布。$n=0.6$ 时,材料中间层存在很大的应力梯度;而 $n=2.4$ 时,表层则有很大的应力梯度,这两种情况对材料的性能都是很不利的。分析 $n=1.2$、1.8 时[图 2-12(b)和(c)、图 2-13],可以看出,最大 von Mises 等效应力在中间层边缘处仍有分布,且表层的 von Mises 等效应力逐渐增大;到 $n=1.8$ 时,表层的 von Mises 等效应力即为该分布指数下最大 von Mises 等效应力。

3) 不同分布指数时等效应力沿径向分布规律

由图 2-12 可以看出,材料的最大 von Mises 等效应力呈以轴心处为圆心的圆形分布,且在靠近轴心的大部分区域内均匀分布。图 2-14 为 von Mises 等效应力沿半径方向变化曲线,取自 $Y=0\sim21\text{mm}$、$Z=2.5\text{mm}$ 的路径,横坐标 Y 为表面上的点到轴心的垂直距离,即沿表面圆半径方向的距离,单位为 mm。可以看出,von Mises 等效应力先沿半径方向均匀分布,而后减小,在靠近边界处突然增大,具有较大的应力梯度。

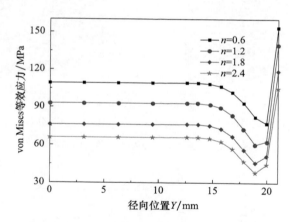

图 2-14　von Mises 等效应力沿半径方向变化曲线

因此,由图 2-12~图 2-14 可以得出,当 $n=1.2\sim1.8$ 时,$Al_2O_3/TiC/CaF_2$ 梯度自润滑陶瓷刀具材料具有相对较小的最大 von Mises 等效应力,且应力梯度较为缓和,与对径向应力的分析相符,同时结合 $n=1.8$ 时,最大 von Mises 等效应力出现最小值(图 2-11),所以可以初步将分布指数 n 取为 1.8。

3. 层数对残余应力的影响

在梯度自润滑陶瓷刀具材料表层和中间层组分不变,且分布指数 $n=1.8$ 的情况下,改变梯度层数 N,分别取 $N=5,7,9,11$,分析层数对残余应力的影响。

1) 不同层数对径向应力的影响

图 2-15 为最大径向拉应力和最大径向压应力随层数 N 的变化曲线。当 $N=5$ 时，最大径向拉应力为 81.7MPa，最大径向压应力为 -112.3MPa；随着 N 的增大，最大径向拉应力单调降低，而最大径向压应力的绝对值则随 N 的增大而单调增大，当 $N=11$ 时，二者分别为 72.8MPa 和 -121.2MPa。层数从 5 层增加到 11 层，最大径向拉应力降低了 11%，最大径向压应力增大了 8%。

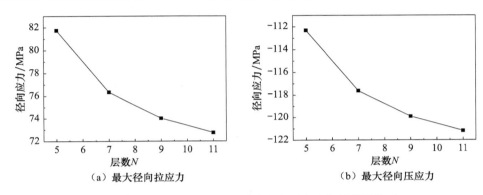

（a）最大径向拉应力　　　　　　　　（b）最大径向压应力

图 2-15　最大径向拉应力及最大径向压应力与层数的关系

图 2-16 为层数不同时径向应力沿厚度方向的变化规律，取自 $Y=10$mm、$Z=0\sim5$mm 的路径，横坐标为沿 Z 轴厚度到底面的垂直距离，单位为 mm。由图可以看出，在层数 N 取值不同的情况下，径向应力都是对称分布，且最大径向拉应力都是位于梯度自润滑陶瓷刀具材料的中间层，最大径向压应力都是位于其表层和底层。层数 N 从 5 增加到 11 时，最大拉应力区域逐渐减小，最大压应力区域逐渐增大。当 $N=5$ 时，径向应力在每层都以一定值保持一定厚度，但在两层界面处有较明显的应力突变，这种应力突变对于层间不同材料的结合不利，降低了材料的整体性能；随着 N 的增大，这种界面突变越来越不明显，当 $N=11$ 时，径向应力沿厚度方向的变化曲线基本就变为平滑的曲线，已看不出明显界面。但是层数太多时，每层的厚度较小，不利于梯度层铺层，增大了制备的难度。而 $N=7,9$ 时，最大拉应力区域相对较小，且拉应力区域和压应力区域大小相似，层间应力变化较为缓和，且层数不多，利于制备。

图 2-17 为不同层数时表面径向压应力沿半径方向变化曲线，取自 $Y=0\sim21$mm、$Z=5$mm 的路径，横坐标 Y 为表面上的点到轴心的垂直距离，即沿表面圆半径方向的距离，单位为 mm。由图可知，Y 在 $0\sim15.75$mm 处，在层数 N 不同的情况下，表面径向压应力都分布均匀，并且均为各层数的最大径向压应力值；由 15.75mm 至边界处，表面径向压应力都急剧减小至接近于 0，由此造成边界处应力不均，具有较大的应力梯度。

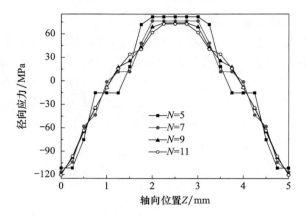

图 2-16　不同层数的径向应力沿厚度方向的变化规律

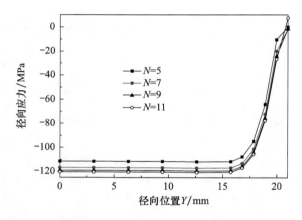

图 2-17　层数不同时表面径向压应力沿半径方向变化曲线

结合图 2-16 和图 2-17 可以得出,当 $N=7,9$ 时,$Al_2O_3/TiC/CaF_2$ 梯度自润滑陶瓷刀具材料具有相对较小的拉应力和较大的表层压应力,层间界面处应力突变不明显,且边界处应力梯度较为缓和。

2) 不同层数对等效应力的影响

图 2-18 为梯度自润滑陶瓷刀具材料的最大 von Mises 等效应力随层数 N 的变化曲线。当 $N=5$ 时,最大 von Mises 等效应力为 128.2MPa;随着 N 的增大,最大 von Mises 等效应力的值减小,当 $N=7$ 时,最大 von Mises 等效应力达到最小,其值为 119.3MPa;而后,随着 N 的继续增大,最大 von Mises 等效应力又逐渐增大,当 $N=11$ 时,最大 von Mises 等效应力的值增大到 120.9MPa。

图 2-19 为层数不同时 von Mises 等效应力沿半径方向变化曲线,取自 $Y=0\sim$ 21mm、$Z=2.5$mm 的路径,横坐标 Y 为表面上的点到轴心的垂直距离,即沿表面

圆半径方向的距离,单位为 mm。可以看出,不论 N 为何值,von Mises 等效应力都是先沿半径方向均匀分布,而后减小,在靠近边界处突然增大至该层数时的最大值。

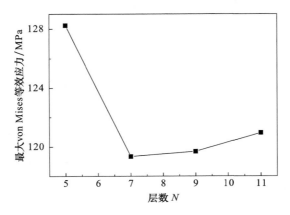

图 2-18　最大 von Mises 等效应力与层数的关系

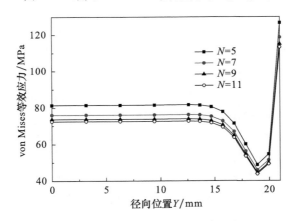

图 2-19　层数不同时沿半径方向变化曲线

可以看出,N 越小,边界处应力梯度越大,而随着 N 的增大制备难度会增大,N 取 7 和 9 时应力梯度相对比较均匀且制备方便,同时结合 $N=7$ 时最大 von Mises 等效应力出现最小值(图 2-18),所以可以初步将层数 N 取为 7。

2.2.3　梯度自润滑陶瓷刀具材料的残余应力计算与分析

以 $Al_2O_3/(W,Ti)C/CaF_2$ 材料体系进行梯度自润滑陶瓷刀具材料的残余应力分析。各不同混合比梯度层的等效热导率采用式(2-14)计算,等效弹性模型和等效泊松比由式(2-20)和式(2-21)计算得到,等效热膨胀系数根据式(2-22)计算。各梯度层的物性参数计算结果列入表 2-7。

表 2-7　$Al_2O_3/(W,Ti)C/CaF_2$ 梯度自润滑陶瓷刀具材料物性参数

(W,Ti)C 体积分数/%	CaF_2 体积分数/%	热导率(20℃) $k/[W/(m·K)]$	密度 $\rho/(g/cm^3)$	弹性模量 E/GPa	泊松比 ν	热膨胀系数(20℃) $\alpha/(10^{-6}K^{-1})$
30	0	35.2	5.7	0.242	424.709	7.6597
33	0	34.7	5.8	0.240	429.441	7.5772
40	3.3	32.3	6.1	0.235	420.602	7.5157
40	4	32.0	6.1	0.235	416.461	7.5441
50	6.7	29.6	6.5	0.229	415.416	7.3856
50	8	29.2	6.5	0.229	407.743	7.4413
60	10	27.3	6.9	0.223	410.367	7.2614
60	12	26.7	6.8	0.223	398.585	7.3519
66	12	26.0	7.1	0.220	407.008	7.1928

1. 层厚与梯度自润滑陶瓷刀具材料残余应力的关系

1) 梯度层厚度对残余应力的影响

查阅刀具厚度标准,选择厚度为 5mm;同时考虑到烧结过程中有流料现象,对刀具厚度进行增大,选择厚度为 6mm 进行计算、烧结。根据表 2-7 中的数据,选择梯度自润滑陶瓷刀具材料从表层至中间层(W,Ti)C 及 CaF_2 的体积分数分别为 60%、50%、40%、30% 和 12%、8%、4%、0%,且为沿中间层对称分布,分别取 $n=$ 0.6,0.8,1.0,1.2,1.4,1.6,1.8,2.0,2.2 和 2.4,采用图 2-2 所示的模型,对厚度分别为 5mm、6mm 时的残余应力进行分析。

结果表明,厚度为 5mm、6mm 的材料随着分布指数 n 值的不同,最大径向拉应力、最大径向压应力和最大等效应力均存在较小的差别。表 2-8 为不同厚度下的梯度自润滑陶瓷刀具材料的残余应力值。可见,随着分布指数的增大,最大径向拉应力和最大等效应力逐渐减小,最大径向压应力的绝对值逐渐增大。

表 2-8　不同厚度下梯度自润滑陶瓷刀具材料的残余应力

分布指数	最大径向拉应力/MPa		最大径向压应力/MPa		最大等效应力/MPa	
	厚度 5mm	厚度 6mm	厚度 5mm	厚度 6mm	厚度 5mm	厚度 6mm
0.6	215.9	215.9	−68.3	−68.4	281.5	283.2
0.8	197.9	198.0	−84.9	−84.9	264.9	268.3
1.0	169.9	170.0	−110.7	−110.7	241.4	244.1
1.2	143.4	143.4	−135.1	−135.1	213.3	213.0
1.4	133.4	133.4	−144.3	−144.4	201.7	201.3
1.6	125.1	125.1	−151.9	−152.0	191.5	191.2
1.8	118.0	118.1	−158.3	−158.4	183.3	183.1
2.0	112.1	112.2	−163.3	−163.8	175.8	176.2
2.2	107.0	107.1	−168.4	−168.4	169.8	169.8
2.4	102.6	102.6	−172.5	−172.5	172.2	172.2

图 2-20 为分布指数为 1.2 时径向应力和 von Mises 等效应力沿厚度方向的变化规律,取自 $Y=10\text{mm}$、$Z=0\sim5\text{mm}$ 和 $Z=0\sim6\text{mm}$ 的路径,横坐标为沿 Z 轴厚度到底面的垂直距离,单位为 mm。可以发现,径向应力和 von Mises 等效应力的分布规律与图 2-8 和图 2-13 所示的分布指数为 1.8 时分布规律相似。但是由于增大了总厚度,每层的厚度会相应地增大,因此由图中可以看出厚度为 6mm 时的径向应力和 von Mises 等效应力为厚度 5mm 时的横向拉伸,而应力值没有明显变化。同时,对于厚度为 5mm 的梯度自润滑陶瓷刀具材料,最大值和最小值都与厚度为 6mm 时相近,但是分布的区域变小了,即应力梯度增大了。

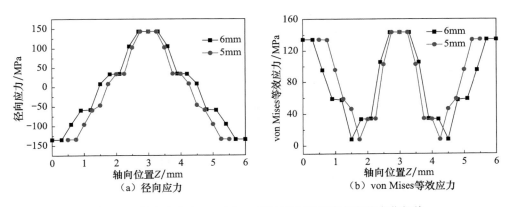

（a）径向应力　　　　　　　　（b）von Mises 等效应力

图 2-20　径向应力和 von Mises 等效应力沿厚度方向的变化规律

2）表层加厚对残余应力的影响

制备出梯度自润滑陶瓷刀具材料后要进行一定的粗磨和研磨,以用于测试性能并进行切削试验。但是当分布指数较大时,表层的厚度会较小,以至于粗磨后表层可能会变得很小,在切削时起不到应有的作用,因此在试验中对于表层较薄的层可以进行适当的加厚,以利于试验进行。

选择上述组分,分别取 $n=0.6,0.8,1.0,1.2,1.4,1.6,1.8,2.0,2.2$ 和 2.4,采用图 2-2 所示的模型,对厚度分别为 6mm、6.4mm(表层加厚 0.2mm)时的残余应力进行分析。

图 2-21(a)为最大径向拉应力与分布指数 n 的关系。可见,厚度为 6mm 和 6.4mm 时,最大径向拉应力都是随着分布指数 n 的增大而逐渐降低。在 n 取不同值时,厚度为 6.4mm 材料的最大径向拉应力总是大于相同分布指数下厚度为 6mm 材料的应力值,且随着 n 的增大,二者的差值增大。分布指数 n 较小时,表层厚度较大,表层增大 0.2mm 对材料的最大径向拉应力影响较小,当 $n=0.6$ 时,二者应力差 $\Delta=2.9\text{MPa}$;随着分布指数 n 的增大,表层厚度逐渐减小,此时表层增大 0.2mm 对材料的最大径向拉应力有明显的影响,当 $n=2.4$ 时,二者应力差 $\Delta=11.1\text{MPa}$。

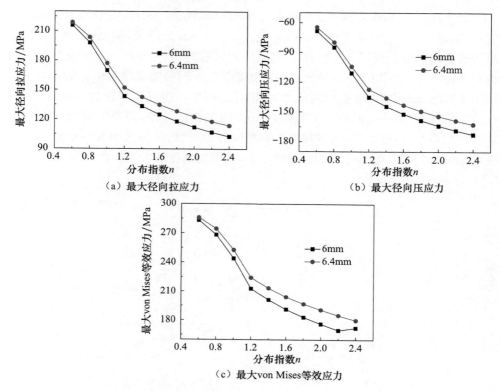

（a）最大径向拉应力   （b）最大径向压应力

（c）最大von Mises等效应力

图 2-21　径向应力和最大 von Mises 等效应力与 n 的关系

　　图 2-21(b)为最大径向压应力与分布指数 n 的关系。可见,厚度分别为 6mm 和 6.4mm 时,最大径向压应力的绝对值都随着分布指数 n 的增大而逐渐增大。在 n 取不同值时,厚度为 6.4mm 材料的最大径向压应力总是小于相同分布指数下厚度为 6mm 材料的应力值,且随着 n 的增大,二者的差值逐渐增大。当 $n=0.6$ 时,二者应力差为 3.8MPa;当 $n=2.4$ 时,二者应力差增大到 10.1MPa。

　　图 2-21(c)为最大 von Mises 等效应力与分布指数 n 的关系。可见,厚度为 6mm 时,最大 von Mises 等效应力随着分布指数 n 的增大而逐渐降低,$n=2.2$ 时到达最小值,而后又增大;厚度为 6.4mm 时,最大 von Mises 等效应力一直随着分布指数 n 的增大而逐渐降低,在 $n=0.6\sim2.4$ 范围内没有取到最小值点。同时,在 n 取不同值时,厚度为 6.4mm 材料的最大 von Mises 等效应力总是大于相同分布指数下厚度为 6mm 材料的应力值。当 $n=0.6$ 时,二者应力差 $\Delta=2.7$MPa;当 n 增大到 2.2 时,由于此时厚度为 6mm 的材料的应力值达到最小值,二者的应力差值达到 15.2MPa;当 $n=2.4$ 时,又减小到 7.7MPa。

　　图 2-22 为分布指数为 0.6 和 2.0 时径向应力和 von Mises 等效应力沿厚度方

向的变化规律,取自 $Y=10mm$、$Z=0\sim6mm$ 和 $Z=0\sim6.4mm$ 的路径,横坐标为沿 Z 轴厚度到底面的垂直距离,单位为 mm。可以看出,图 2-22(a)和(c)与图 2-8 中相应分布指数下径向应力分布规律相似,而图 2-22(b)和(d)与图 2-13 中相应分布指数下 von Mises 等效应力的分布规律相似。由图 2-22(a)和(b)可以看出,表层增厚 0.2mm 后,最大径向压应力和表层处 von Mises 等效应力的分布区域增大,但是由于此时表层厚度较大,缓和了应力分布,使其对其余层的应力分布影响较小,且应力差值较小;当分布指数增大到 2.0[图 2-22(c)和(d)],此时表层增大的 0.2mm 使最大径向压应力和表层处的 von Mises 等效应力具有明显层状分布,且对其余层具有明显的影响,特别是中间层拉应力和 von Mises 等效应力的增大。

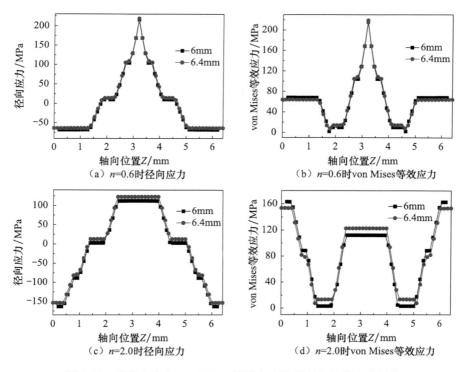

图 2-22　径向应力和 von Mises 等效应力沿厚度方向的变化规律

综上分析可知,厚度为 6.4mm 的梯度自润滑陶瓷刀具材料与厚度为 6mm 的材料相比,在相同的分布指数下,具有最大径向拉应力大、最大径向压应力小和最大 von Mises 等效应力大的特点。但由于应力差值都不是特别大,所以在刀具材料制备过程中,对于表层较薄的情况可以进行适当的加厚,但加厚的值不宜太大。

2. 热膨胀系数和分布指数与梯度自润滑陶瓷刀具材料残余应力的关系

1）层间热膨胀系数之差对残余应力的影响

热膨胀系数之差是指相邻两层间热膨胀系数的差值，在表层弹性模量 E 相同、分布指数相同的条件下，层间不同的热膨胀系数之差会产生不同的应力值及分布。

以七层材料为例，选择如表 2-9 中的三组组分，使表层弹性模量 E 为 440GPa 左右，相邻层间的热膨胀系数之差由第一组中表层和第 2 层的 $0.1418 \times 10^{-6} K^{-1}$ 增加到第 3 层和中间层的 $0.1459 \times 10^{-6} K^{-1}$，第二组数据中由 $0.1416 \times 10^{-6} K^{-1}$ 增加到 $0.1533 \times 10^{-6} K^{-1}$ 以及第三组中由 $0.1416 \times 10^{-6} K^{-1}$ 增加到 $0.1843 \times 10^{-6} K^{-1}$，增幅逐渐增大。取分布指数 $n=1.2$，采用如图 2-2 所示的模型，对这三组材料的残余应力进行分析。

表 2-9 层间热膨胀系数之差不同时材料组分及差值

分组号码	$(W, Ti)C$ 体积分数/%	CaF_2 体积分数/%	弹性模量 E/GPa	泊松比 ν	热膨胀系数(20℃) $\alpha/(10^{-6} K^{-1})$	热膨胀系数之差(20℃) $\alpha/(10^{-6} K^{-1})$
1	51	5	427.193	0.228	7.2875	0
	58	6	431.805	0.224	7.1416	0.1459
	65	7	436.368	0.220	6.9975	0.1441
	72	8	440.887	0.215	6.8557	0.1418
2	44	0.5	444.062	0.233	7.2961	0
	52	2.1	446.948	0.227	7.1428	0.1533
	62	5.1	443.808	0.221	6.9973	0.1455
	72	8	440.887	0.215	6.8557	0.1416
3	42	0	443.94	0.234	7.3311	0
	52	2.2	446.307	0.227	7.1468	0.1843
	62	5.1	443.808	0.221	6.9973	0.1495
	72	8	440.887	0.215	6.8557	0.1416

图 2-23 为最大径向拉应力、最大径向压应力和最大 von Mises 等效应力与表 2-9 中三种组分的变化规律。由图可以看出，随着层间热膨胀系数之差的增大，最大径向拉应力和最大 von Mises 等效应力逐渐增大，增幅分别为 38.2MPa 和 52.6MPa，最大径向压应力的绝对值也增大了 13.1MPa。这是因为里层的热膨胀系数增大幅度较大、表层热膨胀系数值相似，但梯度自润滑陶瓷刀具材料的表层形成压应力，中间层形成拉应力，所以最大径向拉应力的增幅比最大径向压应力大。而最大 von Mises 等效应力与材料的整体应力分布有关，径向应力的增大就导致了最大 von Mises 等效应力的增大。同时，由表 2-9 中的数据可以计算，组号 1 和

组号 2 里层的热膨胀系数的差值为 $0.0074 \times 10^{-6} \mathrm{K}^{-1}$，组号 2 和组号 3 里层的热膨胀系数的差值为 $0.031 \times 10^{-6} \mathrm{K}^{-1}$，反映到图 2-23 中，即由组号 1 到组号 2 时，最大径向拉应力、最大径向压应力和最大 von Mises 等效应力的增幅分别为 12.9MPa、4.3MPa 和 17.4MPa；由组号 2 到组号 3 时，最大径向拉应力、最大径向压应力和最大 von Mises 等效应力的增幅分别为 25.3MPa、8.8MPa 和 35.2MPa，即由组号 2 到组号 3 时，各应力值的增幅比较大。由此可以看出，层间热膨胀系数之差对应力的分布有较大的影响。

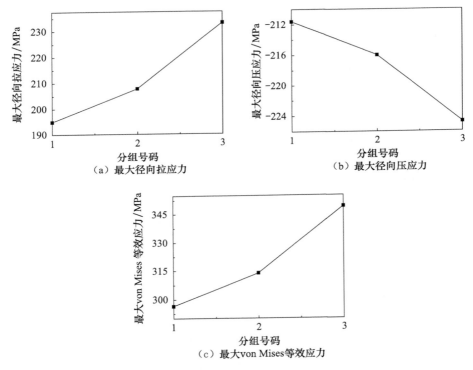

图 2-23　径向应力和最大 von Mises 等效应力与组分的关系

2）相同热膨胀系数之差对不同层数材料应力的影响

对于总厚度相同、层数不同的梯度自润滑陶瓷刀具材料，层间相同的热膨胀系数之差会产生不同的应力值及分布。

选择合适的组分[如七层时(W,Ti)C 及 CaF_2 的体积分数分别为 60%、50%、40%、30% 和 12%、8%、4%、0%]，使弹性模量 E 为 400GPa 左右，相邻层间的热膨胀系数之差约为 $0.089 \times 10^{-6} \mathrm{K}^{-1}$，分别取 $n=0.6, 0.8, 1.0, 1.2, 1.4, 1.6, 1.8, 2.0, 2.2$ 和 2.4，采用图 2-2 所示的模型，对层数为 5、7、9 时的残余应力进行分析。

图 2-24 为不同层数时径向应力和最大 von Mises 等效应力与分布指数 n 的关

系。其中,图 2-24(a)、(b)与图 2-6 中径向应力随分布指数 n 的分布规律相似,在不同层数的情况下,最大径向拉应力都随着 n 的增大逐渐减小,最大径向压应力的绝对值都随着 n 的增大而逐渐增大;图 2-24(c)与图 2-11 的最大 von Mises 等效应力随 n 的分布规律相似,在层数为 7、9 时,最大 von Mises 等效应力先随着 n 的增大而逐渐降低,达到最小值后又随着 n 的增大而增大,但层数为 5 时,在分布指数为 $0.6 \sim 2.4$ 的范围内,最大 von Mises 等效应力没有达到最小值。

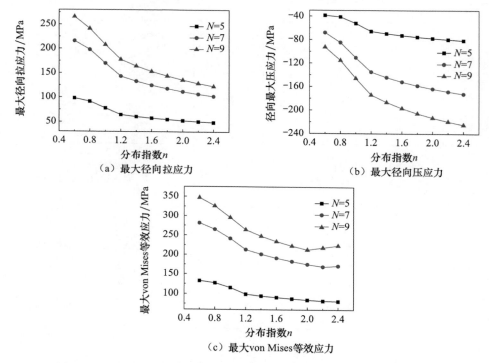

图 2-24　不同层数时径向应力和最大 von Mises 等效应力与 n 的关系

同时由图 2-24 可以看出,在分布指数 n 取不同值的情况下,随着层数的增加,最大径向拉应力、最大径向压应力的绝对值和最大 von Mises 等效应力都有一定程度的增大,其中由 5 层到 7 层过程中,应力增幅比较大。

图 2-25 为分布指数为 1.2 时,不同层数的径向应力和 von Mises 等效应力沿厚度方向的变化规律,取自 $Y=10\text{mm}$、$Z=0 \sim 5\text{mm}$ 的路径,横坐标为沿 Z 轴厚度到底面的垂直距离,单位为 mm。由图中可以看出,在热膨胀系数之差相同、层数不同时,径向应力和 von Mises 等效应力沿轴向的分布规律相似,并且随着层数的增加,层间过渡逐渐模糊,径向应力和 von Mises 等效应力在层间结合处的应力突

变减小；但是随着层数的增加，中间层拉应力和最大 von Mises 等效应力都相应地增大。径向应力差值由 5 层时的 130.4MPa 增大到 9 层时的 352.0MPa，应力梯度增大。

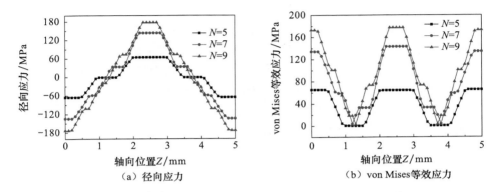

（a）径向应力　　　　　　　　　　（b）von Mises 等效应力

图 2-25　不同层数时径向应力和 von Mises 等效应力沿厚度方向的变化曲线

图 2-26 为不同层数时表面径向压应力沿半径方向变化曲线，取自 $Y=0\sim21mm$、$Z=5mm$ 的路径，横坐标 Y 为表面上的点到轴心的垂直距离，即沿表面圆半径方向的距离，单位为 mm。由图可知，在热膨胀系数之差相同、层数不同的情况下，梯度自润滑陶瓷刀具材料表面在靠近轴心处形成比较均匀的残余应力区，并且均为各层数的最大径向压应力值，靠近边界处，表面径向压应力都急剧减小至接近于 0，由此造成边界处应力不均，具有较大的应力梯度；并且层数越多应力梯度越大。同时，在图 2-26 的条件下，层数由 5 增加到 9，应力均匀区域半径由 16.68mm 增加到 17.01mm，增幅较小，但是由于刀具尺寸长度方向为 16mm，因此都满足制备刀具的要求。

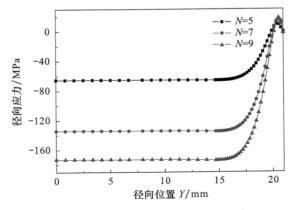

图 2-26　不同层数时表面径向压应力沿半径方向变化曲线

3）热膨胀系数之差和分布指数对残余应力的影响

相同的热膨胀系数之差对不同层数的梯度自润滑陶瓷刀具材料的应力分布规律有不同的影响，同时，对于层数相同的材料，不同的热膨胀系数之差也会产生不同的应力分布。

以七层材料为例，选择适当的组分，使弹性模量 E 为 400GPa 左右，改变层间的热膨胀系数之差，如选择（W，Ti）C 及 CaF$_2$ 的体积分数分别为 74%、61%、48.5%、37% 和 15%、10%、5%、0%，此时相邻层间的热膨胀系数之差为 0.1143×10^{-6}K^{-1}左右；选择（W，Ti）C 及 CaF$_2$ 的体积分数分别为 74%、58%、43%、29% 和 15%、10%、5%、0%，此时相邻层间的热膨胀系数之差为 0.189×10^{-6}K^{-1}左右，并分别取 n=0.6,0.8,1.0,1.2,1.4,1.6,1.8,2.0,2.2 和 2.4，采用如图 2-2 所示的模型，对热膨胀系数之差不同时材料的残余应力进行分析。

由此得到图 2-27 和图 2-28，分别为最大径向应力、最大 von Mises 等效应力与分布指数和热膨胀系数之差的三维关系图和二维关系图，其中图 2-28(a)、(b)、(c)与图 2-27(a)、(b)、(c)相对应。可以看出，在分布指数 n 相同的情况下，各层之间热膨胀系数之差越大得到的最大径向拉应力和最大 von Mises 等效应力的值越大，同时，得到的最大径向压应力的绝对值也越大。在分布指数为 1.2 的情况下，热膨胀系数之差由 0.0894×10^{-6}K^{-1} 增大到 0.2139×10^{-6}K^{-1} 时，中间层残余拉应力和最大 von Mises 等效应力分别由 120.2MPa、180.8MPa 增大到 282.0MPa 和 421.7MPa，表层残余压应力的绝对值由 119.3MPa 增大到 297.1MPa，各应力的增幅都比较大。在热膨胀系数之差相同的情况下，最大径向拉应力和最大 von Mises 等效应力都是随着 n 的增大而减小，因此最大径向拉应力和最大 von Mises 等效应力的较大值都出现在如图所示的左上角[图 2-28(a)、(c)]，而最大径向压应力的绝对值随着 n 的增大而增大，因此最大径向压应力出现在如图所示的右上角[图 2-28(b)]。

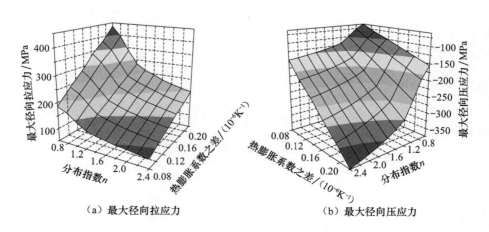

（a）最大径向拉应力　　　　　　　　（b）最大径向压应力

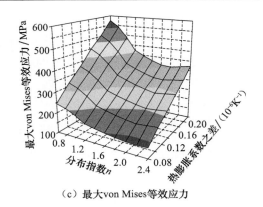

（c）最大 von Mises 等效应力

图 2-27　最大径向应力、最大 von Mises 等效应力与分布指数和热膨胀系数之差的三维关系

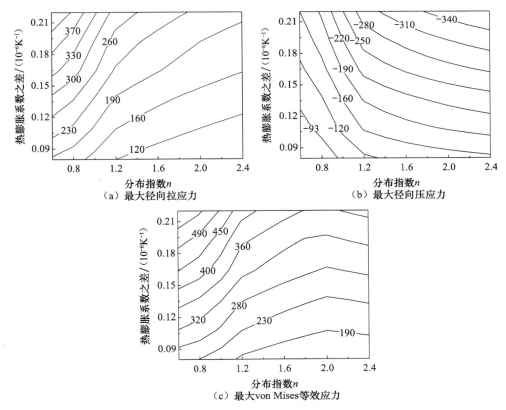

（a）最大径向拉应力

（b）最大径向压应力

（c）最大 von Mises 等效应力

图 2-28　最大径向应力、最大 von Mises 等效应力与分布指数和
热膨胀系数之差的二维关系（单位：MPa）

同时，由分析可知，热膨胀系数之差、分布指数 n 不同时，径向应力和 von Mises 等效应力沿厚度方向的变化规律与图 2-25 中不同层数时的变化规律相似，

都是沿中间层对称,并且都是在表层形成压应力、中间层形成拉应力。

综上分析,在分布指数相同时,梯度自润滑陶瓷刀具材料残余应力的分布和大小与热膨胀系数之差有密切关系,随着热膨胀系数之差的增大,材料表层产生的残余压应力逐渐增大,但同时产生的残余拉应力和最大 von Mises 等效应力也随之增大。为了避免产生较大的 von Mises 等效应力而影响梯度自润滑陶瓷刀具材料的整体性能,在选择材料每层组分时热膨胀系数之差不能过大。

3. 热膨胀系数和弹性模量与梯度自润滑陶瓷刀具材料残余应力的关系

1) 热膨胀系数之差和弹性模量对残余应力的影响

在弹性模量固定的条件下,分布指数和热膨胀系数之差对梯度自润滑陶瓷刀具材料的应力值及分布规律的影响由 2.2.4 节的分析可得,同时,在分布指数固定的条件下,热膨胀系数之差和弹性模量对材料的应力值及其分布也有一定的影响。

同样以七层材料为例,选择适当的组分,使表层弹性模量 E 为 360GPa、380GPa、400GPa、420GPa 和 440GPa 左右,并依次改变层间的热膨胀系数之差,如在弹性模量为 400GPa 条件下,选择 $(W, Ti)C$ 及 CaF_2 的体积分数分别为 74%、61%、48.5%、37% 和 15%、10%、5%、0%,此时相邻层间的热膨胀系数之差为 $0.1143 \times 10^{-6} K^{-1}$;选择 $(W, Ti)C$ 及 CaF_2 的体积分数分别为 74%、58%、43%、29% 和 15%、10%、5%、0%,此时相邻层间的热膨胀系数之差为 $0.189 \times 10^{-6} K^{-1}$。又如,在弹性模量为 420GPa 条件下,选择 $(W, Ti)C$ 及 CaF_2 的体积分数分别为 75%、65%、55%、46% 和 12%、8%、4%、0%,此时相邻层间的热膨胀系数之差为 $0.0894 \times 10^{-6} K^{-1}$;选择 $(W, Ti)C$ 及 CaF_2 的体积分数分别为 75%、61%、47.5%、34.5% 和 12%、8%、4%、0%,此时相邻层间的热膨胀系数之差为 $0.189 \times 10^{-6} K^{-1}$。取分布指数 $n=1.2$,采用如图 2-2 所示的模型,对热膨胀系数之差和弹性模量不同时材料的残余应力进行分析。

由此得到图 2-29 和图 2-30,分别为最大径向应力、最大 von Mises 等效应力与热膨胀系数之差和弹性模量的三维关系图和二维关系图,其中图 2-30(a)、(b)、(c)与图 2-29(a)、(b)、(c)相对应。可以看出,在热膨胀系数之差固定的情况下,随着弹性模量的增大,最大径向拉应力和最大 von Mises 等效应力的值逐渐增大,同时,得到的最大径向压应力的绝对值也越来越大。在热膨胀系数为 $0.189 \times 10^{-6} K^{-1}$ 情况下,弹性模量由 360GPa 增大到 440GPa 时,中间层残余拉应力和最大 von Mises 等效应力的增幅分别为 38.7MPa 和 62.7MPa,表层残余压应力绝对值的增幅为 43.1MPa。与前面讨论的热膨胀系数之差增大引起的应力值增大相比,弹性模量增大引起的应力值增幅不是很大。在弹性模量相同的情况下,最大径向应力和最大 von Mises 等效应力都随着热膨胀系数之差的增大而增大,因此最大径向应力和最大 von Mises 等效应力的较大值都出现在如图所示的右上角[图 2-30(a)、(b)、(c)]。

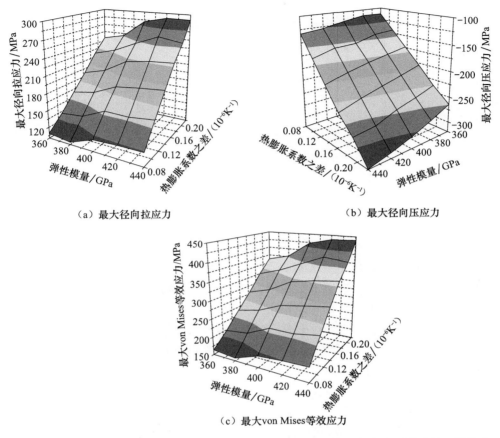

（a）最大径向拉应力

（b）最大径向压应力

（c）最大 von Mises 等效应力

图 2-29　最大径向应力、最大 von Mises 等效应力与热膨胀系数之差和弹性模量的三维关系

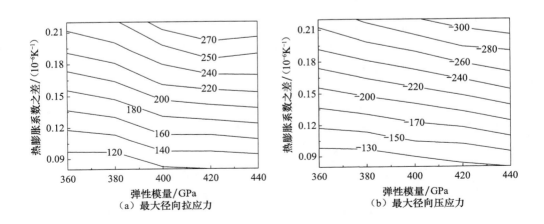

（a）最大径向拉应力

（b）最大径向压应力

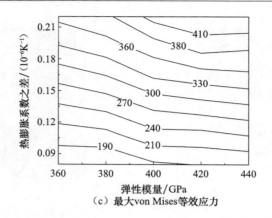

图 2-30　最大径向应力、最大 von Mises 等效应力与热膨胀系数之差和
弹性模量的二维关系(单位:MPa)

　　综上分析,在热膨胀系数之差相同时,梯度自润滑陶瓷刀具材料残余应力的分布和大小与弹性模量有密切的关系,随着弹性模量的增大,材料表层产生的残余压应力逐渐增大,但同时产生的残余拉应力和最大 von Mises 等效应力也随之增大。虽然这种应力增大的影响没有热膨胀系数之差增大的影响明显,但是为了避免产生较大的 von Mises 等效应力而影响梯度自润滑陶瓷刀具材料的整体性能,在选择材料每层组分时弹性模量也不能过大。

　　2) 应力关系图的应用与验证

　　在选定一组组分的情况下,根据图 2-27～图 2-30 的最大径向应力和最大 von Mises 等效应力与分布指数、热膨胀系数之差和弹性模量的应力值的大小和分布关系,可以判断最大径向拉应力、最大径向压应力以及最大 von Mises 等效应力的取值或者取值范围,进而减少使用有限元软件 ANSYS 进行计算的时间。

　　在表 2-7 中选择一组数据为例进行说明。选择$(W, Ti)C$ 及 CaF_2 的体积分数分别为 60%、50%、40%、30% 和 10%、6.7%、3.3%、0%,由表中所列的各层的性能数据可以看出,所选组分表层的弹性模量 E 为 410GPa 左右,相邻层间的热膨胀系数之差由 $0.1242 \times 10^{-6} K^{-1}$ 增加到 $0.144 \times 10^{-6} K^{-1}$,增幅为 $0.0198 \times 10^{-6} K^{-1}$。在分布指数 $n = 0.6 \sim 2.4$ 时,由图 2-27(a) 和图 2-28(a) 可以看出,最大径向拉应力的取值范围为 260～120MPa;由图 2-27(b) 和图 2-28(b) 可以看出,最大径向压应力的取值范围为 -93～-220MPa;由图 2-27(c) 和图 2-28(c) 可以看出,最大 von Mises 等效应力的取值范围为 340～215MPa。由于图 2-27 和图 2-28 为弹性模量在 400GPa 左右时的应力值,所以结合图 2-29 和图 2-30,在热膨胀系数之差为 $0.1242 \times 10^{-6} K^{-1}$ 时弹性模量由 400GPa 增加到 410GPa,可以看出各应力值的增幅均在 5MPa 之内。另外,该组分的热膨胀系数是变化的,结合图 2-23 中应力的变化,最大径向拉应力的增幅在 26MPa 之内,最大径向压应力的增幅在 9MPa 之内,最大 von Mises 等效应力的增幅在 36MPa 之内。综上所述,最大径向拉应力的取值范围为 290～120MPa,最大径向压应力的取值范围为 -93～-235MPa,最大 von Mises 等效应力的取值范围为 380～215MPa。

分别取 $n=0.6,0.8,1.0,1.2,1.4,1.6,1.8,2.0,2.2$ 和 2.4,采用如图 2-2 所示的模型,对上述组分的残余应力进行分析,以得出各应力值的具体范围,与上述结果进行比较。

图 2-31 为最大径向应力和最大 von Mises 等效应力与分布指数 n 的关系。可以得出,随着分布指数 n 的增大,最大径向拉应力逐渐减小,最大径向压应力的绝对值逐渐增大,最大 von Mises 等效应力先减小而后逐渐增大,与前述分布规律相似。同时可以得出,最大径向拉应力的取值范围为 276.9～130.8MPa,最大径向压应力的取值范围为 -93.5～-231.7MPa,最大 von Mises 等效应力的取值范围为 365.3～231.3MPa。可以看出,与上述根据图 2-27～图 2-30 估算的范围相比,最大径向压应力的相对误差在 0.5%～1.4% 范围内,最大径向拉应力和最大 von Mises 等效应力的相对误差分别在 4.7%～8.2% 和 4.0%～7% 范围内,且总体趋势相同。因此,图 2-27～图 2-30 可以直接用于对选定的材料组分进行各应力范围值的估算,进而节省时间、提高效率。

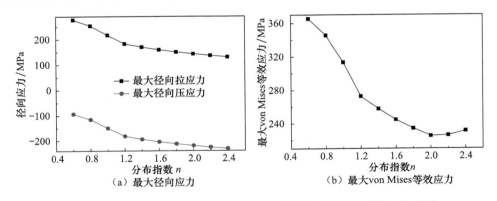

图 2-31 最大径向应力和最大 von Mises 等效应力与分布指数 n 的关系

4. 烧结温度与梯度自润滑陶瓷刀具材料残余应力的关系

选择梯度自润滑陶瓷刀具材料从表层至中间层 $(W,Ti)C$ 及 CaF_2 的体积分数分别为 60%、50%、40%、30% 和 10%、6.7%、3.3%、0%,且为沿中间层对称分布。取分布指数 $n=1.2$,根据图 2-2 所示的模型,分析烧结温度分别为 1550℃、1600℃、1650℃时的残余应力。

图 2-32 为烧结温度对最大径向应力和最大 von Mises 等效应力的影响曲线。

可以看到,随着烧结温度的升高,最大径向拉应力和最大 von Mises 等效应力都逐渐增大,最大径向压应力的绝对值也逐渐增大;同时可以发现,烧结温度与最大径向应力和最大 von Mises 等效应力都呈线性关系,计算得到烧结温度每升高 50℃,各应力的增加幅度为 5～8MPa。

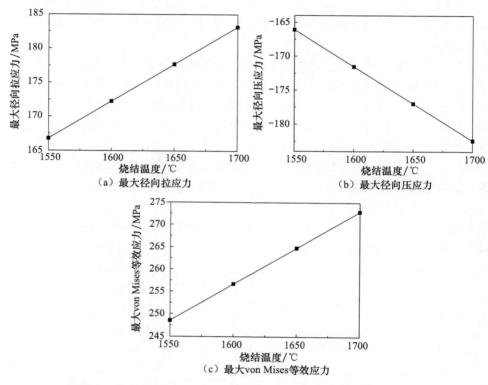

图 2-32　最大径向应力和最大 von Mises 等效应力与烧结温度的关系

综上所述,梯度自润滑陶瓷刀具材料表层产生的残余压应力随着烧结温度的提高而增大,梯度自润滑陶瓷刀具材料的最大 von Mises 等效应力也随着烧结温度的提高而增大。既要满足表层产生一定的残余压应力,又不希望产生大的 von Mises 等效应力而影响梯度自润滑陶瓷刀具的整体性能。为此,烧结温度要结合试验结果综合分析确定。

2.3　梯度自润滑陶瓷刀具材料的残余应力测试与分析

2.3.1　残余应力的测试方法

残余应力的测试方法很多,如压痕法、微挠度法和 X 射线衍射法等。其中,采用压痕法测量残余应力操作简单,计算也比较简单,是一种简便实用的测量方法,因此得到了广泛的使用。本书采用压痕法测量梯度自润滑陶瓷刀具的残余应力。采用标准硬度测量计,压痕载荷为 5kg。打压痕的过程中要保证压痕的对角线和裂纹与层面平行或者垂直,以便于计算。压痕的长度通过光学显微镜进行测量。压痕断裂韧性(K_{IC})由下式进行计算:

$$K_{IC} = \eta \sqrt{\frac{E}{H}} \frac{F}{c_1^{3/2}} \qquad (2\text{-}24)$$

式中,η 是由裂纹形状、尺寸及载荷形式所决定的无量纲常数,为 0.016 ± 0.004;E 是弹性模量;H 是硬度;F 是压痕载荷;c_1 是压痕长度的 $1/2$,是平行于层面的压痕长度。

因此,残余应力可由下式计算:

$$\sigma_R = \frac{K_{IC} - K_I}{Y c_R^{1/2}} = K_{IC} \frac{1 - (c_1/c_R)^{3/2}}{Y c_R^{1/2}} \qquad (2\text{-}25)$$

式中,c_R 是垂直于层面的压痕长度的 $1/2$,如图 2-33 所示;K_I 是压痕的应力强度因子;Y 是裂纹形状因子,约为 1.26。若 σ_R 的计算结果大于零,则为拉应力;若计算结果小于零,则为压应力。

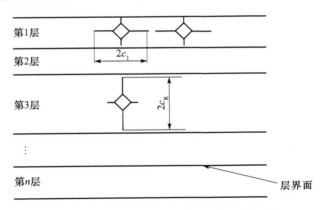

图 2-33 压痕法测量残余应力时的压痕方向

对 $Al_2O_3/TiC/CaF_2$(ATC)梯度自润滑陶瓷刀具材料进行残余应力测试与分析,该材料各层的组分如下:Al_2O_3/TiC 的体积比为 3:7 和 CaF_2 的体积分数为 14%,Al_2O_3/TiC 的体积比为 9:11 和 CaF_2 的体积分数为 13%,Al_2O_3/TiC 的体积比为 6:4 和 CaF_2 的体积分数为 12%,Al_2O_3/TiC 的体积比为 3:1 和 CaF_2 的体积分数为 11%,两表层和中间层中 CaF_2 的体积分数分别为 14% 和 11%。

在梯度自润滑陶瓷刀具材料的各层共进行 13 次压痕,其中第 1、2 层和第 6、7 层分别有一个压痕,第 3 层和第 5 层分别有两个压痕,第 4 层(即中间层)有五个压痕,并且压痕要尽量靠近材料长度中间,避开应力突变区,以减小误差。压痕的长度通过光学显微镜进行测量,取三次平均值代入式(2-24)和式(2-25)则可计算出梯度自润滑陶瓷刀具材料的残余应力。

2.3.2　残余应力的测试结果与分析

根据残余应力的计算公式,平行于层面的压痕长度 c_1 和垂直于层面的压痕长度 c_R 列于表 2-10 中。通过压痕法测量得到的残余应力的曲线如图 2-34 所示。由图可以看出,梯度自润滑陶瓷刀具材料的第 1、2 层和第 6、7 层分别为残余压应力,其中外层的残余压应力的大小约为 61MPa;梯度自润滑陶瓷刀具材料的其余层为残余拉应力,最大值约为 62MPa。同时由图中还可以看出,由压痕法测量得到的残余应力的分布也是沿中间层对称。图 2-34 中同时给出了有限元法计算的结果:残余应力沿中间层对称分布,且表层形成残余压应力,而后残余压应力的值逐渐减小变为拉应力,中间层时残余拉应力的值最大。

表 2-10　平行于层面和垂直于层面的压痕长度

压痕轴向位置 /mm	c_1 的长度 /mm	c_R 的长度 /mm	压痕轴向位置 /mm	c_1 的长度 /mm	c_R 的长度 /mm
0.284	0.450	0.143	2.904	0.139	0.206
0.608	0.225	0.173	3.030	0.148	0.203
1.117	0.266	0.255	3.328	0.154	0.202
1.550	0.198	0.191	3.949	0.206	0.191
1.910	0.185	0.195	4.486	0.308	0.231
2.202	0.144	0.203	4.685	0.333	0.161
2.520	0.136	0.194			

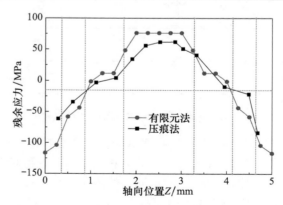

图 2-34　压痕法测量与有限元法计算的残余应力比较

通过压痕法测量结果与有限元法计算结果的对比可以发现,无论是残余压应力还是残余拉应力,压痕法测量的结果总是小于有限元的计算结果。同时,第 2、3 层和第 4、5、7 层时,二者的应力值很相近,误差为 5.7%～12.6%;但是第 1、6 层时,二者的应力值差别较大,误差分别为 31.7% 和 61.3%。这种较大的误差可能是由打压痕时的试验误差造成的(如压痕的扩展不是完全按照平行或垂直于层面)。但是总体上,两者具有相同的应力分布趋势,因此有限元法可以用于计算材料的残余应力而无需试验测量。

梯度自润滑陶瓷刀具材料的压痕如图 2-35 所示。可以看出,在第 1 层时[图 2-35(a)],由维氏硬度计产生的压痕在平行于层面方向长度约为 $450\mu m$,远大于垂直于层面方向的 $143\mu m$,即在第 1 层有残余压应力的存在。同时由图 2-35(b)可以看出,垂直于层面方向的压痕长度为 $194\mu m$,大于平行于层面的压痕长度($136\mu m$),即在材料的第 4 层存在残余拉应力。

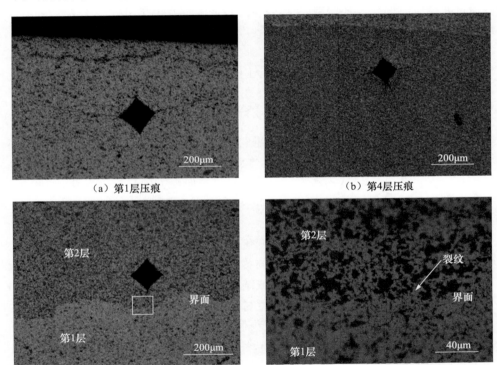

(a) 第1层压痕　　　　　　　　　　　(b) 第4层压痕

(c) 靠近第1层和第2层边界处的压痕　　　(d) 图(c)中选中区域的高倍SEM照片

图 2-35　梯度自润滑陶瓷刀具材料的压痕

为了更清楚地观察压痕裂纹的尖端,在第 2 层中靠近第 1 层和第 2 层边界处打压痕[图 2-35(c)]。可以看出,第 2 层中的压痕在边界层被阻止,而没有穿过边界到达第 1 层[图 2-35(c)和(d)]。这个现象同样也说明了在第 1 层存在残余压应力。而且,不同层间具有不同应力状态的界面有利于提高梯度自润滑陶瓷刀具材料的断裂韧性。

第 3 章　多元梯度自润滑陶瓷刀具材料

本章提出梯度自润滑陶瓷刀具的多元梯度组成分布模型,并按该模型得出的组分梯度设计结果,采用粉末逐层铺填与真空热压烧结工艺制备出梯度自润滑陶瓷刀具。采用梯度复合工艺设计控制固体润滑剂含量由刀具表层到内部逐渐降低,实现了刀具材料从表面良好的自润滑性能到内部良好的力学性能的阶梯过渡,并通过残余应力设计,实现刀具材料表层的残余压应力状态,改善表层材料的力学性能。

3.1　梯度自润滑陶瓷刀具材料的多元组分设计

3.1.1　梯度自润滑陶瓷刀具材料的组成分布模型

功能梯度材料的组成分布可在一维、二维或三维方向上梯度变化。考虑到工艺的难易程度及材料制备的经济性,本章采用一维组成分布形式,即材料组分沿刀具材料厚度方向呈梯度变化,如图 3-1 所示。

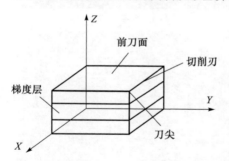

图 3-1　梯度自润滑陶瓷刀具材料的组成分布模型

功能梯度材料的组分在厚度方向上的变化规律与材料中的残余应力存在着密切的关系,必须合理确定材料的组成分布函数或结构变化模型。目前,适用于二元功能梯度材料的幂函数形式的分布函数应用最广泛:假定二元功能梯度材料构成要素为 A 和 B,各组分体积分数分别为 ϕ_A 和 ϕ_B,则组分 B 的组成分布函数可表示为

$$\phi_B = f(\xi) = \begin{cases} \phi_0, & 0 \leqslant \xi \leqslant \xi_0 \\ (\phi_1 - \phi_0)\left[\dfrac{\xi - \xi_0}{\xi_1 - \xi_0}\right]^n + \phi_0, & \xi_0 \leqslant \xi \leqslant \xi_1 \\ \phi_1, & \xi_1 \leqslant \xi \leqslant 1 \end{cases} \tag{3-1}$$

式中,ξ 为组分点距表面的距离与总厚度的比率;ξ_0 和 $1-\xi_1$ 分别为底层和顶层两非梯度层的量纲一厚度;ϕ_0 和 ϕ_1 分别为组分 B 在底层和顶层中的体积分数;n 为分布指数,是控制梯度组成分布的参数。该分布函数如图 3-2(a)所示。

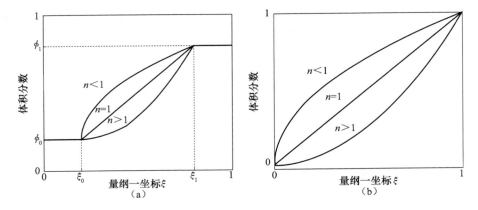

图 3-2　二元功能梯度材料的组成分布函数

当材料的两侧分别为纯组分 A 和 B 的均质层时,则式(3-1)简化为

$$\phi_B = f(\xi) = \xi^n = \left(\frac{x}{h}\right)^n, \quad 0 \leqslant \xi \leqslant 1 \tag{3-2}$$

式中,x 为成分点距离表面的距离;h 为梯度层的厚度。该分布函数见图 3-2(b)。

梯度自润滑陶瓷刀具材料一般由复相基体和固体润滑组元构成,在二元功能梯度材料的组成分布函数的基础上,本章提出了多元功能梯度材料的组成分布模型及函数。设功能梯度材料由 k(k 为大于 2 的自然数)种组元 $e_1, e_2, e_3, \cdots, e_k$ 组成,体积分数分别为 $\phi_{e_1}, \phi_{e_2}, \phi_{e_3}, \cdots, \phi_{e_k}$,则 $\phi_{e_1} + \phi_{e_2} + \phi_{e_3} + \cdots + \phi_{e_k} = 1$,将组元 $e_2, e_3, \cdots, e_k$ 看成基体 m_1,e_1 服从分布指数为 n_1 的组成分布函数,即

$$\phi_{e_1} = f(\xi) = \begin{cases} \phi_0^{e_1}, & 0 \leqslant \xi \leqslant \xi_0^{e_1} \\ (\phi_1^{e_1} - \phi_0^{e_1}) \left(\dfrac{\xi - \xi_0^{e_1}}{\xi_1^{e_1} - \xi_0^{e_1}}\right)^{n_1} + \phi_0^{e_1}, & \xi_0^{e_1} \leqslant \xi \leqslant \xi_1^{e_1} \\ \phi_1^{e_1}, & \xi_1^{e_1} \leqslant \xi \leqslant 1 \end{cases} \tag{3-3}$$

式中,$\xi_0^{e_1}$ 和 $1 - \xi_1^{e_1}$ 分别为底层和顶层两非梯度层的量纲一厚度;$\phi_0^{e_1}$ 和 $\phi_1^{e_1}$ 分别为底层和顶层中组元 e_1 在材料整体中的体积分数;n_1 为组元 e_1 在材料整体中的分布指数。基体 m_1 的组成分布函数为

$$\phi_{m_1} = 1 - \phi_{e_1} \tag{3-4}$$

在基体 m_1 中,e_2 服从分布指数为 n_2 的组成分布函数,其表达式为

$$\phi_{e_2}^* = f(\xi) = \begin{cases} \phi_0^{e_2}, & 0 \leqslant \xi \leqslant \xi_0^{e_2} \\ (\phi_1^{e_2} - \phi_0^{e_2}) \left(\dfrac{\xi - \xi_0^{e_2}}{\xi_1^{e_2} - \xi_0^{e_2}}\right)^{n_2} + \phi_0^{e_2}, & \xi_0^{e_2} \leqslant \xi \leqslant \xi_1^{e_2} \\ \phi_1^{e_2}, & \xi_1^{e_2} \leqslant \xi \leqslant 1 \end{cases} \tag{3-5}$$

式中，$\xi_0^{e_2}$ 和 $1-\xi_1^{e_2}$ 分别为底层和顶层两非梯度层的量纲一厚度；$\phi_0^{e_2}$ 和 $\phi_1^{e_2}$ 分别为底层和顶层中组元 e_2 在基体 m_1 中的体积分数；n_2 为组元 e_2 在基体 m_1 中的分布指数。

在梯度材料整体中，e_2 的组成分布函数为

$$\phi_{e_2}=\phi_{m_1}\phi_{e_2}^*=(1-\phi_{e_1})\phi_{e_2}^* \tag{3-6}$$

将组元 $e_3,e_4,\cdots,e_k$ 看成基体 m_2，则

$$\phi_{m_2}=\phi_{m_1}-\phi_{e_2}=1-\phi_{e_1}-\phi_{e_2} \tag{3-7}$$

在 m_2 中，e_3 服从分布指数为 n_3 的分布函数，其表达式为

$$\phi_{e_3}^*=f(\xi)=\begin{cases} \phi_0^{e_3}, & 0\leqslant\xi\leqslant\xi_0^{e_3} \\ (\phi_1^{e_3}-\phi_0^{e_3})\left(\dfrac{\xi-\xi_0^{e_3}}{\xi_1^{e_3}-\xi_0^{e_3}}\right)^{n_3}+\phi_0^{e_3}, & \xi_0^{e_3}\leqslant\xi\leqslant\xi_1^{e_3} \\ \phi_1^{e_3}, & \xi_1^{e_3}\leqslant\xi\leqslant1 \end{cases} \tag{3-8}$$

式中，$\xi_0^{e_3}$ 和 $1-\xi_1^{e_3}$ 分别为底层和顶层两非梯度层的量纲一厚度；$\phi_0^{e_3}$ 和 $\phi_1^{e_3}$ 分别为底层和顶层中组元 e_3 在基体 m_2 中的体积分数；n_3 为组元 e_3 在基体 m_2 中的分布指数。

在梯度材料整体中，e_3 的组成分布函数为

$$\phi_{e_3}=\phi_{m_2}\phi_{e_3}^*=(1-\phi_{e_1}-\phi_{e_2})\phi_{e_3}^* \tag{3-9}$$

然后将组元 $e_4,e_5,\cdots,e_k$ 看成基体 m_3，按上述过程求出 e_4 在梯度材料整体中的组成分布函数。以此类推，最后将组元 e_{k-1}、e_k 看成基体 m_{k-2}，e_{k-1} 在基体 m_{k-2} 中的服从分布指数为 n_{k-1} 的组成分布函数。在梯度材料整体中，e_{k-1} 和 e_k 的组成分布函数分别为

$$\phi_{e_{k-1}}=\phi_{m_{k-2}}\phi_{e_{k-1}}^*=(1-\phi_{e_1}-\cdots-\phi_{e_{k-2}})\phi_{e_{k-1}}^* \tag{3-10}$$

$$\phi_{e_k}=\phi_{m_{k-2}}-\phi_{e_{k-1}}=1-\phi_{e_1}-\phi_{e_2}-\cdots-\phi_{e_{k-1}} \tag{3-11}$$

这样，k 元功能梯度材料的组成分布函数中有 $e_1,e_2,e_3,\cdots,e_{k-1}$ 共 $k-1$ 个自变量和 $n_1,n_2,n_3,\cdots,n_{k-1}$ 共 $k-1$ 个分布指数。$n_1,n_2,n_3,\cdots,n_{k-1}$ 的取值范围分别是 $[0,+\infty)$，但至少有一个不为 0，否则将成为 k 元均质材料。

为了简化处理组成分布函数，一般令 $\xi_0^{e_1}=\xi_0^{e_2}=\cdots=\xi_0^{e_{k-1}}$，$\xi_1^{e_1}=\xi_1^{e_2}=\cdots=\xi_1^{e_{k-1}}$。对于三元功能梯度材料，有两个分布指数 n_1 和 n_2，根据函数形状不同，n_1 取值可分为 4 种情况：$n_1=0$；$0<n_1<1$；$n_1=1$ 和 $n_1>1$。同理，n_2 取值也可分为 4 种情况：$n_2=0$；$0<n_2<1$；$n_2=1$ 和 $n_2>1$。除了同时取 0 的情况，n_1 和 n_2 可分别在上述 4 种情况下任意组合取值。图 3-3 为三元功能梯度材料组成分布函数。

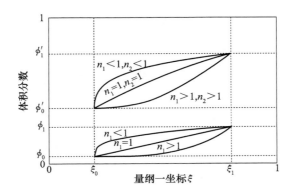

图 3-3　三元功能梯度材料组成分布函数

　　为了使刀片的上下表面具有相同的切削性能及自润滑性能,本章设计梯度自润滑陶瓷刀具材料时采用对称型分布函数。在设计过程中忽略气孔率的影响,假定梯度自润滑陶瓷刀具材料由基体组元 A、B 及固体润滑组元 L 组成,体积分数分别为 ϕ_A、ϕ_B 和 ϕ_L,则固体润滑组元 L 的组成分布函数为

$$\phi_L=f(\xi)=\begin{cases}(\phi_1^L-\phi_0^L)\left(\dfrac{0.5-\xi}{0.5}\right)^{n_1}+\phi_0^L, & 0\leqslant\xi\leqslant0.5\\[3mm](\phi_1^L-\phi_0^L)\left(\dfrac{\xi-0.5}{0.5}\right)^{n_1}+\phi_0^L, & 0.5\leqslant\xi\leqslant1\end{cases} \quad(3\text{-}12)$$

式中,ϕ_0^L、ϕ_1^L 分别为中间层和两个表层中固体润滑组元 L 的体积分数;n_1 为固体润滑组元 L 在材料整体中的分布指数。陶瓷基体中 A 的组成分布函数为

$$\phi_A^*=f(\xi)=\begin{cases}(\phi_1^A-\phi_0^A)\left[\dfrac{0.5-\xi}{0.5}\right]^{n_2}+\phi_0^A, & 0\leqslant\xi\leqslant0.5\\[3mm](\phi_1^A-\phi_0^A)\left[\dfrac{\xi-0.5}{0.5}\right]^{n_2}+\phi_0^A, & 0.5\leqslant\xi\leqslant1\end{cases} \quad(3\text{-}13)$$

式中,ϕ_0^A、ϕ_1^A 分别为中间层和两个表层中组元 A 在基体中的体积分数;n_2 为组元 A 在材料基体中的分布指数。在梯度自润滑陶瓷刀具材料整体中,有

$$\phi_A=(1-\phi_L)\phi_A^*, \quad \phi_B=(1-\phi_L)(1-\phi_A^*)=1-\phi_L-\phi_A \quad(3\text{-}14)$$

　　梯度自润滑陶瓷刀具材料的组成分布函数如图 3-4(a)所示,下边的“双子叶”形函数为固体润滑组元 L 在材料整体中的分布函数,上边的“双子叶”函数为基体组元 A 在材料整体中的分布函数。

　　为了使梯度自润滑陶瓷刀具材料具有尽可能高的强度,可以使固体润滑剂含量在材料中间平面处为零,逐渐向表面梯度增加,并且适当增加中间层的厚度。此时,式(3-12)和式(3-13)分别写成式(3-15)和式(3-16)[其组成分布函数如图 3-4(b)所示]:

$$\phi_L = f(\xi) = \begin{cases} \phi_1^L \left(\dfrac{\xi_0 - \xi}{\xi_0} \right)^{n_1}, & 0 \leqslant \xi \leqslant \xi_0 \\ 0, & \xi_0 \leqslant \xi \leqslant \xi_1 \\ \phi_1^L \left(\dfrac{\xi - \xi_1}{1 - \xi_1} \right)^{n_1}, & \xi_1 \leqslant \xi \leqslant 1 \end{cases} \tag{3-15}$$

$$\phi_A^* = f(\xi) = \begin{cases} (\phi_1^A - \phi_0^A) \left(\dfrac{\xi_0 - \xi}{\xi_0} \right)^{n_2} + \phi_0^A, & 0 \leqslant \xi \leqslant \xi_0 \\ \phi_0^A, & \xi_0 \leqslant \xi \leqslant \xi_1 \\ (\phi_1^A - \phi_0^A) \left(\dfrac{\xi - \xi_1}{1 - \xi_1} \right)^{n_2} + \phi_0^A, & \xi_1 \leqslant \xi \leqslant 1 \end{cases} \tag{3-16}$$

式中，ξ_0、$1-\xi_1$ 分别为上、下表面梯度层的量纲一厚度，且 $0.5 - \xi_0 = \xi_1 - 0.5$。

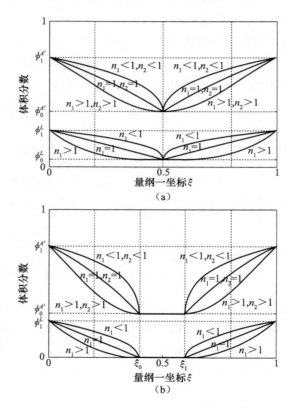

图 3-4　梯度自润滑陶瓷刀具材料的组成分布函数

　　为了更好地表征功能梯度材料组分的分布规律，本章提出组分体积分数的梯度变化率的概念，即某一成分点处体积分数变化的快慢程度。梯度变化率又分为绝对梯度变化率和相对梯度变化率。设梯度组成分布函数如图 3-2(a)所示，绝对

梯度变化率 K_a 可用下式表示：

$$K_a = \lim_{\Delta\xi \to 0} \frac{\Delta\phi}{\Delta\xi} = \lim_{\Delta\xi \to 0} \frac{f(\xi_0 + \Delta\xi) - f(\xi_0)}{\Delta\xi} \tag{3-17}$$

对于连续型分布函数，K_a 即为函数在该点的导数；对于阶梯型分布函数，K_a 为相邻两层的组分变化量与这两层的中心距离的比值。

相对梯度变化率 K_r 定义为

$$K_r = \frac{K_a}{(\phi_1 - \phi_0)/(\xi_1 - \xi_0)} = \frac{K_a(\xi_1 - \xi_0)}{\phi_1 - \phi_0} \tag{3-18}$$

例如，有两个梯度组成分布函数 f_1 和 f_2，分别如图 3-5 中的实线和虚线所示。它们的组成分布函数分别为

$$f_1(\xi) = \begin{cases} 0.2, & 0 \leqslant \xi \leqslant 0.2 \\ 0.6\left(\dfrac{\xi - 0.2}{0.6}\right)^n + 0.2, & 0.2 \leqslant \xi \leqslant 0.8, \quad n = 0.5, 1.0, 2.0 \\ 0.8, & 0.8 \leqslant \xi \leqslant 1 \end{cases} \tag{3-19}$$

$$f_2(\xi) = \begin{cases} 0.2, & 0 \leqslant \xi \leqslant 0.2 \\ 0.3\left(\dfrac{\xi - 0.2}{0.6}\right)^n + 0.2, & 0.2 \leqslant \xi \leqslant 0.8, \quad n = 0.5, 1.0, 2.0 \\ 0.5, & 0.8 \leqslant \xi \leqslant 1 \end{cases} \tag{3-20}$$

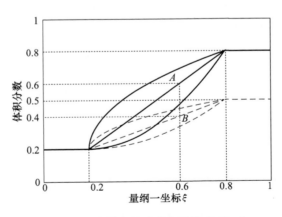

图 3-5　两个梯度组成分布函数 f_1 和 f_2

由梯度变化率的定义易知，在区间 $0 \leqslant \xi \leqslant 0.2$ 和 $0.8 \leqslant \xi \leqslant 1$ 上，函数 f_1 和 f_2 的绝对梯度变化率和相对梯度变化率均为 0。下面计算当 $n = 1.0$ 时，函数 f_1 和 f_2 在 $\xi = 0.6$ 处的点 A 和 B 的梯度变化率：

$$K_a^A = \frac{\mathrm{d}\left[0.6\left(\dfrac{\xi - 0.2}{0.6}\right) + 0.2\right]}{\mathrm{d}\xi} = 1 \tag{3-21}$$

$$K_a^B = \frac{d\left[0.3\left(\dfrac{\xi-0.2}{0.6}\right)+0.2\right]}{d\xi} = 0.5 \tag{3-22}$$

$$K_r^A = \frac{K_a^A(\xi_1-\xi_0)}{\phi_1-\phi_0} = \frac{1\times(0.8-0.2)}{0.8-0.2} = 1 \tag{3-23}$$

$$K_r^B = \frac{K_a^B(\xi_1-\xi_0)}{\phi_1-\phi_0} = \frac{0.5\times(0.8-0.2)}{0.5-0.2} = 1 \tag{3-24}$$

可见,如果两个梯度组成分布函数 f_A 和 f_B 的分布指数相同,且 $\xi_1^A-\xi_0^A = \xi_1^B-\xi_0^B$、$\phi_1^A-\phi_0^A \neq \phi_1^B-\phi_0^B$,则在函数曲线上同一 ξ 值对应的点的绝对梯度变化率不相等,但它们的相对梯度变化率相等。

例如,基体为 Al_2O_3/TiC、润滑剂为 CaF_2 的复合陶瓷材料,根据 n_1、n_2 的取值进行分类:

(1) $n_1=n_2=0$——CaF_2 的梯度变化率与基体中 TiC 的梯度变化率均为零的均质 $Al_2O_3/TiC/CaF_2$ 复合材料;

(2) $n_1=0$、$n_2\neq0$——CaF_2 的梯度变化率为零、基体中 TiC 的梯度变化率不为零的 $Al_2O_3/TiC/CaF_2$ 梯度材料;

(3) $n_1\neq0$、$n_2=0$——CaF_2 的梯度变化率不为零、基体中 TiC 的梯度变化率为零的 $Al_2O_3/TiC/CaF_2$ 梯度材料;

(4) $n_1=n_2\neq0$——CaF_2 的相对梯度变化率与基体中 TiC 的相对梯度变化率相同且不为零的 $Al_2O_3/TiC/CaF_2$ 梯度材料;

(5) $n_1\neq n_2\neq0$——CaF_2 的相对梯度变化率与基体中 TiC 的相对梯度变化率不同且均不为零的 $Al_2O_3/TiC/CaF_2$ 梯度材料。

前两种类型材料中 CaF_2 的梯度变化率为零,即 CaF_2 的体积分数保持不变,不符合第 2 章提出的 CaF_2 的体积分数由表及里降低的组分确定原则。后三种类型中的 CaF_2 在材料整体中的体积分数是变化的,因此可从中选取可在刀具材料表面形成残余压应力的组成分布类型。

3.1.2　梯度自润滑陶瓷刀具材料的组成分布与梯度层厚度关系

Finot 等研究认为,梯度材料中成分变化比较小的梯度跳跃对于热应力不产生明显的变化。在工程应用中,往往采用多层的成分阶梯型变化来代替连续变化。目前,块状梯度陶瓷材料大多采用粉末冶金法制备,就是将原料粉末按设计好的组分进行混合,直接按所需梯度构成在压模内逐层填充,再进行热压烧结。本书将研制组分阶梯型变化的叠层梯度自润滑陶瓷刀具材料。

本章采用黄金分割法确定梯度自润滑陶瓷刀具材料的组成分布与梯度层厚度的关系,具体方法如下:

由于采用对称型分布函数,梯度自润滑陶瓷刀具材料具有组分关于中间层对

称的 $2m-1(m$ 为大于 1 的自然数)层梯度结构,共有 m 种组分含量不同的梯度层。如图 3-6 所示,设 $\phi_i(i=1,2,\cdots,2m-1)$ 表示第 i 层中作为自变量的组分的体积分数,则

$$\phi_i=\phi_{2m-i}, \quad i=1,2,\cdots,2m-1 \tag{3-25}$$

X_i 为经过点 ϕ_i 且平行于横坐标轴的直线与函数曲线的交点;B_i 为 X_i 在横坐标轴上的投影。设 $A_1,A_2,\cdots,A_{2m}$ 满足以下条件:

$$\overline{A_iB_i}/\overline{B_{i-1}A_i}=\begin{cases}0.618, & n<1 \\ 1, & n=1, \quad i=2,3,\cdots,m \\ 1.618, & n>1\end{cases} \tag{3-26}$$

$$\overline{A_iB_i}/\overline{B_{i-1}A_i}=\begin{cases}1.618, & n<1 \\ 1, & n=1, \quad i=m+1,m+2,\cdots,2m-1 \\ 0.618, & n>1\end{cases} \tag{3-27}$$

$$\overline{A_1B_1}=\overline{B_1A_2}=\overline{A_{2m-1}B_{2m-1}}=\overline{B_{2m-1}A_{2m}} \tag{3-28}$$

则 $\overline{A_iA_{i+1}}$ 就是第 i 层的厚度,通过归一化使各层无量纲厚度之和等于 1,进而得到第 i 层的量纲一厚度 h_i:

$$h_i=\overline{A_iA_{i+1}}/(1+\overline{A_1B_1}+\overline{B_{2m-1}A_{2m}})=\overline{A_iA_{i+1}}/(1+2\overline{A_1B_1}) \tag{3-29}$$

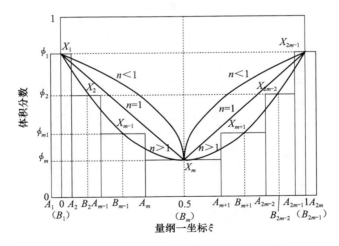

图 3-6 梯度组成分布与梯度层厚度关系图

假设基体组元为 M_A、M_B,润滑组元为 L。对固体润滑剂 L 在材料整体中的组成分布函数曲线和基体组元 M_A 在基体中的组成分布曲线分别进行分层并确定各层厚度及组分配比。例如,固体润滑组元和基体组元在各自的组成分布曲线上分别具有关于中间层对称的 5 层结构,即分别有 3 种不同体积分数的梯度层。固体润滑剂 L 的各层厚度分别为 $HL_1\sim HL_5$,固体润滑剂体积分数在 HL_1 层和 HL_5

层中最高,在 HL_2 层和 HL_4 层中次之,在 HL_3 层中为 0。基体组元的各梯度层厚度分别为 $HM_1 \sim HM_5$。

当 $n_1 \neq 0$、$n_2 = 0$ 时,基体中 M_A 与 M_B 的体积比不变,可将 M_A 与 M_B 看成一个组成相,只需在润滑组元 L 的分布曲线上进行分层,如图 3-7(a)所示。

当 $n_1 = n_2 \neq 0$ 时,润滑组元 L 的分布曲线上的各层厚度等于 M_A 在基体中的分布曲线上的各层厚度,两者的各层界面重合,L 在材料整体中的体积分数与 M_A 在基体中的体积分数变化同步,即 $HL_1 \sim HL_5$ 分别等于 $HM_1 \sim HM_5$,如图 3-7(b)所示。

当 $n_1 \neq n_2 \neq 0$ 时,润滑组元 L 的分布曲线上的各层厚度不等于 M_A 在基体中的分布曲线上的各层厚度,两者的各层界面不重合,润滑组元 L 在材料整体中的体积分数与 M_A 在基体中的体积分数变化不同步,即 $HL_1 \sim HL_5$ 不再分别等于 $HM_1 \sim HM_5$。虽然根据润滑组元和基体组元的体积分数变化分别在 L 和 M_A 的分布曲线上分为 5 层,但从梯度自润滑陶瓷刀具材料整体的角度来看,共形成了 9 层结构,如图 3-7(c)所示。分布指数的不同体现为相对应的各层厚度不同,由表面梯度层的厚度 $HL_1 > HM_1$ 可知图中为 $n_1 < n_2$ 的情况。

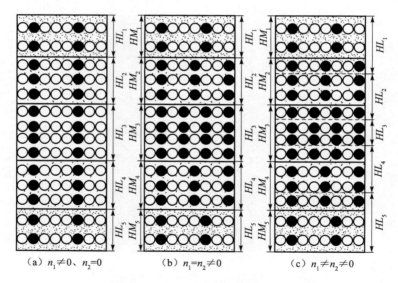

（a）$n_1 \neq 0$、$n_2 = 0$　　　（b）$n_1 = n_2 \neq 0$　　　（c）$n_1 \neq n_2 \neq 0$

图 3-7　梯度自润滑陶瓷刀具材料分层示意图

○-基体组元 M_A；●-基体组元 M_B；·-润滑组元

在进行梯度自润滑陶瓷刀具材料梯度设计时,考虑到分层及材料制备的难易程度,分布指数类型的优先选用次序为:①$n_1 \neq 0$、$n_2 = 0$;②$n_1 = n_2 \neq 0$;③$n_1 \neq n_2 \neq 0$。

3.1.3 梯度自润滑陶瓷刀具材料的层数及各层组分配比

　　自润滑陶瓷材料是以陶瓷材料作为支撑骨架,固体润滑剂包含其中,陶瓷基体决定材料的力学性能,固体润滑剂决定材料的自润滑性能。固体润滑剂含量太少时,不能在摩擦表面有效形成润滑膜,润滑性能差;固体润滑剂含量太多时,材料力学性能大幅降低,并且形成的润滑膜太厚,容易脱落,润滑效果不好。因此,应在保证有效形成润滑膜的前提下,加入尽量少的固体润滑剂。为了兼顾材料的力学性能及摩擦学性能,确定 $Al_2O_3/(W,Ti)C/CaF_2$ 和 $Al_2O_3/TiC/CaF_2$ 两种梯度自润滑陶瓷刀具材料的表层 CaF_2 体积分数均为 10%,中间层的体积分数均为 0%。

　　对于 $Al_2O_3/(W,Ti)C/CaF_2$ 梯度材料,由于$(W,Ti)C$ 的热膨胀系数小于 Al_2O_3 的热膨胀系数,应使基体中$(W,Ti)C$ 的体积分数由内到外逐层增多。考虑到两基体组元颗粒的微观残余应力情况,$(W,Ti)C$ 在表面层基体中的体积分数取为 60%,在中间层基体中的体积分数取为 30%。图 3-8 为在 $n_1\neq0$、$n_2=0$ 与 $n_1=n_2\neq0$ 两种条件下 $Al_2O_3/(W,Ti)C/CaF_2$ 梯度材料的热膨胀系数在材料厚度方向上的变化曲线。当 $n_1\neq0$、$n_2=0$ 时,材料的热膨胀系数由内到外逐渐增加,不符合设计要求。当 $n_1=n_2\neq0$ 时,材料的热膨胀系数由内到外逐渐降低,符合设计要求。

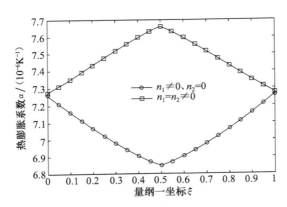

图 3-8　$Al_2O_3/(W,Ti)C/CaF_2$ 梯度材料热膨胀系数在厚度方向上的变化曲线

　　因此,取分布指数 $n_1=n_2\neq0$ 的类型,兼顾到由材料相邻梯度层的物性参数差异引起的界面处应力不过大及制备工艺的繁简程度,梯度层数取为 7。由于材料组分的对称分布,7 层梯度材料需制备 4 组不同组分的混合粉料,由表层到中间层,CaF_2 的体积分数分别为 10%、6.7%、3.3%、0%;$(W,Ti)C$ 在基体中的体积分数分别为 60%、50%、40%、30%。各梯度层的物性参数由第 2 章中的物性参数模

型进行确定,如表 3-1 所示。

表 3-1　Al$_2$O$_3$/(W,Ti)C/CaF$_2$ 梯度自润滑刀具材料各梯度层的组分配比及物性参数

层号	CaF$_2$ 体积 分数/%	基体中 (W,Ti)C/%	密度 /(g/cm³)	弹性模量 /GPa	泊松比	热膨胀系数 /(10⁻⁶K⁻¹)	热导率 /[W/(m·K)]
L_4	0	30	5.661	424.710	0.242	7.660	35.156
L_3/L_5	3.3	40	6.118	420.602	0.235	7.516	32.275
L_2/L_6	6.7	50	6.534	415.416	0.229	7.386	29.643
L_1/L_7	10	60	6.917	410.367	0.223	7.262	27.303

对于 Al$_2$O$_3$/TiC/CaF$_2$ 梯度材料,由于 TiC 的热膨胀系数小于 Al$_2$O$_3$ 的热膨胀系数,应使基体中 TiC 的体积分数由内到外逐层增多。考虑到两基体组元颗粒的微观残余应力情况,TiC 在表面层基体中的体积分数取为 70%,在中间层基体中的体积分数取为 30%。$n_1 \neq 0$、$n_2 = 0$,$n_1 = n_2 \neq 0$ 与 $n_1 \neq n_2 \neq 0$ 三种条件下 Al$_2$O$_3$/TiC/CaF$_2$ 梯度材料的热膨胀系数在厚度方向上的变化曲线如图 3-9 所示。当 $n_1 \neq 0$、$n_2 = 0$ 和 $n_1 = n_2 \neq 0$ 时,材料的热膨胀系数由内到外逐渐增加,不符合设计要求。当 $n_1 \neq n_2 \neq 0$ 时,能使材料的热膨胀系数由内到外先升高后降低,符合设计要求。

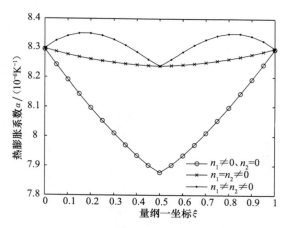

图 3-9　Al$_2$O$_3$/TiC/CaF$_2$ 梯度材料线膨胀系数在厚度方向上的变化曲线

因此,取分布指数 $n_1 \neq n_2 \neq 0$ 的类型,兼顾到材料相邻梯度层的物性参数差异引起的界面处应力不过大及制备工艺的繁简程度,梯度层数取为 9。由于材料组分的对称分布,9 层梯度材料需制备 5 组不同组分的混合粉料,由表层到中间层,CaF$_2$ 的体积分数分别为 10%、10%、5%、5%、0%;TiC 在基体中的体积分数分别为 70%、60%、50%、40%、30%。各梯度层的物性参数如表 3-2 所示。

表 3-2　$Al_2O_3/TiC/CaF_2$ 梯度自润滑刀具材料各梯度层的组分配比及物性参数

层号	CaF_2 的体积分数/%	基体中 TiC 体积分数/%	密度/(g/cm³)	弹性模量/GPa	泊松比	热膨胀系数/(10^{-6}K⁻¹)	热导率/[W/(m·K)]
L_5	0	30	4.272	400.332	0.241	8.237	34.112
L_4/L_6	5	40	4.307	380.234	0.234	8.347	30.421
L_3/L_7	5	50	4.396	386.581	0.227	8.258	28.768
L_2/L_8	10	60	4.417	366.570	0.221	8.384	25.773
L_1/L_9	10	70	4.501	372.457	0.215	8.295	24.391

由上述层数和组分配比设计过程可知,由三种主要组元组成的梯度自润滑陶瓷刀具材料中包含两个梯度分布的自变量,其一是固体润滑剂,其二是基体组元。以这两个自变量的梯度变化来满足梯度自润滑陶瓷刀具材料的两个梯度组成设计要求:其一是固体润滑剂含量由表及里逐层降低,使材料表层具有良好自润滑性能的同时提高其整体强度;其二是材料热膨胀系数由内向外逐层减小,使材料在烧结制备后表面形成残余压应力,进而改善材料的耐磨性能。

设固体润滑剂 L 的热膨胀系数为 α_L,陶瓷基体的两个组元 M_A、M_B 的热膨胀系数为 α_A、α_B(假设 $\alpha_A < \alpha_B$),当 $\alpha_L < \alpha_A$ 时,仅通过 L 的体积分数的梯度变化就能实现上述两个设计要求,此时各梯度层基体中 M_A、M_B 的体积比不变,即 $n_1 \neq 0$、$n_2 = 0$ 的梯度分布类型,且 M_A、M_B 的体积分数可为任意比;当 $\alpha_A < \alpha_L < \alpha_B$ 时,也可通过 L 的体积分数的梯度变化而各梯度层基体中 M_A、M_B 的体积比不变来实现上述两个设计要求,即 $n_1 \neq 0$、$n_2 = 0$ 的梯度分布类型,但此时 M_A、M_B 体积比需在一定范围,使 M_A、M_B 混合相的热膨胀系数 $\alpha_{AB} > \alpha_L$;当 $\alpha_L > \alpha_B$ 时,要满足上述两个设计要求除了 L 的体积分数的梯度变化外,各梯度层基体中 M_A 也要成为梯度分布的自变量,即 $n_1 = n_2 \neq 0$ 或 $n_1 \neq n_2 \neq 0$ 的梯度分布类型。

对于 $Al_2O_3/(W,Ti)C/CaF_2$ 梯度材料,由于 $(W,Ti)C$ 的热膨胀系数小于 Al_2O_3,而 CaF_2 的热膨胀系数大于 Al_2O_3,所以采用 $n_1 = n_2 \neq 0$ 的梯度分布类型;对于 $Al_2O_3/TiC/CaF_2$ 梯度材料,由于 TiC 的热膨胀系数小于 Al_2O_3,而 CaF_2 的热膨胀系数大于 Al_2O_3,所以采用 $n_1 \neq n_2 \neq 0$ 的梯度分布类型。两种材料的梯度分布的共同点为:CaF_2 的体积分数的梯度变化是为了使材料具有良好自润滑性能的同时提高其强度;$(W,Ti)C$ 或 TiC 的体积分数的梯度变化是为了在材料表面形成残余压应力,改善其耐磨性能。

3.1.4　梯度自润滑陶瓷刀具材料组成分布指数的确定

功能梯度材料内部的热应力分布和应力水平主要取决于梯度层的组成和结构,而梯度层的组成和结构受分布指数控制。因此,可以通过优化热应力分布和应力水平来确定组成分布函数的最合适的分布指数。

1. 残余热应力分布的解析计算

一维功能梯度板中任意厚度坐标 z 所在的材料层的残余热应力的解析表达式为

$$\sigma(z) = \frac{E(z)}{1-\nu(z)}[\varepsilon_0 + \rho z - \alpha(z)(T_c - T_0)] \tag{3-30}$$

式中，$E(z)$、$\nu(z)$、$\alpha(z)$ 分别为坐标 z 所在梯度层的弹性模量、泊松比与热膨胀系数；ε_0 为冷却后梯度板整体的最下层应变；ρ 为板的曲率；T_0 为材料制备时的温度，此时材料内部无应力；T_c 为材料冷却到室温时，即计算残余热应力大小时的实际温度。

梯度板满足如下内应力平衡和弯曲力矩平衡：

$$\int_0^1 \sigma(z)\mathrm{d}z = 0, \quad \int_0^1 \sigma(z)z\mathrm{d}z = 0 \tag{3-31}$$

由上述方程可以解得：

$$\varepsilon_0 = \frac{I_2 M_0 - I_1 M_1}{I_0 I_2 - I_1^2} \tag{3-32}$$

$$\rho = \frac{I_0 M_1 - I_1 M_0}{I_0 I_2 - I_1^2} \tag{3-33}$$

式中

$$I_i = \int_0^1 \frac{E(z)}{1-\nu(z)} z^i \mathrm{d}z \quad (i = 0, 1, 2)$$

$$M_i = \int_0^1 \frac{E(z)}{1-\nu(z)} z^i \alpha(z)(T_c - T_0)\mathrm{d}z \quad (i = 0, 1)$$

首先将本章中梯度自润滑陶瓷刀具材料的组成分布函数(3-12)和(3-13)代入第 2 章物性参数模型的相关公式中，分别计算出沿厚度方向的物性分布函数 $E(z)$、$\nu(z)$、$\alpha(z)$，代入式(3-32)和式(3-33)中；然后将求解出的 ε_0 和 ρ 的值代入式(3-30)，即可算出梯度自润滑陶瓷刀具材料沿厚度方向任意位置的残余热应力。

2. 残余热应力分布的数值计算

上述解析计算通常用于具有连续组成分布函数的功能梯度材料，实际的梯度自润滑陶瓷材料是叠层制备的，因而其物性参数是阶梯分布的。这时通常采用数值法来计算材料的残余热应力。本书应用有限元法(FEM)模拟材料从烧结温度 T_0(暂取 1700℃)至室温 $T_c = 20℃$ 的冷却过程，计算材料的残余热应力，并对分布指数 n_1、n_2 进行优化。

由黄金分割法可知，当分布指数 $n = 1$ 时，各梯度层厚度相等；当 $n < 1$ 时，材料由中间层到表层逐层变厚；当 $n > 1$ 时，材料由中间层到表层逐层变薄。对于图 3-4(a)

所示的梯度组成分布函数,考虑到固体润滑剂含量的增加对陶瓷基体的力学性能的削弱影响较大,应使梯度层的厚度随着固体润滑剂含量的增加而减小,一般取润滑组元 L 的分布指数 $n_1 \geqslant 1$。另外,为了保证梯度自润滑陶瓷刀具的自润滑性能,刀具材料的表面梯度层不应太薄,因此 n_1 值不能太大。

对于 $Al_2O_3/(W,Ti)C/CaF_2$ 梯度材料,分布指数 $n_1 = n_2 \neq 0$,有 7 个梯度层,各层的物性参数如表 3-1 所示。图 3-10 为材料的最大 von Mises 等效应力与分布指数的关系,随着分布指数从 1.0 增大到 2.4,最大 von Mises 等效应力先减小后增大,在 $n_1 = n_2 = 2.0$ 时取得最小值。

图 3-11 为 $n_1 = n_2 = 2.0$ 时,用解析算法与数值算法分别计算的材料残余应力

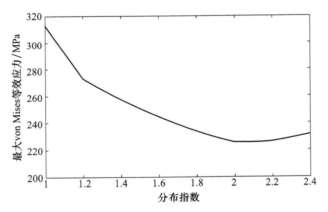

图 3-10 $Al_2O_3/(W,Ti)C/CaF_2$ 梯度材料最大 von Mises 等效应力与分布指数的关系

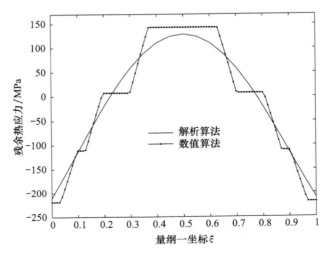

图 3-11 $n_1 = n_2 = 2.0$ 时 $Al_2O_3/(W,Ti)C/CaF_2$ 梯度材料残余应力沿厚度方向分布

在厚度方向上的分布图。由图可见,在材料两表面层内形成了残余压应力的同时,中间层内形成了残余拉应力。此外,解析算法的应力曲线平滑、数值算法的曲线呈阶梯形变化,二者变化趋势一致,而且在表面梯度层和中间梯度层,用数值算法计算的应力值偏大。这说明本书采用的阶梯型组成分布函数的应力分布近似于连续型组成分布函数的应力分布,也说明了功能梯度材料组分分布的连续性越强,其热应力缓和功能越明显。因此,$Al_2O_3/(W,Ti)C/CaF_2$ 梯度材料的分布指数优化结果为 $n_1=n_2=2.0$。

对于 $Al_2O_3/TiC/CaF_2$ 梯度自润滑陶瓷刀具材料,为了使材料的热膨胀系数从内到外逐层降低,TiC 在基体中的相对梯度变化率应大于 CaF_2 在材料整体中的相对梯度变化率,分布指数应满足 $n_2>n_1\neq0$。材料有 9 个梯度层,各层的物性参数如表 3-2 所示。图 3-12 为 $n_1=1.0$,n_2 分别取 2.0,3.0,4.0,5.0 时,用解析算法计算的材料残余应力在厚度方向上的分布图。由图可以看出,材料两表面层和中间层内都形成了残余压应力,中间层内形成残余压应力有利于提高材料的强度。随着 n_2 取值的增大,材料表面层和中间层内的压应力呈增大趋势,材料相应的拉应力也增大,并且材料表面的压应力层的厚度逐渐减小。为了保证 $Al_2O_3/TiC/CaF_2$ 梯度自润滑陶瓷刀具材料表面压应力层厚度不太小且接近材料表面的残余拉应力不太大,这里取 $n_1=1.0$,$n_2=3.0$。

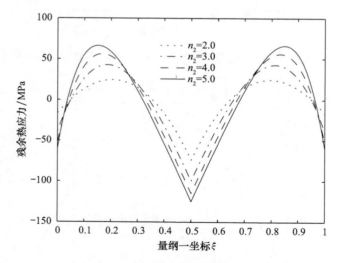

图 3-12　$n_1=1.0$ 时 $Al_2O_3/TiC/CaF_2$ 梯度材料残余应力沿厚度方向分布

分布指数确定以后,用黄金分割法得到的各梯度层的设计厚度就确定了。

3.2　多元梯度自润滑陶瓷刀具材料的制备与力学性能

3.2.1　梯度自润滑陶瓷刀具材料的制备工艺与表征

1. 梯度自润滑陶瓷刀具材料的制备工艺

采用的 α-Al_2O_3 粉末购自山东淄博东昌业氧化铝有限公司,平均粒径为 $0.5\mu m$,纯度大于 99.99%;TiC 粉末和(W,Ti)C 固溶体粉末购自株洲硬质合金集团有限公司,平均粒径均为 $1\mu m$,纯度大于 99.8%;CaF_2 购自北京益利化学有限公司,为分析纯;烧结助剂 MgO、NiO 购自中国试剂网,均为分析纯。

功能梯度材料的制备是要控制材料组成和显微结构按照设计要求逐渐变化,因此材料的显微结构及性能与制备工艺有密切的联系。梯度自润滑陶瓷刀具材料采用湿法分散混料、粉末叠层填充、轴向真空热压烧结工艺制备,其工艺流程如图 3-13 所示。

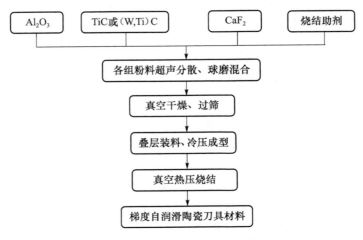

图 3-13　梯度自润滑陶瓷刀具材料的制备工艺流程

由于梯度自润滑陶瓷刀具材料具有对称的梯度层次结构,所以对于 7 层的 $Al_2O_3/(W,Ti)C/CaF_2$ 梯度材料和 9 层的 $Al_2O_3/TiC/CaF_2$ 梯度材料,只需分别制备 4 组和 5 组混合粉料。梯度自润滑陶瓷刀具材料的具体制备工艺如下。

(1) 称量原料:按各梯度层组分配比计算得到的质量比称取原料粉末,并分别放置。

(2) 超声分散:将适量无水乙醇分别加入称取的原料粉末中,充分搅拌、超声分散 10~15min,然后将各组分悬浮液混合,得到复相悬浮液,再按比例添加烧结助剂,超声分散 20~30min,混合均匀。

（3）球磨混料：将硬质合金球（料球质量比为 1：10）放入聚氨酯球磨罐中，再倒入超声分散好的混合物，以氮气为保护气氛，球磨 48h。

（4）真空干燥、过筛：球磨结束后，把料浆在电热真空干燥箱中 100～110℃温度下完全干燥，然后在氮气气氛中过 120 目筛，得到混合粉料，密封备用。

（5）叠层装料、冷压成型：按各梯度层的设计厚度计算出每层所需的混合粉料的质量，称取混合粉料后分别按照表 3-1 和表 3-2 所示各梯度层的顺序逐层铺填入石墨模具，然后进行冷压成型，形成各层组分关于中间层对称的梯度结构坯体。

（6）热压烧结：将冷压成型的坯体放入真空热压烧结炉中烧结成型，制成直径 42mm、厚度约 6mm 的盘状梯度自润滑陶瓷刀具材料。

陶瓷材料的烧结质量的影响因素有烧结气氛、升降温速度、烧结温度、保温时间、热压压力等。一般而言，热压压力的提高能增大陶瓷材料的烧结驱动力，进而提高材料的致密度和力学性能，但是压力对材料致密度的影响随其提高而减小。本章的烧结过程中对坯体进行单向加压，受石墨模具强度的制约，热压压力定为 30MPa。由真空烧结炉的技术参数确定升温速率为 15℃/min。

烧结温度和保温时间是影响陶瓷材料性能的关键烧结工艺参数，需确定合理值。烧结温度过低或保温时间太短，陶瓷材料不能充分致密化，影响材料力学性能；烧结温度过高或保温时间太长，可导致晶粒异常长大，降低材料力学性能。

2. 梯度自润滑陶瓷刀具材料的相对密度

陶瓷材料的密度和气孔率与其力学性能有密切的关系，是影响材料力学性能的重要因素，根据 Ryskewisthc 提出的经验公式：

$$\sigma = \sigma_0 e^{-\alpha p} \tag{3-34}$$

式中，σ 为材料的强度；p 为材料的气孔率；σ_0 为 $p=0$ 时材料的强度；α 是一常数，其值为 4～7。由上式可知，材料的气孔率越低，其强度越高。

1）实际密度的测定

梯度自润滑陶瓷刀具材料的实际密度采用阿基米德排水法测定，计算公式为

$$\rho = \frac{m\rho_0}{m_1 - m_2} \tag{3-35}$$

式中，ρ 为试样的实际密度；m 为试样干燥时的质量；m_1 为试样饱和吸水后的质量；m_2 为试样悬浮于水中的质量；ρ_0 为测试温度下水的密度。

每个试样重复测量 3 次，取其算术平均值作为该试样的实际密度。

2）相对密度的计算

梯度自润滑陶瓷刀具材料的密度随组分沿厚度方向呈连续或阶梯式梯度变化。对于叠层制备的材料，第 i 梯度层的理论密度根据合成规则计算：

$$\rho_i = \sum \rho_j \phi_j \tag{3-36}$$

式中，ρ_i 为第 i 梯度层的理论密度；ρ_j 为第 j 种组分的理论密度；ϕ_j 为第 i 层中第 j 种组分的体积分数。

设梯度自润滑陶瓷刀具材料共有 K 层，则材料整体的理论密度计算公式为

$$\rho_{理} = \frac{\sum\limits_{i=1}^{K} \rho_i \cdot V_i}{\sum\limits_{i=1}^{K} V_i} = \frac{\sum\limits_{i=1}^{K} \rho_i \cdot \pi \cdot \dfrac{D^2}{4} \cdot h_i}{\sum\limits_{i=1}^{K} \pi \cdot \dfrac{D^2}{4} \cdot h_i} = \frac{\sum\limits_{i=1}^{K} \rho_i \cdot h_i}{\sum\limits_{i=1}^{K} h_i} \tag{3-37}$$

式中，$\rho_{理}$ 为试样的理论密度；V_i 为第 i 梯度层的体积；D 为制备材料的石墨模具的内径；h_i 为第 i 梯度层的厚度。

梯度自润滑陶瓷刀具材料的相对密度按下式计算：

$$\rho_{相} = \frac{\rho}{\rho_{理}} \times 100\% \tag{3-38}$$

式中，$\rho_{相}$ 为试样的相对密度；$\rho_{理}$ 为试样的理论密度；ρ 为试样的实际密度。

经测试，$Al_2O_3/(W,Ti)C/CaF_2$ 和 $Al_2O_3/TiC/CaF_2$ 梯度自润滑陶瓷刀具材料试样的相对密度分别为 98.9% 和 98.7%。

3. 梯度自润滑陶瓷刀具材料的组成相及其分布规律测试

1）组成相测试

用 X 射线衍射仪（型号：Bruker D8 Advance）分析梯度自润滑陶瓷刀具材料表面梯度层的物相组成，采用的测试条件为：Cu 靶，电压 40kV，电流 40mA，扫描速度 0.4°/min，扫描角度范围 20°~80°。$Al_2O_3/(W,Ti)C/CaF_2$ 和 $Al_2O_3/TiC/CaF_2$ 梯度自润滑陶瓷刀具材料表面梯度层的 XRD 图谱分别如图 3-14 与图 3-15 所示。可见材料在热压烧结过程中 CaF_2 保留在陶瓷基体内，各组分间没有发生明显化学反应，未发现新物质生成。

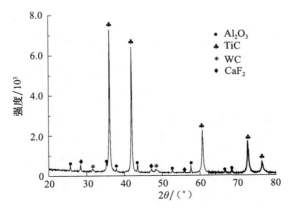

图 3-14　$Al_2O_3/(W,Ti)C/CaF_2$ 梯度自润滑陶瓷刀具材料表层的 XRD 图谱

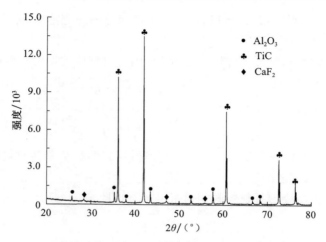

图 3-15　$Al_2O_3/TiC/CaF_2$ 梯度自润滑陶瓷刀具材料表层的 XRD 图谱

2) 组成相分布规律测试

采用热场发射扫描电子显微镜及其附带的能谱仪在梯度自润滑陶瓷刀具材料横剖面上沿垂直于梯度层方向进行元素线扫描分析。图 3-16 为 $Al_2O_3/(W,Ti)C/CaF_2$ 梯度自润滑陶瓷刀具材料从第 1 层(表面层)到第 4 层(中间层)各主要元素的线扫描图谱。可见各元素沿厚度方向分布趋势符合设计的梯度要求。在相邻层界面处各元素的计数强度连续变化,说明相邻两梯度层的组分在界面处相互融合。

由图 3-16(b)和(c)可知,在未添加 CaF_2 的中间层检测到了氟元素和钙元素,二者含量从中间层与相邻层的界面向中间层的中心位置快速降低。分析其原因是 $Al_2O_3/(W,Ti)C/CaF_2$ 梯度自润滑陶瓷刀具材料的烧结温度(1550℃)明显高于 CaF_2 的熔点(1418℃),相邻梯度层中的 CaF_2 熔化后扩散入中间层,扩散量由中间层边缘处向中心处明显递减,符合物质扩散规律。

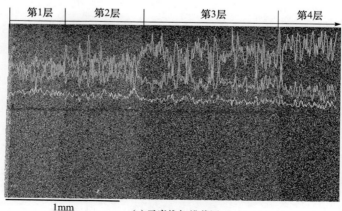

(a)元素线扫描截图

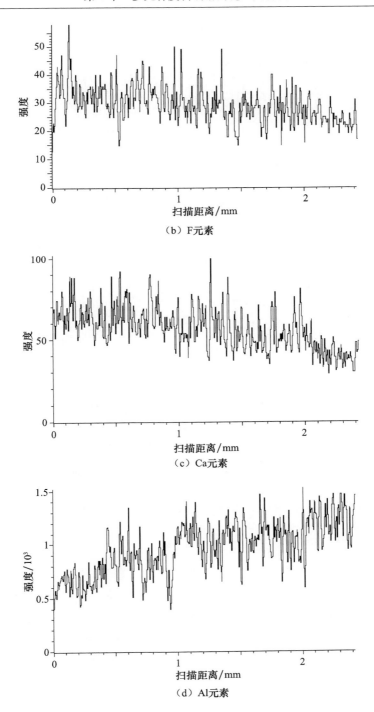

（b）F元素

（c）Ca元素

（d）Al元素

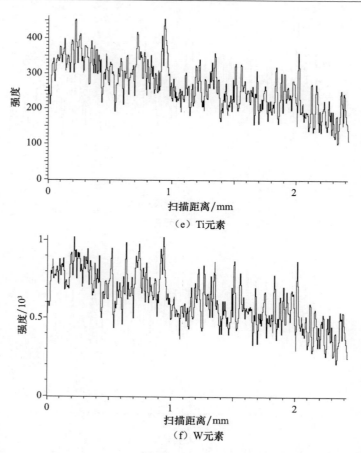

图 3-16　$Al_2O_3/(W,Ti)C/CaF_2$ 梯度自润滑陶瓷刀具材料横剖面的元素线扫描图谱

3.2.2　梯度自润滑陶瓷刀具材料的力学性能

1. 测试试样的制备

在对陶瓷材料进行测试前,需将其制成试样。首先,将烧结得到的盘状梯度自润滑陶瓷刀具材料在全自动内圆切片机上切割成条状,要求切割剖面与梯度层平面垂直,然后进行粗磨、精磨、研磨和抛光,制成相对面互相平行、相邻面互相垂直、表面粗糙度达到 $R_a=0.1\mu m$ 的条状试样。试样的各棱进行倒角以消除机械应力集中的影响。最后将试样用丙酮溶液超声清洗干净,在真空干燥箱中进行充分干燥。图 3-17 为梯度自润滑陶瓷刀具材料的力学性能测试与显微结构分析流程。

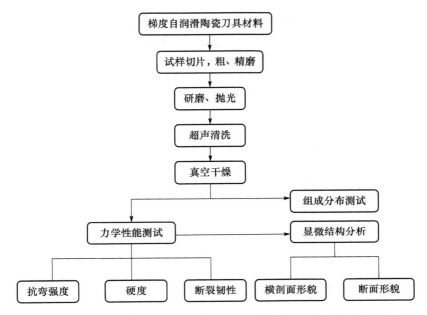

图 3-17　梯度自润滑陶瓷刀具材料的力学性能测试与显微结构分析流程

2. 力学性能的测试方法

1）抗弯强度

受其化学键的性质影响,陶瓷材料在室温下几乎不能产生位错或滑移运动,很难发生塑性变形,因而陶瓷材料的破坏方式为脆性断裂,其室温强度是指在材料达到弹性变形极限而发生断裂时的应力。鉴于陶瓷材料的脆性特点,一般情况下测定其抗弯强度。在电子万能材料试验机上对梯度自润滑陶瓷刀具材料进行三点弯曲强度测试(图 3-18),跨距为 20mm,加载速率为 0.5mm/min,计算公式为

$$\sigma_f = \frac{3PL}{2bh^2} \tag{3-39}$$

式中,σ_f 为材料的抗弯强度;P 为试样断裂时的最大载荷;L 为试样支撑点的跨距;b 为试样的宽度;h 为试样的高度。测试时加载方向垂直于条状试样梯度层平面,取 5 条试样测量结果的平均值。

2）硬度

目前,陶瓷材料硬度测定的常用方法是维氏硬度法,本研究采用

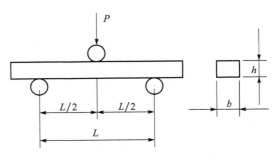

图 3-18　抗弯强度测试示意图

维氏硬度计测量梯度自润滑陶瓷刀具材料的维氏硬度。硬度计压头为相对面夹角136°的金刚石四棱体,以 20kg(196N)的载荷压入陶瓷表面,保压 15s 后,卸去载荷。用光学显微镜测量压痕对角线长度,利用以下公式计算维氏硬度:

$$H_V = \frac{1.8544P}{(2a)^2} \tag{3-40}$$

式中,H_V 为维氏硬度值;P 为加载载荷;a 为压痕对角线距离的一半,如图 3-19 所示。试样的硬度取 5 个压痕计算结果的算术平均值。

3) 断裂韧性

目前测量材料断裂韧性的方法有压痕法、单边切口梁法、山形切口法、双扭法等。由于压痕法具有测量简便、误差范围小和重复性好等优点,本研究采用压痕法测量梯度自润滑陶瓷刀具材料的断裂韧性。用光学显微镜测量压痕对角线和压痕裂纹的长度,采用以下公式计算断裂韧性:

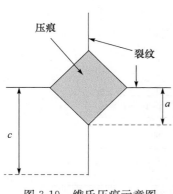

图 3-19　维氏压痕示意图

$$K_{IC} = 0.203 H_V a^{1/2} \left(\frac{c}{a} \right)^{-3/2} \tag{3-41}$$

式中,K_{IC} 为断裂韧性;H_V 为维氏硬度;a 为压痕对角线的半长;c 为裂纹的半长,如图 3-19 所示。试样的断裂韧性取 5 个压痕计算结果的算术平均值。

3. 烧结工艺对力学性能的影响

相关研究表明 $Al_2O_3/(W,Ti)C$、Al_2O_3/TiC 陶瓷复合材料的烧结温度一般为 1650~1750℃,而 CaF_2 的熔点为 1418℃。烧结过程中 CaF_2 产生液相,起到一定的烧结助剂作用,因而梯度自润滑陶瓷刀具材料的烧结温度可以适当降低。值得注意的是,如果烧结温度相对 CaF_2 的熔点太高,一方面 CaF_2 熔化后二次结晶产生大晶粒,影响材料性能;另一方面热压时会造成 CaF_2 和陶瓷基体材料的胀模流失,影响组分梯度分布。如果相对陶瓷基体的烧结温度太低,则会出现制备的材料致密性较差,影响其力学性能。

图 3-20 是保温 20min 时 $Al_2O_3/(W,Ti)C/CaF_2$ 梯度自润滑陶瓷刀具材料的抗弯强度和表层硬度与烧结温度的关系。在 1450~1650℃的温度区间内,材料的抗弯强度和表层硬度先升高后降低。

图 3-21 是烧结温度为 1550℃时 $Al_2O_3/(W,Ti)C/CaF_2$ 梯度自润滑陶瓷刀具材料的抗弯强度和表层硬度与保温时间的关系。可见,保温 20min 时材料的抗弯强度和表层硬度高于保温 10min 和保温 30min 时的强度和硬度。因此,本章制备梯度自润滑陶瓷刀具材料所采用的烧结工艺参数为:升温速率 15℃/min、热压压

力 30MPa、烧结温度 1550℃、保温时间 20min。

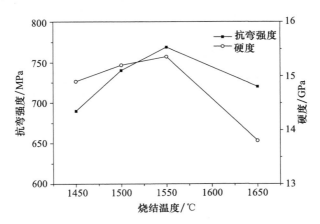

图 3-20　$Al_2O_3/(W,Ti)C/CaF_2$ 梯度材料的抗弯强度和硬度与烧结温度的关系

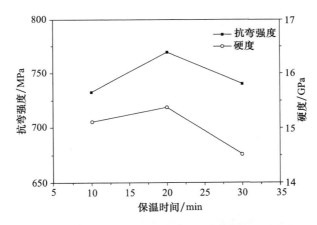

图 3-21　$Al_2O_3/(W,Ti)C/CaF_2$ 梯度材料的抗弯强度和硬度与保温时间的关系

4. 梯度设计对力学性能的影响

为了有对比性地研究梯度自润滑陶瓷材料的特性,分别用 $Al_2O_3/(W,Ti)C/CaF_2$ 梯度材料的表层混合粉料和 $Al_2O_3/TiC/CaF_2$ 梯度材料的表层混合粉料在 1550℃下保温 20min 制备成 $Al_2O_3/(W,Ti)C/CaF_2$ 均质材料和 $Al_2O_3/TiC/CaF_2$ 均质材料,并进行相应的测试与分析。

表 3-3 列出了梯度自润滑陶瓷刀具材料与对应的均质自润滑陶瓷刀具材料的力学性能,可以看出前者的抗弯强度、维氏硬度和断裂韧性均高于后者。$Al_2O_3/$ $(W,Ti)C/CaF_2$ 梯度自润滑陶瓷刀具材料的抗弯强度、硬度和断裂韧性分别比对

应的均质材料提高了 24.6％、19.2％和 5.5％；$Al_2O_3/TiC/CaF_2$ 梯度自润滑陶瓷刀具材料的抗弯强度、硬度和断裂韧性分别比对应的均质材料提高了 21％、16％和 5.9％。此外，梯度自润滑陶瓷刀具材料横剖面上的硬度和断裂韧性由表层到中间层呈梯度变化，且相对于中间层对称分布。

表 3-3　自润滑陶瓷刀具材料的力学性能

试样		抗弯强度/MPa	维氏硬度/GPa	断裂韧性/(MPa·m$^{1/2}$)
$Al_2O_3/(W,Ti)C/CaF_2$	梯度	769	15.36*	4.02*
	均质	617	12.89	3.81
$Al_2O_3/TiC/CaF_2$	梯度	702	14.32*	3.98*
	均质	580	12.35	3.76

＊该数据为梯度自润滑陶瓷刀具材料表层上的测试结果。

　　梯度自润滑陶瓷刀具材料的抗弯强度高于均质材料是因为陶瓷材料的强度随固体润滑剂含量的增加而降低，梯度自润滑陶瓷刀具材料中 CaF_2 含量由表及里梯度减少，使材料内部的强度提高，进而使材料整体强度提高。梯度自润滑陶瓷材料表层的硬度和断裂韧性较均质材料的提高归因于梯度材料表层存在的残余压应力。在用维氏压头形成压痕并诱导裂纹过程中，残余压应力对裂纹的萌生及扩展起到一定的抑制和屏蔽作用，进而提高了该梯度层的断裂韧性。

　　图 3-22 为 $Al_2O_3/(W,Ti)C/CaF_2$ 和 $Al_2O_3/TiC/CaF_2$ 两种梯度材料的表层压痕照片和表征梯度材料表层残余应力的压痕裂纹方位示意图。由图 3-22(a)和(b)可以看出，压痕引发的垂直于梯度层界面的裂纹长度明显小于平行于梯度层界面的裂纹。按照第 2 章应用的测量残余应力所采用的压痕法，即可判断这两种梯度材料表层上存在着残余压应力。

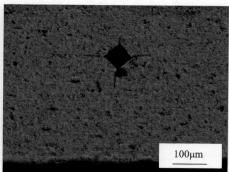

(a) $Al_2O_3/(W,Ti)C/CaF_2$压痕照片　　　　　　　(b) $Al_2O_3/TiC/CaF_2$压痕照片

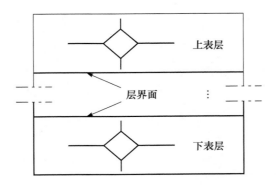

(c) 压痕裂纹方位示意图

图 3-22　两种梯度材料横剖面的表层压痕照片和压痕裂纹方位示意图

3.2.3　梯度自润滑陶瓷刀具材料的微观结构

1. 横剖面显微结构分析

采用 FEI-Quanta 200 型环境扫描电镜观察梯度自润滑陶瓷刀具材料横剖面的显微结构。在 $Al_2O_3/(W,Ti)C/CaF_2$ 和 $Al_2O_3/TiC/CaF_2$ 梯度材料横剖面的低倍 SEM 照片(图 3-23)中,$Al_2O_3/(W,Ti)C/CaF_2$ 和 $Al_2O_3/TiC/CaF_2$ 的层状结构清晰可见,这是因为相邻梯度层基体中 Al_2O_3 的体积含量不同,且 Al_2O_3 含量较多的层在 SEM 照片中的颜色较深。通过图 3-23 还可看出,材料各梯度层界面平直,说明在冷压成型和热压烧结的过程中,各梯度层的分布未受到破坏。当提高照片放大倍数时,相邻梯度层的界面(位于图 3-24 中两条双点划线之间)变得模糊不清,这是由于相邻梯度层各相同组元的体积含量相差不大,在热压作用下,微米级颗粒在界面处相互结合,使界面“消失”。

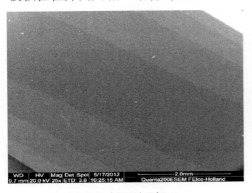

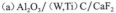

(a) $Al_2O_3/(W,Ti)C/CaF_2$

(b) $Al_2O_3/TiC/CaF_2$

图 3-23　梯度自润滑陶瓷刀具材料横剖面的低倍 SEM 照片

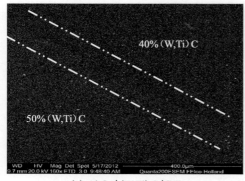
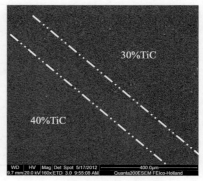

(a) $Al_2O_3/(W,Ti)C/CaF_2$　　　　　　　　　　　(b) $Al_2O_3/TiC/CaF_2$

图 3-24　梯度自润滑陶瓷刀具材料梯度层界面的 SEM 照片

　　图 3-25 和图 3-26 分别是 $Al_2O_3/(W,Ti)C/CaF_2$ 和 $Al_2O_3/TiC/CaF_2$ 梯度自润滑陶瓷刀具材料组分不同体积分数的梯度层抛光表面的高倍 SEM 照片。经 X 射线能谱分析可知,SEM 照片中的灰白色相为 $(W,Ti)C$ 或 TiC,灰黑色相为 Al_2O_3 和 CaF_2。梯度自润滑陶瓷刀具材料的微观结构在材料厚度方向上随组分的梯度变化而变化,由于由表及里各梯度层基体中 $(W,Ti)C$ 或 TiC 的体积分数逐层减少,SEM 照片中的灰白色相所占比例逐层减小。图 3-25(a) 中 $(W,Ti)C$ 的体积分数高于 Al_2O_3 的体积分数,$(W,Ti)C$ 呈连续的网状结构,Al_2O_3 弥散分布于其中;图 3-25(b) 中 $(W,Ti)C$ 的体积分数与 Al_2O_3 的体积分数相等,呈现相互贯通的渗流结构;图 3-25(c) 和 (d) 中 $(W,Ti)C$ 的体积分数低于 Al_2O_3 的体积分数,$(W,Ti)C$ 弥散分布于连续网状分布的 Al_2O_3 之中。与此类似,图 3-26(a)、(b) 属于 Al_2O_3 分散于 TiC 中的弥散结构;图 3-26(c) 属于相互贯通的渗流结构;图 3-26(d)、(e) 属于 TiC 分散于 Al_2O_3 的弥散结构。由图 3-25 和图 3-26 可知,梯度自润滑陶瓷刀具材料各梯度层中的晶粒排列致密,分布均匀,基体组元颗粒相互包裹形成网状或骨架结构,这些因素都使材料具有较高强度。

(a) 60%(W,Ti)C/10% CaF_2　　　　　　　　　　(b) 50%(W,Ti)C/6.7% CaF_2

（c）40%（W,Ti）C/3.3% CaF$_2$　　　　　　　　（d）30%（W,Ti）C/未添加CaF$_2$

图 3-25　Al$_2$O$_3$/（W,Ti)C/CaF$_2$ 梯度自润滑陶瓷刀具材料不同组分梯度层抛光面的 SEM 照片

（a）70% TiC/10% CaF$_2$　　　　　　　　（b）60% TiC/10% CaF$_2$

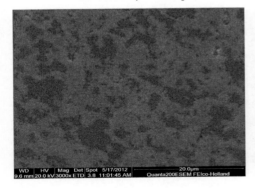
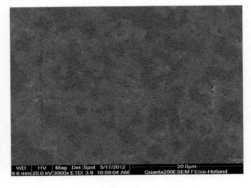

（c）50% TiC/5% CaF$_2$　　　　　　　　（d）40% TiC/5% CaF$_2$

（e）30% TiC/未添加CaF₂

图 3-26　Al₂O₃/TiC/CaF₂ 梯度自润滑陶瓷刀具材料不同组分梯度层抛光面的 SEM 照片

2. 抗弯试样断口分析

断口是指材料断裂后所形成的自然表面,分析其形貌可以获得材料从裂纹萌生、扩展直到最后分离的断裂变化过程的信息。陶瓷材料的断裂与材料本身的性质和外加载荷条件紧密相关。在三点抗弯试验中,外载荷加载条件一定,相对于均质自润滑陶瓷刀具材料来说,梯度自润滑陶瓷刀具材料的断裂性能取决于其组分与显微结构的梯度分布规律。

图 3-27(a)和(b)分别为 Al₂O₃/(W,Ti)C/CaF₂ 和 Al₂O₃/TiC/CaF₂ 梯度自润滑陶瓷刀具材料的宏观抗弯断口的 SEM 照片。可见两种材料的宏观断口都较粗糙,断裂时造成了粗糙不平的形貌。图 3-27(a)中箭头处和 3-27(b)中箭头处表示在破坏过程中裂纹多次出现偏转和分叉。相比之下,均质自润滑陶瓷刀具材料的抗弯试样断口较光滑平整,说明裂纹并没有进行较多的偏折与分支。梯度自润滑陶瓷刀具材料在抗弯断裂过程中的裂纹偏转有利于增强材料的断裂韧性。

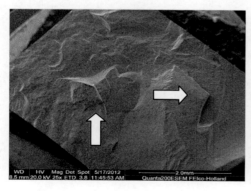

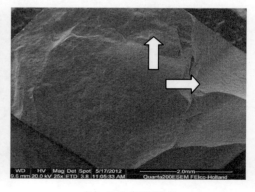

（a）Al₂O₃/(W,Ti)C/CaF₂　　　　　　　　　　（b）Al₂O₃/TiC/CaF₂

图 3-27　梯度自润滑陶瓷刀具材料的宏观抗弯断口 SEM 照片

　　图 3-28 和图 3-29 分别为 $Al_2O_3/(W,Ti)C/CaF_2$ 和 $Al_2O_3/TiC/CaF_2$ 梯度自润滑陶瓷刀具材料不同组分梯度层的断口形貌。可见两种梯度自润滑陶瓷刀具材料的晶粒细小,各相晶粒分布较均匀。断口处有明显的晶粒拔出后留下的孔洞,即

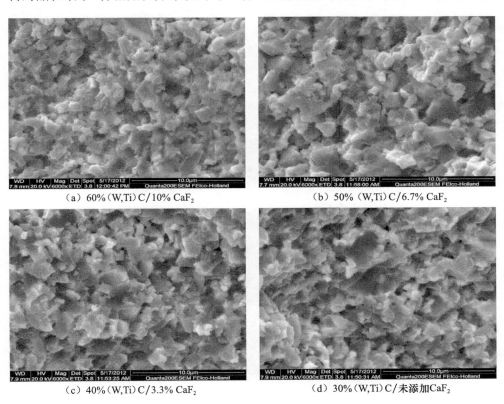

　　(a) 60%(W,Ti)C/10% CaF_2　　　　　　　　(b) 50%(W,Ti)C/6.7% CaF_2

　　(c) 40%(W,Ti)C/3.3% CaF_2　　　　　　　　(d) 30%(W,Ti)C/未添加CaF_2

图 3-28　$Al_2O_3/(W,Ti)C/CaF_2$ 梯度自润滑陶瓷刀具材料不同组分梯度层的断口形貌

　　(a) 70% TiC/10% CaF_2　　　　　　　　　　(b) 60% TiC/10% CaF_2

　　（c）50% TiC/5% CaF$_2$　　　　　　　　　　（d）40% TiC/5% CaF$_2$

（e）30% TiC/未添加 CaF$_2$

图 3-29　Al$_2$O$_3$/TiC/CaF$_2$ 梯度自润滑陶瓷刀具材料不同组分梯度层的断口形貌

典型的沿晶断裂现象；还有一些在晶粒断裂后形成的波纹状或条状组织形态，即典型的穿晶断裂现象。因此，梯度自润滑陶瓷刀具材料的断裂机理是穿晶和沿晶的复合模式。

3. 增韧分析

　　传统的陶瓷材料增韧方法主要有两种：一种是消除或减少陶瓷材料中的原始裂纹缺陷；另一种是通过添加增韧相（如长纤维或晶须增韧、相变增韧和颗粒弥散增韧等）来提高材料的韧性。层状复合陶瓷增韧与上述两种方法本质不同，是一种能量耗散机制。强界面结合的层状陶瓷材料由于各层膨胀系数的差异，在材料制备过程中由高温冷却到常温阶段，必将产生残余应力，不同层之间残余应力场的存在是主要的增韧机制。

　　为了研究层状结构对梯度自润滑陶瓷刀具材料断裂韧性的影响，采用维氏硬度计在 Al$_2$O$_3$/TiC/CaF$_2$ 梯度自润滑陶瓷刀具材料横剖面上邻近梯度层界面的位置按照测定硬度的加载条件打上压痕，然后观察压痕裂纹穿越界面的扩展情形。

图 3-30(a)为裂纹从表层扩展到第 2 层的情况,图 3-30(b)为裂纹从第 2 层扩展到表层的情况。可以看出,压痕裂纹扩展至梯度层界面处时发生了明显的偏转,而且既有穿晶扩展也有沿晶扩展。这表明裂纹扩展至梯度层界面时,残余应力吸收应变能,使其在界面处发生偏转或分叉,提高了材料抵抗裂纹扩展能力,进而提高了材料的断裂韧性。可见,层状梯度自润滑陶瓷刀具材料的增韧机制为层状增韧以及各层内部增韧机制的协同增韧。

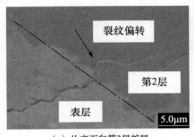
（a）从表面向第2层扩展

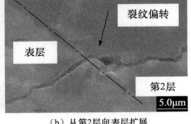
（b）从第2层向表层扩展

图 3-30　$Al_2O_3/TiC/CaF_2$ 梯度材料压痕裂纹穿越梯度层界面的扩展形貌

第4章 纳微米复合梯度自润滑陶瓷刀具材料

纳米颗粒在复合陶瓷材料的增韧补强领域,已经取得了许多进展。通过采用纳微米复合技术,将纳米陶瓷颗粒引入梯度自润滑陶瓷刀具材料体系中,具有显著改善梯度自润滑陶瓷材料力学性能的应用前景。在此基础上,本章针对纳微米复合和梯度设计要求,对材料组分和梯度分布进行复合设计,结合有限元分析,研究纳微米复合和梯度复合对自润滑陶瓷刀具材料力学性能和微观结构的影响。

4.1 纳微米复合梯度自润滑陶瓷刀具材料的设计

4.1.1 纳微米复合梯度自润滑陶瓷刀具材料的组分选择

复合陶瓷材料中各种组分之间的物理匹配对材料的界面应力、载荷传递以及整个材料的性能具有重要的影响,其中热膨胀系数的匹配程度和弹性模量的差异对复合陶瓷材料性能的影响最大。此外,材料在制备过程中,不同组分之间不能发生化学反应,即不同相之间的化学共存也很重要。因此,在组分选择方面要考虑复相体系的物理匹配和化学相容性。

二硼化钛(TiB_2)具有六方晶系 C_{32} 型结构,在 TiB_2 晶体结构中,钛原子面和硼原子面交替地出现,构成二维网状结构,其中硼原子的外层有四个电子,而每个硼原子和另外三个硼原子以共价键结合,多余的一个电子形成大 π 键,这种类似于层状石墨结构的硼原子和钛原子外层电子的构造决定了 TiB_2 具有良好的导电性和金属光泽,而钛原子面和硼原子面之间的离子键决定了 TiB_2 陶瓷具有高硬度和高脆性的特点。

TiB_2 是 B-Ti 二元系中唯一的稳定化合物。作为非氧化物陶瓷材料,TiB_2 具有高熔点、高硬度,耐腐蚀性和抗氧化性好等优点,同时具有良好的导电性、导热性和可加工性。由于其强的共价键结合,自扩散系数很低,TiB_2 陶瓷的烧结性能很差。随着超微细粉末制备技术和有效烧结助剂的开发,以及复相陶瓷设计等的发展,使得 TiB_2 低温烧结成为可能,TiB_2 陶瓷材料已经获得广泛应用。近年来,由于 TiB_2 的熔点高、硬度大且具有良好的导电性能,作为一种耐高温陶瓷材料日益引起人们的重视。目前,TiB_2 已经应用于生产一些耐高温、耐磨损的器件,如铁砧、量规、导杆、轴承、切削刀具、喷嘴、坩埚、电极、电阻、高温导体等。

碳化钨(WC)具有良好的抗弯强度,适合作为增强剂。由于 WC 熔点高,WC 陶瓷材料的制备比较困难,一般需要高温高压及较长时间的保温来烧结,从而获得较为致密的材料。然而,这种高温长时间的处理往往会引起剧烈的晶粒粗化,从而丧失与细晶粒结构相关的力学性能。一般来说,WC 的晶粒越细,其缺陷越少,当晶粒小于 $0.1\mu m$ 时,几乎不存在缺陷。以这种粉末制备的材料,既具有较高的硬度和耐磨性能,又具有较高的强度和韧性。Song 等采用热压烧结技术,制备的 TiB_2/WC 陶瓷复合材料具有良好的烧结性能和力学性能。

氮化硼有三种结晶构造:六方氮化硼(h-BN)、密排六方氮化硼和立方氮化硼(CBN)。h-BN 在常压下是稳定相,密排六方氮化硼和立方氮化硼是高压稳定相,在常压是亚稳定相。h-BN 在高温、高压下会转变为密排六方氮化硼和立方氮化硼。

h-BN 属于六方晶系,具有类似石墨的层状结构,是十分优异的高温润滑剂。h-BN 的热膨胀系数低、热导率高、抗热震性优良,具有良好的化学稳定性和电绝缘性,在惰性气氛中 2800℃ 的温度下仍很稳定,还具有良好的润滑性能。对于 h-BN 的研究,主要包括抗热震性能和润滑性能两个方面。一些学者分别研究了 $Al_2O_3/$ h-BN、$Si_3N_4/$h-BN、AlN/h-BN、SiC/h-BN、$SiO_2/$h-BN、$TiB_2/$h-BN、$B_4C/$h-BN、$ZrO_2/$h-BN 等复合陶瓷,发现 h-BN 的添加,可以有效地提高陶瓷材料的润滑性能和抗热震性能。

本章以 TiB_2 为基体,WC 为增强剂,h-BN 为固体润滑剂,Ni、Mo 为烧结助剂,采用热压烧结工艺制备 $TiB_2/WC/$h-BN 纳微米复合梯度自润滑陶瓷刀具材料。TiB_2、WC、h-BN 的物性参数如表 4-1 所示。

表 4-1　TiB_2、WC 和 h-BN 的物性参数

组元	密度 $\rho/(g/cm^3)$	弹性模量 E/GPa	热膨胀系数 $\alpha/(10^{-6}K^{-1})$	泊松比 ν	热导率 $k/[W/(m \cdot K)]$
TiB_2	4.5	540	8.1	0.28	24.28
WC	15.55	710	3.84	0.2	29.3
h-BN	2.29	84	6.3	0.2	25.1

4.1.2　纳微米复合梯度自润滑陶瓷刀具材料的梯度设计

梯度功能陶瓷刀具 7 种不同的组成分布形式如图 4-1 所示,其中图 4-1(a)、(b)、(c)中组成分布分别沿一个方向呈现梯度变化,图 4-1(d)、(e)、(f)中组成分布分别沿两个方向呈现梯度变化,而图 4-1(g)中组成分布则沿三个方向呈现梯度变化。考虑到建模的方便和刀具材料的制备及加工工艺的难易,这里采用图 4-1(c)所示的组成分布形式进行刀具材料的梯度设计。

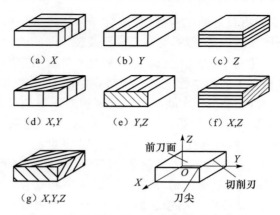

（a）X　　　　　　（b）Y　　　　　　（c）Z

（d）X,Y　　　　　　（e）Y,Z　　　　　　（f）X,Z

（g）X,Y,Z

图 4-1　梯度功能陶瓷刀具组成分布形式

1. 组成分布函数与层厚的确定

采用 3.1.1 节中组成分布与厚度的变化关系,设定纳微米复合梯度自润滑陶瓷刀具材料的总厚度为 5mm,根据式(3-26)～式(3-29)可以求得 5 层、7 层和 9 层的纳微米复合梯度自润滑陶瓷刀具材料各个层的厚度。如表 4-2 所示,层数分别为 5 层、7 层和 9 层的纳微米复合梯度自润滑陶瓷刀具材料随着分布指数 n 变化的各层层厚。当分布指数 $n<1$ 时,纳微米复合梯度自润滑陶瓷刀具材料的表层最厚,由表层到中间层,刀具材料的层厚逐渐减小;当分布指数 $n=1$ 时,纳微米复合梯度自润滑陶瓷刀具材料各层厚度相同;当分布指数 $n>1$ 时,纳微米复合梯度自润滑陶瓷刀具材料中间层最厚,由表层到中间层,刀具材料的层厚逐渐增大。

表 4-2　纳微米复合梯度自润滑陶瓷刀具材料各层的厚度（单位:mm）

层数*	分布指数	0.8	1	1.1	1.2	1.4	1.8
5 层	1/5L	1.31863	1	0.7575	0.717701	0.648985	0.543989
	2/4L	0.885771	1	1.0443	1.03963	1.03152	1.01913
	3L	0.591196	1	1.3963	1.48535	1.636	1.87377
7 层	1/7L	0.986304	0.714286	0.5268	0.493549	0.438151	0.357646
	2/6L	0.737794	0.714286	0.7024	0.668638	0.609133	0.51552
	3/5L	0.581758	0.714286	0.7617	0.780355	0.809557	0.847601
	4L	0.388287	0.714286	1.0183	1.11492	1.28632	1.5584
9 层	1/9L	0.78656	0.555556	0.404	0.376459	0.331252	0.267031
	2/8L	0.604374	0.555556	0.5352	0.503772	0.450545	0.371413
	3/7L	0.540573	0.555556	0.5556	0.539778	0.507609	0.447979
	4/6L	0.426247	0.555556	0.6025	0.629965	0.674629	0.736506
	5L	0.284493	0.555556	0.8055	0.90005	1.07193	1.35414

*L 表示层,3L 表示 5 层材料的第 3 层,1/5L 表示材料的第 1 层和第 5 层。

2. 表层固体润滑剂体积分数的确定

1）最大极限体积分数

不同相之间的物理匹配对复相陶瓷材料的界面应力、载荷传递和整个材料的性能将会产生不同的影响,其中热膨胀系数和弹性模量对材料性能的影响最大。材料的化学组成和晶体结构决定了材料的热膨胀系数,很难改变和调整。从材料设计方面考虑,在满足材料性能要求的基础上,改变材料的热膨胀系数只有调整所选材料的组分和选择合适的晶体结构。

由于陶瓷材料的热膨胀系数和弹性模量不同,在材料的内部会形成大小不同的残余应力。纳微米复合梯度自润滑陶瓷刀具材料的设计目标之一就是形成有利的残余应力分布状态以部分抵消切削工程中外载荷造成的应力,但过大的 von Mises 等效应力会造成坯体的破坏而降低刀具材料的性能。控制残余应力最有效的措施就是控制各组分在材料表层和中间层中的上下限体积分数。

根据邓建新等的研究,刀具材料的基体中添加相的上限体积分数为

$$V_{\max} \leqslant \frac{2}{3\left(-\dfrac{\sigma_0}{\sigma_m}\right)^{1/3} - 1} \tag{4-1}$$

式中,σ_m 表示刀具材料中基体的强度;σ_0 表示刀具材料中添加相颗粒与基体界面的径向残余应力,即

$$\sigma_0 = \frac{(\alpha_p - \alpha_m)\Delta T}{\dfrac{1 - 2\nu_p}{E_p} + \dfrac{1 + \nu_m}{2E_m}} \tag{4-2}$$

式中,α、ν 和 E 分别表示刀具材料的热膨胀系数、泊松比和弹性模量;下标 p 和 m 分别表示刀具材料中添加相和基体;ΔT 表示温度的变化。

假设刀具材料的基体中含有两种添加相,相距 $2R$ 的两个不同相颗粒在刀具材料的基体中的分布示意图如图 4-2 所示,则两颗粒之间的最大残余拉应力为

$$\sigma_{T\max} = -\frac{1}{2R^3}(\sigma_{T1}a^3 + \sigma_{T2}b^3) \tag{4-3}$$

式中,a、b 分别表示刀具材料的基体中两种添加相颗粒的半径;R 表示两相颗粒距离的一半;σ_{T1} 和 σ_{T2} 分别为刀具材料的基体中两种添加相颗粒的强度。

相距为 $2R$ 的两相颗粒产生的径向裂纹不贯穿刀具材料的基体的极限条件为

$$\sigma_{T\max} = \sigma_m \tag{4-4}$$

整理得

$$\sigma_{01}\left(\frac{V_{1\max}}{1 + V_{1\max}}\right)^3 + \sigma_{02}\left(\frac{V_{2\max}}{1 + V_{2\max}}\right)^3 = -\frac{\sigma_m}{13.5} \tag{4-5}$$

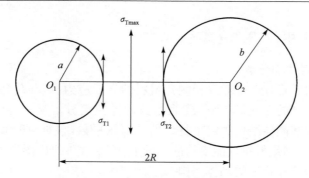

图 4-2　添加相颗粒的双球模型

对于添加固体润滑剂 h-BN 的 $TiB_2/WC/h$-BN 刀具材料来说，将 TiB_2/WC 看作刀具材料中的基体，再计算固体润滑剂 h-BN 的极限体积分数，则 $\alpha_p < \alpha_m$。刀具材料基体与 h-BN 的参数如下：$E_m = 567.965GPa$，$\alpha_m = 7.3426 \times 10^{-6} K^{-1}$，$\nu_m = 0.267$；$E_p = 84GPa$，$\alpha_p = 6.3 \times 10^{-6} K^{-1}$，$\nu_p = 0.2$。通过计算可以得到固体润滑剂 h-BN 的极限体积分数为 53.2%。

2）固体润滑剂最小体积分数

材料摩擦表面之间的相互作用力决定了摩擦力的大小。为了减小材料之间的摩擦力，降低材料的摩擦系数，则必须确保在材料摩擦表面之间形成一层润滑膜。假设摩擦表面形成的润滑膜面积为 S、厚度为 H，那么接触区内润滑剂总体积可以通过润滑膜的总体积 $V_P = SH$ 来计算。由于热应力的作用，材料组织结构的体积会发生变化。受热时，材料中各个相均会发生膨胀现象，各相之间就会形成热应力。固体润滑剂（图 4-3）将受到基体晶粒各方面的压应力 σ_M。相反，基体晶粒也会受到固体润滑剂的压应力 σ_{TC}。

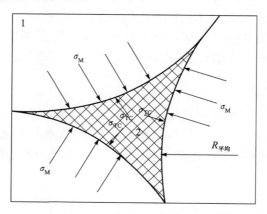

图 4-3　自润滑刀具材料热应力作用示意图

1-基体颗粒；2-固体润滑剂颗粒

当 $\sigma_M - \sigma_{TC} > \tau$（$\tau$ 为固体润滑剂的剪切应力）时,固体润滑剂就会析出。析出的固体润滑剂的体积分数 V_3 可以由下式确定:

$$V_3 = \Delta V_1 + \Delta V_2 = 1.3\pi \cdot T \cdot r_{平均}^2 \cdot m(\alpha_1 R_{平均} + \alpha_2 r_{平均}) \tag{4-6}$$

式中,ΔV_1 表示固体润滑剂颗粒周围的基体晶粒的体积膨胀量;ΔV_2 表示固体润滑剂的体积膨胀量;α_1 表示基体晶粒的体积膨胀系数;α_2 表示固体润滑剂的体积膨胀系数;T 表示摩擦表面的温度;V_1 表示基体晶粒的原始体积;V_2 表示固体润滑剂的原始体积;$r_{平均}$ 表示固体润滑剂颗粒的半径;$R_{平均}$ 表示基体晶粒的半径;m 表示固体润滑剂颗粒的晶粒数。

其中,V_3 应满足 $V_3 > V_P$ 的条件,并由此确定 m 值。

对于 $TiB_2/WC/h\text{-}BN$ 自润滑陶瓷材料,$T = 500℃$,$R_{平均} = 5\mu m$,$\alpha_1 = 7.3426 \times 10^{-6} K^{-1}$,$r_{平均} = 1\mu m$,$\alpha_2 = 6.3 \times 10^{-6} K^{-1}$,将这些数据代入式(4-6)中,可以得到 V_3。在摩擦面为 $1mm^2$ 的面积上,固体润滑剂晶粒数由 $V_3 > V_P$ 的条件来确定。假设润滑膜的厚度 $H = 0.1\mu m$、$S = 1mm^2$,可以计算出 m,则摩擦面为 $1mm^2$ 的面积上固体润滑剂的晶粒数 m 的总面积为

$$S = m \cdot \pi r_{平均}^2 = 0.192 \times 10^6 \mu m^2$$

假设固体润滑剂在基体材料中分布均匀,由此可以计算出在 $TiB_2/WC/h\text{-}BN$ 自润滑陶瓷材料中,固体润滑剂 h-BN 的最佳体积分数应为 19.2%。考虑到摩擦温度对固体润滑剂析出量的影响,必须考虑实际摩擦温度的范围。图 4-4 为不同温度下固体润滑剂 h-BN 的体积分数,随着温度的升高,材料中的固体润滑剂h-BN 的理论最小体积分数越来越小。

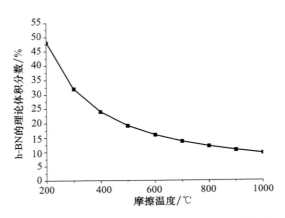

图 4-4　h-BN 的体积分数与摩擦温度之间的关系

根据上述计算,考虑固体润滑剂对刀具材料力学性能的影响,选择纳微米复合梯度自润滑陶瓷刀具材料表层的固体润滑剂 h-BN 的体积分数为 10%,中间层的

固体润滑剂 h-BN 的体积分数为 0％,固体润滑剂的体积分数由表层到中间层是等差减少的;选择纳微米复合梯度自润滑陶瓷刀具材料表层的增强相 WC 的体积分数为 15％,中间层的增强相 WC 的体积分数为 10％,增强相 WC 的体积分数由表层到中间层是适当减少的;烧结助剂 Ni 和 Mo 的体积分数各层相同。

设计功能梯度陶瓷材料时,梯度层数取得越多,则其组分分布、显微结构及其力学性能的分布就越接近理想的连续梯度,但这样会增加制备工艺和测试方法的难度,提高了成本。基于以上考虑,可以得出纳微米复合梯度自润滑陶瓷刀具材料各层的组分,如表 4-3 所示,h-BN 的体积分数由表层到中间层逐层减少,在中间层,h-BN 的分数为 0％,实现固体润滑剂 h-BN 的梯度设计,满足刀具材料的力学性能的要求;WC 的体积分数由表层到中间层逐层地减少,可以实现纳微米复合梯度自润滑陶瓷刀具材料热膨胀系数由表层到中间层逐渐降低,满足刀具材料表层残余压应力状态的要求。

表 4-3　TiB$_2$/WC/h-BN 纳微米复合梯度自润滑陶瓷刀具材料各层组分的体积分数(单位:％)

组分		TiB$_{2n}$	TiB$_2$	WC	h-BN	Ni	Mo
TN1	均质	20	50	15	10	3	2
TN2	1/5L	20	50	15	10	3	2
	2/4L	20	58	12	5	3	2
	3L	20	65	10	0	3	2
TN3	1/7L	20	50	15	10	3	2
	2/6L	20	55.3	13	6.7	3	2
	3/5L	20	60.7	11	3.3	3	2
	4L	20	65	10	0	3	2
TN4	1/9L	20	50	15	10	3	2
	2/8L	20	54.5	13	7.5	3	2
	3/7L	20	58	12	5	3	2
	4/6L	20	61.5	11	2.5	3	2
	5L	20	65	10	0	3	2
TN5	均质	20	65	10	0	3	2
TW1	均质	0	70	15	10	3	2
TW2	1/5L	0	70	15	10	3	2
	2/4L	0	78	12	5	3	2
	3L	0	85	10	0	3	2
TW3	均质	0	85	10	0	3	2

3. 各层物性参数值的确定

根据复合陶瓷材料的设计原则和使用要求,在选择陶瓷材料组分配比、物理模型和梯度组成分布函数之后,为了对纳微米复合梯度自润滑陶瓷刀具材料内部的应力分布进行有限元分析,就必须确定每层梯度材料的物性参数。对功能梯度材料性能的微观力学理论的预测建立在 Eshelby 的等效原理上,采用 Mori-Tanaka 平均场理论。根据该理论,计算不同混合比的复合材料的等效体积模量 K 和等效剪切模量 G,同样,对于三相 $TiB_2/WC/h\text{-}BN$ 纳微米复合梯度自润滑陶瓷刀具材料,可以把其中任意一相并入基体中一起考虑,两两计算。计算采用式(2-16)～式(2-23),得到 $TiB_2/WC/h\text{-}BN$ 纳微米复合梯度自润滑陶瓷刀具材料各层的物性参数如表 4-4 所示。

表 4-4　$TiB_2/WC/h\text{-}BN$ 纳微米复合梯度自润滑陶瓷刀具材料各层的物性参数

组分		密度 $\rho/(\text{g/cm}^3)$	泊松比 ν	弹性模量 E/GPa	热膨胀系数 $\alpha/(10^{-6}\text{K}^{-1})$
5 层	1/5L	6.01211	0.25992	485.09	7.32909
	2/4L	5.77947	0.266493	518.565	7.52332
	3L	5.66316	0.272516	556.225	7.65757
7 层	1/7L	6.01211	0.25992	485.09	7.32909
	2/6L	5.85624	0.264253	506.88	7.46009
	3/5L	5.7027	0.268757	530.545	7.58478
	4L	5.66316	0.272516	556.225	7.65757
9 层	1/9L	6.01211	0.25992	485.09	7.32909
	2/8L	5.83763	0.263567	500.756	7.4519
	3/7L	5.77947	0.266493	518.565	7.52332
	4/6L	5.72131	0.269474	537.043	7.59182
	5L	5.66316	0.272516	556.225	7.65757

4.1.3　纳微米复合梯度自润滑陶瓷刀具材料的残余应力计算

纳微米复合梯度自润滑陶瓷刀具材料制备过程中产生的残余应力属于热残余应力问题,本节采用间接计算法进行分析。纳微米复合梯度自润滑陶瓷刀具材料残余应力有限元分析流程如图 2-4 所示。首先建立有限元分析模型,按照分布指数、层数的不同建立有限元分析模型,使用布尔运算组合数据集,由于模型和载荷都是对称的,分析时可以采用 1/4 模型,输入不同层材料的物性参数;对模型进行网格划分,并施加边界约束条件,纳微米复合梯度自润滑陶瓷刀具材料的烧结和冷却温度分别为 1650℃和 20℃;施加边界约束,对各层施加温度载荷,并设置载荷步；根据上述模型及载荷进行分析，求得纳微米复合梯度自润滑陶瓷刀具的温度场；再将热单元转换为结构单元，同时将其设定为轴对称单元，并输入各层的力学性能参数；最后将得到的温度场作为载荷施加于纳微米复合梯度自润滑陶瓷刀具中，进行热残余应力分析，并得到纳微米复合梯度自润滑陶瓷刀具的残余应力分布。

图 4-5 为 von Mises 等效应力沿厚度方向的变化规律，取自模型的轴线位置，横坐标为沿 Z 轴厚度到底面的垂直距离，$Z=0\sim5$mm 的路径，单位为 mm。图 4-5(a)、(b)、(c)分别为 5 层、7 层、9 层纳微米复合梯度自润滑陶瓷刀具材料 von Mises 等效应力沿厚度方向的变化规律。从图 4-5 可以看出，在分布指数 n 取不同值时，von Mises 等效应力以中间层为中心对称分布，且都是在两侧表层较大，而后沿厚度方向逐渐减小，在 $1\sim1.5$mm 时出现最小值，之后向中间层逐渐增大。此外，随着层数的增加，von Mises 等效应力的梯度变化越来越缓和，趋于连续变化。

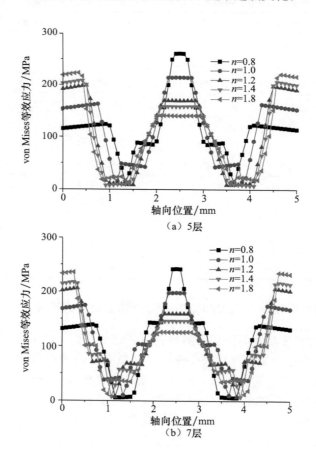

（a）5层

（b）7层

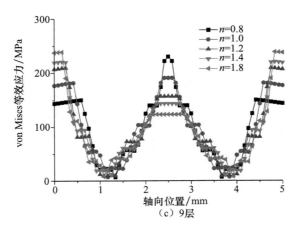

图 4-5　von Mises 等效应力沿厚度方向的变化规律

　　当分布指数 $n=0.8$ 时,von Mises 等效应力的最大值位于中间层,且整个中间层的 von Mises 等效应力都较大;而分布指数 $n=1.8$ 时,von Mises 等效应力的最大值位于材料的表层。当分布指数 $n=0.8$ 时,纳微米复合梯度自润滑陶瓷刀具材料的中间层存在很大的应力梯度;而分布指数 $n=1.8$ 时,纳微米复合梯度自润滑陶瓷刀具材料的表层则有很大的应力梯度,这两种情况对材料的力学性能都是很不利的。因此,在选择分布指数 n 时,应考虑应力梯度对纳微米复合梯度自润滑陶瓷刀具材料性能的影响。

　　$TiB_2/WC/h\text{-}BN$ 纳微米复合梯度自润滑陶瓷刀具材料的最大 von Mises 等效应力与分布指数 n 的关系如图 4-6 所示,随着分布指数 n 的增加,最大 von Mises 等效应力呈现先减小后增大的趋势。当层数 $N=5$ 时,最大 von Mises 等效应力在分布指数 $n=1.1$ 时,取得最小值,此时最大 von Mises 等效应力为 192.98MPa;当层数 $N=7$ 时,最大 von Mises 等效应力在分布指数 $n=1.0$ 时,取得最小值,此时最大 von Mises 等效应力为 198.68MPa;当层数 $N=9$ 时,最大 von Mises 等效应力在分布指数 $n=1.0$ 时,取得最小值,此时最大 von Mises 等效应力为 190.94MPa。比较发现,当层数为 5 和 9 时,最大 von Mises 等效应力的最小值很相近,考虑到制备工艺和测试方法的难度以及成本,选取层数为 5,分布指数为 1.0、1.1、1.2 的三种 $TiB_2/WC/h\text{-}BN$ 纳微米复合梯度自润滑陶瓷刀具材料以及分布指数为 1.1,层数分别为 7 和 9 的两种 $TiB_2/WC/h\text{-}BN$ 纳微米复合梯度自润滑陶瓷刀具材料进行试验制备,并研究层数与分布指数对 $TiB_2/WC/h\text{-}BN$ 纳微米复合梯度自润滑陶瓷刀具材料力学性能的影响。

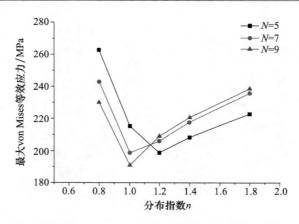

图 4-6　最大 von Mises 等效应力与分布指数 n 的关系

4.2　纳微米复合梯度自润滑陶瓷刀具材料的制备与力学性能

4.2.1　纳微米复合梯度自润滑陶瓷刀具材料的制备工艺

1. 原料

采用的纳米 TiB_2 粉末购自北京德科岛金科技有限公司,平均粒径为 50nm,纯度大于 99.0%;微米 TiB_2 粉末购自宁夏机械研究院,平均粒径 5~8μm,纯度大于 99.0%;WC 粉末购自厦门金鹭特种合金有限公司,平均粒径为 1μm,纯度大于 99.9%;h-BN 粉末购自潍坊邦德特种材料有限公司,平均粒径为 1.5μm,纯度均大于 99.9%;烧结助剂 Ni、Mo 购自国药集团化学试剂有限公司,纯度分别为 99.5% 和 99%。

2. 制备工艺

TiB_2/WC/h-BN 纳微米复合梯度自润滑陶瓷刀具材料制备工艺如图 4-7 所示。首先,按表 4-2 的配比称量纳米 TiB_2 粉末,以相对分子质量为 4000 的聚乙二醇(PEG4000)为分散剂,适量无水乙醇为分散介质,配成纳米 TiB_2 悬浮液,用搅拌器充分搅拌、超声分散 20~30min;按表 4-2 的配比称量微米 TiB_2 粉末、WC 粉末和 h-BN 粉末,以适量无水乙醇为分散介质,配成 TiB_2 悬浮液、WC 悬浮液和 h-BN 悬浮液,用搅拌器充分搅拌、超声分散 20~30min;将以上所得纳米 TiB_2 悬浮液、微米 TiB_2 悬浮液、WC 悬浮液和 h-BN 悬浮液混合,得到复相悬浮液,然后按比例添加烧结助剂 Ni 和 Mo,超声分散 20~30min,混合,制得均匀的复相悬浮液。

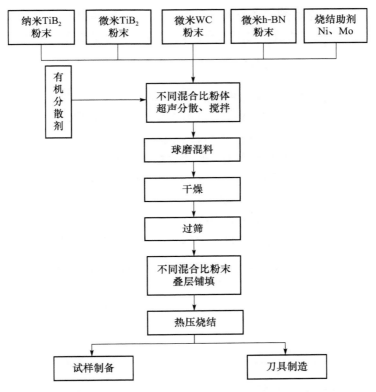

图 4-7 纳微米复合梯度自润滑陶瓷刀具材料制备工艺流程图

将上述所得复相悬浮液倒入球磨罐中,以氮气为保护气氛,以无水乙醇为介质,各组分原料总量与研磨球的料球质量比为 1∶10,球磨 48h;然后在电热真空干燥箱中 100℃温度下连续干燥 48h,完全干燥后在 200 目筛子中过筛,得到混合粉料,密封备用。

将上述所得的混合粉料逐层装入石墨模具,由于本节采用对称型双指数分布模型,纳微米复合梯度自润滑陶瓷刀具材料是对称型结构,先按照 h-BN 的体积分数从高到低的顺序逐层铺填各层混合粉料至中间层,再按 h-BN 的体积分数从低到高的顺序逐层铺填各层,形成各层关于中间层对称的梯度结构,然后用千斤顶预冷压 15min。每层混合粉料铺填后,都需要用实心石墨压头压实。

采用真空热压烧结工艺制备 $TiB_2/WC/h-BN$ 纳微米复合梯度自润滑陶瓷刀具材料。工艺参数为:保温温度 1650℃,热压压力 25～30MPa,保温时间 30min,升温速率 10℃/min。

4.2.2 纳微米复合梯度自润滑陶瓷刀具材料的力学性能

TiB_2 陶瓷具有良好的导电性能,采用电火花线切割加工 $TiB_2/WC/h-BN$ 纳微米复合梯度自润滑陶瓷刀具材料。按照 3.2.2 节中的样品制备和力学测试方法,分别测试并研究了纳微米复合和梯度复合对相对密度和力学性能的影响。

1. 纳米 TiB_2 对相对密度的影响

$TiB_2/WC/h\text{-}BN$ 纳微米复合梯度自润滑陶瓷刀具材料的密度如表 4-5 所示,材料 TW1 中不添加纳米 TiB_2 颗粒,材料 TN1、TN2 中添加 20%(体积分数,下同)的纳米 TiB_2 颗粒;材料 TW1 和 TN1 是添加 10% h-BN 的均质自润滑陶瓷刀具材料;材料 TN2 是添加 10% h-BN 的 5 层梯度自润滑陶瓷刀具材料,其分布指数 n 为 1.1。材料 TW1 的相对密度为 97.7%,在相同的制备工艺下,添加纳米 TiB_2 颗粒的材料 TN1 的相对密度为 99.1%,提高了 1.42%。添加 20% 纳米 TiB_2 颗粒有利于改善烧结性能,提高刀具材料的致密度,较高的致密度有利于提高 $TiB_2/WC/h\text{-}BN$ 纳微米复合梯度自润滑陶瓷刀具材料的力学性能。

表 4-5　　纳微米复合梯度自润滑陶瓷刀具材料的相对密度

材料	理论密度/(g/cm^3)	实测密度/(g/cm^3)	相对密度/%
TW1	6.1829	6.0422	97.70
TN1	6.1829	6.1271	99.10
TN2	5.9980	5.9568	99.31

2. h-BN 对力学性能的影响

$TiB_2/WC/h\text{-}BN$ 纳微米复合梯度自润滑陶瓷刀具材料的力学性能如表 4-6 所示,材料 TW1、TW2、TW3 中不添加纳米 TiB_2 颗粒,材料 TN1、TN2、TN5 中添加 20% 纳米 TiB_2 颗粒;材料 TW1 和 TN1 是添加 10% h-BN 的均质纳微米复合自润滑陶瓷刀具材料;材料 TW2 和 TN2 是添加 10% h-BN 的 5 层纳微米复合梯度自润滑陶瓷刀具材料,其分布指数 n 为 1.1;材料 TW3 和 TN5 是不添加 h-BN 的均质纳微米复合陶瓷刀具材料。

表 4-6　　纳微米复合梯度自润滑陶瓷刀具材料的力学性能

材料	抗弯强度/MPa	断裂韧性/$(MPa \cdot m^{1/2})$	硬度/GPa
TW1	683	4.60	14.40
TW2	739	4.79	14.88
TW3	850	4.95	18.12
TN1	703	4.54	15.25
TN2	791	4.91	16.00
TN5	918	5.05	18.56

与材料 TW3 和 TN5 相比,添加 h-BN 的 TW1 和 TN1 的力学性能降低,其中材料 TW1 的抗弯强度、断裂韧性和硬度分别为 683MPa、4.6MPa·$m^{1/2}$ 和 14.4GPa,这是因为固体润滑剂 h-BN 的硬度和强度都很低,所以 h-BN 的添加导致陶瓷材料力学性能的下降;另外,片状结构的 h-BN 在热压烧结过程中会形成支架结构,阻碍颗粒之间的滑动、旋转和重排,影响了陶瓷材料的致密化。

3. 纳米 TiB_2 对力学性能的影响

纳米 TiB_2 颗粒的添加,提高了材料的力学性能。如表 4-6 所示,与材料 TW1 相比,添加体积分数为 20% 的纳米 TiB_2 颗粒的材料 TN1 的力学性能得到提高,其抗弯强度、断裂韧性和硬度分别达到了 703MPa、4.54MPa·$m^{1/2}$ 和 15.25GPa,抗弯强度和硬度分别提高了 2.9% 和 5.9%,断裂韧性略有下降。

4. 梯度设计对力学性能的影响

通过对固体润滑剂 h-BN 的梯度设计,梯度自润滑陶瓷刀具材料的力学性能得到提高。材料 TW2 的抗弯强度、断裂韧性和硬度分别为 739MPa、4.79MPa·$m^{1/2}$ 和 14.88GPa,与材料 TW1 相比分别提高了 8.2%、4.1% 和 3.3%;材料 TN2 的抗弯强度、断裂韧性和硬度分别为 791MPa、4.91MPa·$m^{1/2}$ 和 16GPa,与材料 TN1 相比分别提高了 12.5%、8.8% 和 4.9%。与材料 TW1 制备的 TiB_2/WC/h-BN 微米自润滑陶瓷刀具材料相比,由材料 TN2 制备的 TiB_2/WC/h-BN 纳微米复合梯度自润滑陶瓷刀具材料的抗弯强度、断裂韧性和硬度分别提高了 15.8%、6.7% 和 11.1%。试验表明,采用纳微米复合技术与固体润滑剂的梯度复合技术可以明显提高自润滑陶瓷刀具材料的力学性能。

5. 层数对力学性能的影响

TiB_2/WC/h-BN 纳微米复合梯度自润滑陶瓷刀具材料的力学性能与层数的关系如图 4-8 所示。当分布指数 $n=1.1$ 时,随着层数的增加,纳微米复合梯度自润滑陶瓷刀具材料的抗弯强度和硬度逐渐降低,材料的抗弯强度由 791MPa 下降到 621MPa,硬度由 16GPa 下降到 15GPa;其断裂韧性随着层数的增加呈先增加后降低的趋势,当层数为 7 时断裂韧性取得最大值,为 5.38MPa·$m^{1/2}$。试验表明,当分布指数 $n=1.1$ 时,最优的 TiB_2/WC/h-BN 纳微米复合梯度自润滑陶瓷刀具材料的层数为 5,其抗弯强度、断裂韧性和硬度分别为 791MPa、4.91MPa·$m^{1/2}$ 和 16GPa。

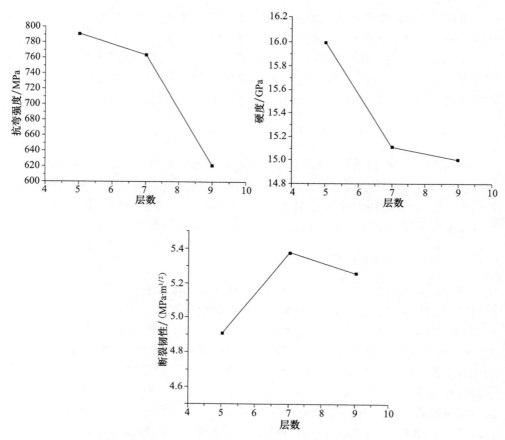

图 4-8　纳微米复合梯度自润滑陶瓷刀具材料的力学性能与层数的关系

6. 分布指数对力学性能的影响

TiB$_2$/WC/h-BN 纳微米复合梯度自润滑陶瓷刀具材料的力学性能与分布指数的关系如图 4-9 所示,其中纳微米复合梯度自润滑陶瓷刀具材料的层数为 5。随着分布指数 n 的增加,刀具材料的力学性能呈先增加后降低的趋势,当分布指数 $n=1.0$ 时,其抗弯强度、断裂韧性和硬度分别为 716MPa、4.46MPa·m$^{1/2}$ 和 15.6GPa;当分布指数 $n=1.2$ 时,其抗弯强度、断裂韧性和硬度分别为 678MPa、4.75MPa·m$^{1/2}$ 和 15.1GPa;当分布指数 $n=1.1$ 时,刀具材料的力学性能最优,其抗弯强度、断裂韧性和硬度分别为 791MPa、4.91MPa·m$^{1/2}$ 和 16GPa。

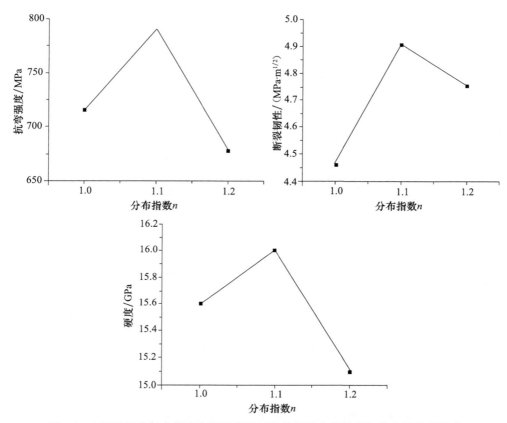

图 4-9　5 层纳微米复合梯度自润滑陶瓷刀具材料的力学性能与分布指数的关系

4.2.3　纳微米复合梯度自润滑陶瓷刀具材料的组成相测试

用 X 射线衍射仪 Bruker D8 Advance 分析 $TiB_2/WC/h\text{-}BN$ 纳微米复合梯度自润滑陶瓷刀具材料的物相组成,采用的测试条件为:Cu 靶,电压 40kV,电流 40mA,扫描速度 $0.4°/min$,扫描角度范围 $20°\sim80°$。采用 SUPRA™ 55 热场发射扫描电子显微镜及其附带的能谱仪在 $TiB_2/WC/h\text{-}BN$ 纳微米复合梯度自润滑陶瓷刀具材料断面处进行元素扫描分析。采用 Shimadzu EPMA-1600 电子探针 X 射线显微分析仪对 $TiB_2/WC/h\text{-}BN$ 纳微米复合梯度自润滑陶瓷刀具材料横剖面上沿垂直于梯度层的方向进行元素线扫描分析。

1. XRD 分析

$TiB_2/WC/h\text{-}BN$ 纳微米复合梯度自润滑陶瓷刀具材料的 XRD 衍射图谱如图 4-10 所示。

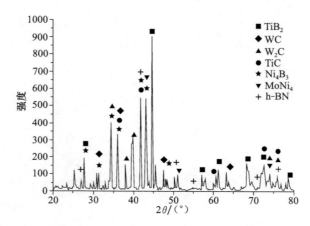

图 4-10　TiB$_2$/WC/h-BN 纳微米复合梯度自润滑陶瓷刀具材料的 XRD 分析

　　TiB$_2$/WC/h-BN 纳微米复合梯度自润滑陶瓷刀具材料的主晶相为 TiB$_2$、WC、h-BN，同时还有生成物 TiC、W$_2$C、Ni$_4$B$_3$ 和 MoNi$_4$。这是由于刀具材料中添加了少量的烧结助剂 Ni 与基体 TiB$_2$ 和增强剂 WC 发生了化学反应生成 TiC、W$_2$C 和 Ni$_4$B$_3$；烧结助剂 Ni 和 Mo 在热压烧结过程中产生 MoNi$_4$ 固溶体。但是，这种轻微的界面反应可以改善陶瓷材料的烧结性能，提高刀具材料的力学性能。

　　2. 能谱分析

　　采用 SUPRA™ 55 热场发射扫描电子显微镜及其附带的能谱仪在 TiB$_2$/WC/h-BN 纳微米复合梯度自润滑陶瓷刀具材料断面处进行元素扫描分析，最小扫描面积为 $(10 \times 10) \mu m^2$。如图 4-11 所示，在纳微米复合梯度自润滑陶瓷刀具材料断面处选取三个点进行元素扫描分析。在谱图 1[图 4-11(a)]处，主要析出了 B 元素和 N 元素，其中 B 的原子分数为 59.55％，N 的原子分数为 34.62％，结合 XRD 衍射分析结果基本上可以确定谱图 1 处片状结构的晶体为固体润滑剂 h-BN，h-BN 分布均匀，结构完整，未发生化学反应；在谱图 2[图 4-11(b)]处，主要析出了 B 元素和 Ti 元素，其中 B 的原子分数为 83.41％，Ti 的原子分数为 15.7％，结合 XRD 衍射分析结果可以确定纳微米复合梯度自润滑陶瓷刀具材料的基体为 TiB$_2$ 颗粒，TiB$_2$ 颗粒分布均匀，晶界明显；在谱图 3[图 4-11(c)]处，主要元素为 B 元素、W 元素和 Ti 元素，其中 B 的原子分数为 52.25％，W 的原子分数为 21.31％，Ti 的原子分数为 15.18％，还有一些含量较少的 C 元素、Ni 元素和 Mo 元素，结合 XRD 分析结构可知，在 TiB$_2$ 和 WC 的界面处，发生了轻微的化学反应，导致 WC 晶体的界面不明显，在 TiB$_2$ 颗粒之间含有 Ni、Mo 和 WC。这种轻微的化学反应对材料的整体性能影响微乎其微。

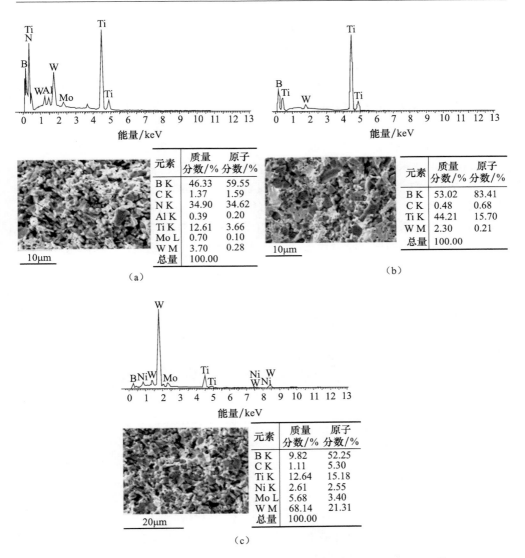

图 4-11　纳微米复合梯度自润滑陶瓷刀具材料断面处的元素扫描图谱

3. 线扫描分析

由于采用 $TiB_2/WC/h\text{-}BN$ 纳微米复合梯度自润滑陶瓷刀具材料的组分是沿材料厚度方向变化的,采用 Shimadzu EPMA-1600 电子探针 X 射线显微分析仪对材料进行元素线扫描分析。由于纳微米复合梯度自润滑陶瓷刀具材料是对称型结构,在材料横剖面上沿垂直于梯度层的方向,从刀具材料的一侧开始,扫描 2mm 的距离,由于 TiB_2 和 h-BN 中都含有 B 元素,仅观察 N 元素、W 元素和 Ti 元素的计数强度变化趋势是否与理论设计相符合。

　　图 4-12 为纳微米复合梯度自润滑陶瓷刀具材料线扫描图谱。由图 4-12(a)可见，随着扫描距离的增加，N 元素的计数强度逐渐降低，与 h-BN 在纳微米复合梯度自润滑陶瓷刀具材料中的体积分数由表层到中间层从 10％逐渐减少相符合；由图 4-12(b)可见，随着扫描距离的增加，W 元素的计数强度逐渐降低，与 WC 在材料中的体积分数由表层到中间层从 15％逐渐减少到 10％的趋势相符合；由图 4-12(c)可见，Ti 元素的计数强度逐渐增加，与 TiB$_2$ 在材料中的体积分数由表层到中间层从 70％逐渐增加到 85％的趋势相符合，试验结果与理论设计完全相符合。试验表明，首先，采用叠层法装料烧结制备的纳微米复合梯度自润滑陶瓷刀具材料可以实现固体润滑剂 h-BN 由表层到中间层逐渐减少的梯度变化，有利于提高刀具材料的力学性能；其次，增强剂 WC 的梯度变化，也可以实现材料热膨胀系数的梯度变化，有利于改变刀具材料表面的残余应力状态，提高刀具材料的力学性能和刀具的使用寿命。

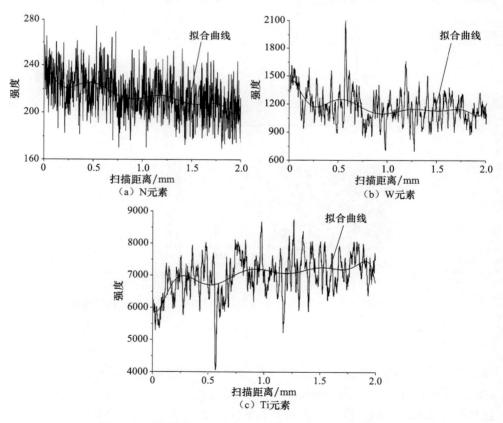

图 4-12　纳微米复合梯度自润滑陶瓷刀具材料线扫描图谱

4.2.4　纳微米复合梯度自润滑陶瓷刀具材料的微观结构

1. 纳米 TiB_2 对显微结构的影响

图 4-13 为 5 层的 $TiB_2/WC/h\text{-}BN$ 微米梯度自润滑陶瓷刀具材料 TW2 的断口形貌 SEM 照片。由图可见，图 4-13(a)中 h-BN 的体积分数最大，片状结构的固体润滑剂 h-BN 颗粒分布均匀，TiB_2 颗粒平均尺寸为 $2\sim3\mu m$，材料中存在较多的气孔，这是由于各向异性的片状 h-BN 与 TiB_2 颗粒的结合较弱，h-BN 会形成支架结构，使得烧结过程中液相形成后，颗粒之间的滑动、旋转和重排受到阻碍，影响了自润滑陶瓷材料的致密化；图 4-13(b)中含有少量的 h-BN，TiB_2 颗粒的尺寸变小；图 4-13(c)中间层中没有 h-BN，TiB_2 颗粒的尺寸最小，为 $1\sim2\mu m$。随着固体润滑剂 h-BN 体积分数的减少，TiB_2 晶粒尺寸逐渐减小，气孔也逐渐地减少，材料越来越致密。刀具材料的断口处有明显的晶粒拔出后形成的凹坑和晶粒断裂后形成的波纹状或条形状组织结构，属于典型的穿晶/沿晶断裂的混合型模式。

(a) 10% h-BN　　　　　　　　　　(b) 5% h-BN

(c) 0% h-BN

图 4-13　TW2 的断口形貌 SEM 照片

图 4-14 为 5 层的 $TiB_2/WC/h-BN$ 纳微米复合梯度自润滑陶瓷刀具材料 TN2 ($n=1.0$)的断口形貌 SEM 照片。可见,纳微米复合梯度自润滑陶瓷刀具材料由表层到中间层,随着固体润滑剂 h-BN 体积分数的减少,SEM 照片中片状结构的 h-BN 越来越少;片状结构的 h-BN 生长完整,分布均匀;TiB_2 颗粒分布均匀,无团聚现象,随着固体润滑剂 h-BN 体积分数的减少,气孔逐渐减少,TiB_2 颗粒尺寸逐渐减小,由 $2\sim3\mu m$ 减小到 $1\sim2\mu m$。与图 4-13 中 TW2 相比,TN2 的表层 TiB_2 颗粒尺寸较小,这表明纳米 TiB_2 颗粒的添加,可以有效地抑制 TiB_2 晶体的生长,提高材料的性能。

（a）10% h-BN　　　　　　　　　（b）5% h-BN

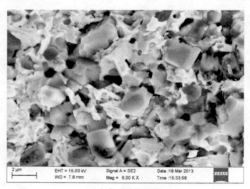

（c）0% h-BN

图 4-14　TN2($n=1.0$)的断口形貌 SEM 照片

在图 4-14 中,纳微米复合梯度自润滑陶瓷刀具材料的断口处有明显的晶粒拔出后形成的凹坑和晶粒断裂后形成的波纹状或条形状组织结构,属于典型的穿晶/沿晶断裂的混合型模式。这种混合型断裂模式有利于提高刀具材料的断裂韧性。

2. 分布指数对显微结构的影响

与图 4-14 相比,图 4-15 中 5 层的 TN2($n=1.1$)的晶体更加致密,气孔更少。

由图 4-15(a)可见,片状结构的固体润滑剂 h-BN 颗粒分布均匀,由于各向异性的片状 h-BN 颗粒与 TiB_2 颗粒的结合较弱,没有形成明显的晶界,材料中存在较多的气孔,影响了自润滑陶瓷材料的致密化;图 4-15(b)中,h-BN 的体积分数减少,气孔也减少;图 4-15(c)中,中间层没有 h-BN,TiB_2 颗粒分布均匀,平均尺寸为 $1\mu m$ 左右。随着固体润滑剂 h-BN 体积分数的减少,TiB_2 晶粒尺寸逐渐减小,气孔也逐渐减少,材料越来越致密。刀具材料的断口处有明显的晶粒拔出后形成的凹坑和晶粒断裂后形成的波纹状或条形状组织结构,属于典型的穿晶/沿晶断裂的混合型模式。

(a) 10% h-BN
(b) 5% h-BN
(c) 0% h-BN

图 4-15　TN2($n=1.1$)的断口形貌 SEM 照片

与 5 层的 TN2($n=1.1$)相比,图 4-16 中 5 层的 TN2($n=1.2$)中气孔增多,但少于 TN2($n=1.0$),材料致密降低。由图 4-16(a)可见,片状结构的固体润滑剂 h-BN 颗粒分布均匀,但是 TiB_2 晶体的晶界不明显;图 4-16(b)中,h-BN 的体积分数减少,气孔也减少;图 4-16(c)中,中间层没有 h-BN,TiB_2 颗粒分布均匀,与 TN2($n=1.0$)和 TN2($n=1.1$)相比,中间层气孔较多。随着固体润滑剂 h-BN 体积分数的减少，TiB_2 晶粒尺寸逐渐减小，气孔也逐渐地减少，材料越来越致密。刀具材料的断口处有明显的晶粒断裂后形成的波纹状或条形状组织结构，还有少量的晶粒拔出后形成的凹坑，属于穿晶/沿晶断裂的混合型模式。

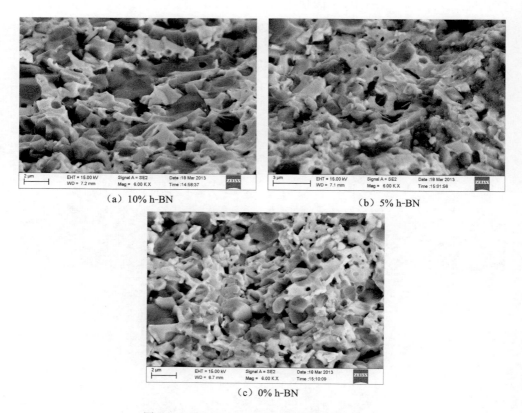

（a）10% h-BN　　　　　　　　　　　　　　　（b）5% h-BN

（c）0% h-BN

图 4-16　TN2(n＝1.2)的断口形貌 SEM 照片

3. 层数对显微结构的影响

图 4-17 为 7 层的 TiB_2/WC/h-BN 纳微米复合梯度自润滑陶瓷刀具材料 TN3（n＝1.1）的断口形貌 SEM 照片。可见，当纳微米复合梯度自润滑陶瓷刀具材料中固体润滑剂 h-BN 的体积分数大于 6.7％时，材料中有较大的 TiB_2 颗粒，TiB_2 颗粒的平均尺寸为 2～3μm，片状结构的 h-BN 生长完整，分布均匀；随着固体润滑剂 h-BN 体积分数的减少，气孔逐渐减少，TiB_2 颗粒尺寸逐渐减小，由 2～3μm 减小到 1～2μm。在断口处有明显的晶粒拔出后形成的凹坑和晶粒断裂后形成的波纹状或条形状组织结构，属于典型的穿晶/沿晶断裂的混合型模式。

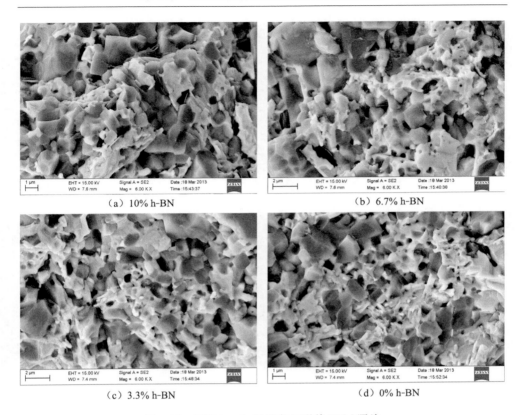

图 4-17 TN3(n=1.1)的断口形貌 SEM 照片

图 4-18 为 9 层的 TiB_2/WC/h-BN 纳微米复合梯度自润滑陶瓷刀具材料 TN4 (n=1.1)的断口形貌 SEM 照片。TN4 的显微结构与 TN3 相似,但 TiB_2 颗粒的平均尺寸略大于 TN3,与其较低的力学性能相符合。

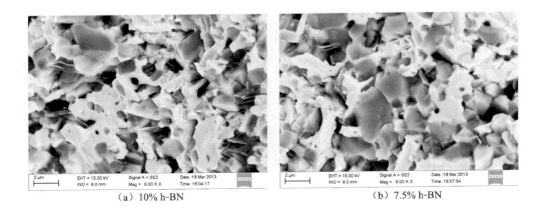

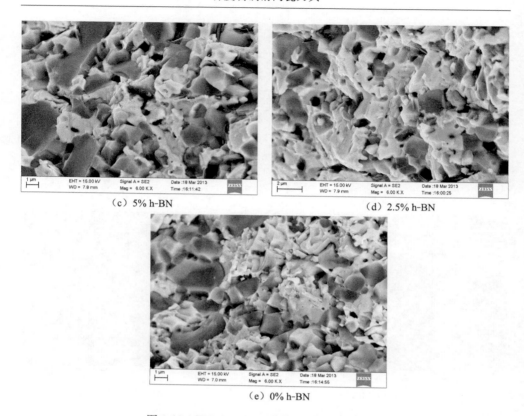

（c）5% h-BN　　　　　　　　　　　（d）2.5% h-BN

（e）0% h-BN

图 4-18　　TN4(n=1.1)的断口形貌 SEM 照片

4. 纳米 TiB$_2$ 的显微结构

纳微米复合梯度自润滑陶瓷刀具材料中纳米 TiB$_2$ 颗粒如图 4-19 所示，纳米

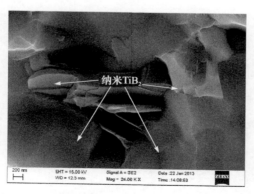

图 4-19　　纳微米复合梯度自润滑陶瓷刀具材料中纳米 TiB$_2$ 颗粒的 SEM 照片

TiB_2 颗粒均匀分布在微米 TiB_2 颗粒内部或晶界上，无团聚现象。纳米 TiB_2 颗粒的添加，可以有效地提高 TiB_2 纳微米复合梯度自润滑陶瓷刀具材料的烧结性能和力学性能。

5. 分布指数对横剖面显微结构的影响

图 4-20 为 5 层的微米复合梯度自润滑陶瓷刀具材料 TN2 横剖面的 SEM 照片，可见随着分布指数 n 的增加，中间层厚度越来越大，与第 2 章的设计理论相符合。一方面，随着中间层厚度的增加，表层厚度减小，纳微米复合梯度自润滑陶瓷刀具材料中固体润滑剂 h-BN 总含量逐渐减少，刀具材料的力学性能越来越好；另一方面，随着中间层厚度的增加，刀具材料内部的残余应力增加，不利于力学性能的提高。因此，既要合理选择微米复合梯度自润滑陶瓷刀具材料的分布指数 n，确保刀具材料的力学性能，又要保证固体润滑剂 h-BN 的体积分数能够在切削过程中形成润滑膜。

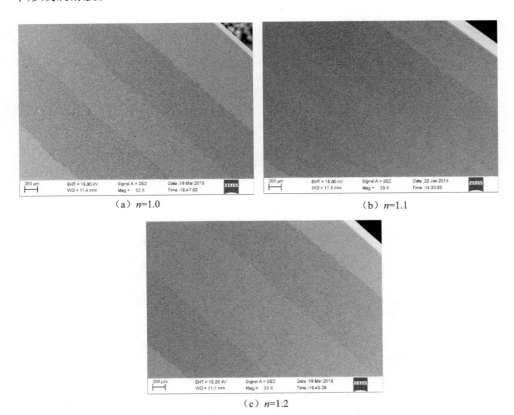

（a）n=1.0　　　　　　　　　　（b）n=1.1

（c）n=1.2

图 4-20　纳微米复合梯度自润滑陶瓷刀具材料 TN2 横剖面的 SEM 照片

6. 材料的压痕扩展形貌

纳微米复合梯度自润滑陶瓷刀具材料的断裂模式为典型的穿晶/沿晶断裂的混合型模式,这种混合型断裂模式有利于提高刀具材料的断裂韧性。这种增韧机理主要包括裂纹偏转、裂纹桥联和裂纹分支。裂纹偏转是一种裂纹扩展的尖端效应,当压痕裂纹的前端遇到某一显微结构单元时会发生倾斜或者偏转的现象,压痕裂纹的扩展路径呈现锯齿状。裂纹桥联也是一种裂纹扩展的尖端效应,压痕裂纹扩展过程中经过的晶粒把裂纹桥接起来并且在压痕裂纹的表面形成闭合应力,如同在压痕裂纹的两边搭起一座小桥,将压痕裂纹的两边连接在一起,抵消了部分裂纹的表面闭合应力,从而可以阻止压痕裂纹的扩展。裂纹分支是在压痕裂纹生成或者延伸的过程中形成的次生裂纹的现象。

图 4-21(a)为 $TiB_2/WC/h-BN$ 纳微米复合梯度自润滑陶瓷刀具材料表面的压痕裂纹扩展形貌中的裂纹偏转。当压痕裂纹扩展遇到增强相 WC 时会发生偏转,在 TiB_2 基体中的延伸,也会发生裂纹偏转。这种裂纹偏转能较好地抵抗裂纹的扩展能力,提高材料的断裂韧性。图 4-21(b)为 $TiB_2/WC/h-BN$ 纳微米复合梯度自润滑陶瓷刀具材料表面的压痕裂纹扩展形貌中的裂纹桥联,有利于提高材料的韧性。当压痕裂纹在自右向左扩展的过程中遇到增强相 WC 时会形成裂纹桥联,较多的裂纹桥联组合在一起将压痕裂纹缝合在一起,可以显著地阻碍压痕裂纹的扩展,抵消压痕裂纹的表面闭合应力,提高纳微米复合梯度自润滑陶瓷刀具材料的韧性。图 4-21(c)为 $TiB_2/WC/h-BN$ 纳微米复合梯度自润滑陶瓷刀具材料表面的压痕裂纹扩展形貌中的裂纹分支。压痕裂纹在自右向左扩展的过程中,在延伸方向的旁边形成一条较小的次生裂纹,或者在压痕裂纹的尖端形成分叉,衍生成两条细小的次生裂纹。次生裂纹的生成可以消耗部分断裂能,阻碍压痕裂纹的扩展,提高纳微米复合梯度自润滑陶瓷刀具材料的韧性。

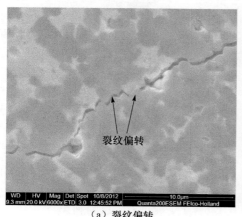
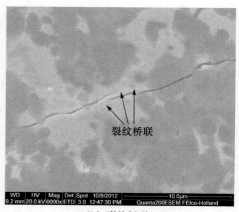

　　　　（a）裂纹偏转　　　　　　　　　　　　　　（b）裂纹桥联

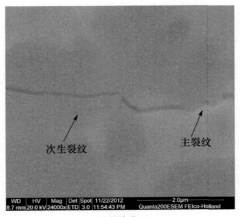

（c）裂纹分叉

图 4-21　TN2 压痕裂纹扩展形貌的 SEM 照片

4.2.5　纳微米复合梯度自润滑陶瓷刀具材料的残余应力测试与分析

1. 残余应力的测试方法

采用 2.3.1 节中的残余应力测试方法,在纳微米复合梯度自润滑陶瓷刀具材料的各层共进行多次压痕,其中每层至少 5 个压痕,压痕的位置要尽量靠近材料长度中间,避开应力突变区,以减小误差。同时,压痕的对角线应平行或者垂直于刀具材料的层界面,如图 4-22(a)所示。图 4-22(b)为测量压痕的 SEM 照片,压痕均匀地分布在刀具材料的横剖面表面,刀具材料每层层内和层界面处都有压痕,压痕的长度通过光学显微镜进行测量。

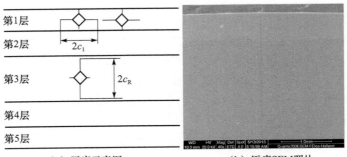

（a）压痕示意图　　　　　　　　（b）压痕 SEM 照片

图 4-22　刀具横剖表面的压痕形貌

2. 残余应力的结果分析

表 4-7　材料的残余应力

压痕轴向位置 /mm	压痕长度 $2a$/mm	压痕裂纹长度 $2c_1$/mm	压痕裂纹长度 $2c_R$/mm	压痕裂纹法 /MPa	有限元法 /MPa
0.2500	0.0960	0.2970	0.2050	−156.716	−180.8
0.3333	0.0950	0.2964	0.1933	−197.186	−189.56
0.5000	0.0898	0.2281	0.1853	−162.97	−192.9
0.5833	0.0947	0.2236	0.2016	−128.37	−185.45
0.6667	0.0900	0.2162	0.2104	−55.25	−137.99
0.8333	0.0888	0.1974	0.1952	−14.82	−55.213
1.0000	0.0802	0.1776	0.1791	−7.28	13.038
1.2500	0.0828	0.2109	0.2170	7.56	15.593
1.5000	0.8390	0.1841	0.1978	17.13	10.927
1.7500	0.0766	0.1834	0.2194	52.9182	79.694
2.1667	0.0763	0.1790	0.2149	132.39	183.86
2.5000	0.0756	0.1899	0.2203	141.77	182.49
2.8333	0.0801	0.1859	0.1972	130.5	183.86
3.2500	0.0787	0.1928	0.1991	45.37	79.668
3.5000	0.0798	0.1965	0.2007	24.2	10.938
3.7500	0.7890	0.1967	0.1982	15.32	15.607
4.0000	0.0793	0.1796	0.1814	5.65	13.011
4.1667	0.0777	0.1988	0.1938	−8.83	−55.239
4.3333	0.0867	0.1714	0.1563	−22.94	−138.03
4.4167	0.0965	0.2354	0.1867	−90.15	−185.48
4.5000	0.0924	0.2074	0.1648	−129.102	−192.88
4.6667	0.0953	0.2695	0.1808	−213.848	−189.54
4.7500	0.0950	0.2793	0.1933	−176.639	−180.78

　　平行于层面的压痕长度 c_1 和垂直于层面的压痕长度 c_R 列于表 4-7 中。根据残余应力的计算公式，将压痕和裂纹长度代入式（2-24）和式（2-25）中即可计算出纳微米复合梯度自润滑陶瓷刀具材料的残余应力。压痕裂纹法和有限元法计算的残余应力值见表 4-7，采用有限元法计算的残余压应力最大值为 191MPa，残余拉应力最大值为 184MPa，而压痕裂纹法计算的残余压应力最大值为 214MPa，残余拉应力最大值为 142MPa。压痕裂纹法和有限元法计算的残余压应力值相差 12%，残余拉应力值相差 23%。这种较大的误差可能是由打压痕时的试验误差造成的，如压痕的扩展不是完全按照平行或垂直于层面进行。

　　压痕裂纹法与有限元法计算的残余应力对比如图 4-23 所示，通过压痕裂纹法测量结果与有限元法计算结果的对比可以发现,无论是残余压应力还是残余拉应力,压痕裂纹法测量的结果总是略小于有限元法的计算结果,这可能是试验误差造成的;两条曲线都有明显的阶梯变化,关于中间层呈对称分布,且呈现先上升后下降的趋势;刀具材料的表层都存在残余压应力,中间层存在残余拉应力。总体上,压痕裂纹法与有限元法具有相似的应力分布趋势,因此通过梯度设计的刀具材料中确实存在残余应力,尤其是表面存在残余压应力,在进行切削试验时,可以抵消部分切削力,有利于提高刀具的切削性能。

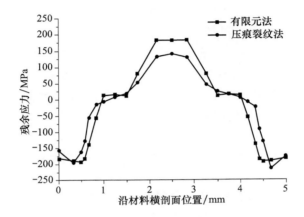

图 4-23　压痕裂纹法与有限元法计算的残余应力对比

第5章　纳米固体润滑剂与梯度设计协同
改性陶瓷刀具材料

本章提出以纳米固体润滑剂作为陶瓷刀具添加相,研究纳米固体润滑剂对陶瓷刀具力学性能的影响;通过化学法制备出粒度均匀、分散性良好的纳米固体润滑剂CaF_2;然后将纳米CaF_2引入陶瓷刀具的材料体系中,采用真空热压烧结工艺制备出纳米固体润滑剂改性陶瓷刀具;研究纳米CaF_2在陶瓷刀具材料体系中的添加方式、CaF_2的尺度和纳米CaF_2的体积分数对纳米固体润滑剂改性陶瓷刀具的微观结构和力学性能的影响;并且,采用纳米固体润滑剂与梯度设计协同改性自润滑陶瓷刀具,研制兼顾表层良好的润滑效果和内层良好的力学性能的新型自润滑陶瓷刀具。

5.1　纳米固体润滑剂改性陶瓷刀具材料的设计与制备

5.1.1　纳米固体润滑剂改性陶瓷刀具材料的设计原则

刀具的切削润滑主要是基于两种原理:一是采用流体润滑,利用流体的压力使摩擦表面分离而避免摩擦;二是采用固体润滑剂在摩擦表面拖覆形成润滑膜,保护摩擦副,降低摩擦系数与磨损。首先,流体润滑已经难以适应高速干切削加工中的高速、高温等严苛环境;其次,由于传统固体润滑剂尺度的限制,需要拖覆成膜后才具有润滑作用,而这时已经产生了磨损;最后,以传统的微米尺度固体润滑剂作为添加相,加入刀具中会影响其力学性能。

在干切削条件下,由于缺少切削液的润滑和冷却作用,刀具与工件、刀具与切屑之间的摩擦加剧,切削力增大,切削热激增,切削温度急剧升高,极易引起刀具寿命的下降及加工表面质量的恶化。自润滑陶瓷刀具中的固体润滑剂可以有效地改善干切削时的摩擦状态,降低摩擦系数,减小切削力,促进排屑,降低切屑变形及黏结,有利于缓解高速切削造成的切削温度快速上升,保证刀具的耐用性。但是,由于固体润滑剂本身力学性能较低,且与刀具材料的物理化学相配性存在差异,固体润滑剂的加入除了对切削过程的润滑作用外,对力学性能的降低也需要着重考虑。在已有的研究中,尚没有添加固体润滑剂可以保证力学性能不降低的研究成果出现。

综上所述,陶瓷刀具的润滑设计要求是在不降低或少降低力学性能的基础上,满足干切削加工对润滑的要求。那么,采用纳米固体润滑剂对陶瓷刀具进行改性必须遵循以下几个基本原则:

（1）纳米固体润滑剂不与基体材料发生反应；

（2）固体润滑剂不因尺度降低到纳米级而失去润滑作用；

（3）纳米固体润滑剂应具有良好的分散性，不能在材料制备过程中发生团聚而失去纳米效应；

（4）与刀具的附着性强，而与工件的附着性弱；

（5）对切削加工过程和环境没有污染。

5.1.2　纳米固体润滑剂改性陶瓷刀具材料的材料体系

1. 基体材料

众多研究结果表明，以微米 Al_2O_3 粉末为基体，添加纳米颗粒能形成晶内型纳米结构；同时，Al_2O_3 是主要的陶瓷刀具基体相之一，制成的陶瓷刀具具有良好的高温切削性能。这些对于实现本研究的目标具有重要意义，所以本研究选择以 Al_2O_3 为刀具的基体材料。

2. 纳米固体润滑剂

固体润滑剂之所以具有润滑效果，是因为它具有以下两种基本特性：①易剪切性。只有较低的剪切强度，才能缓解摩擦力的作用，降低摩擦热，减小摩擦系数。②时效性长。时效性要求固体润滑剂在摩擦开始到结束的整个范围内具有润滑作用，不会因为摩擦热或摩擦力的作用失去润滑作用。选择纳米固体润滑剂首先要保证传统的固体润滑剂进入纳米尺度后仍然具有以上两种特性。

固体润滑剂包括层状固体润滑剂和非层状固体润滑剂。图 5-1 和图 5-2 分别给出了层状固体润滑剂石墨和非层状固体润滑剂 CaF_2 的晶体结构图。

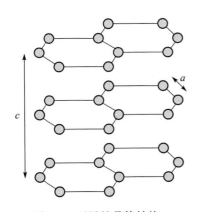

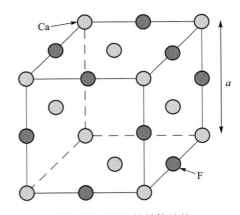

图 5-1　石墨的晶体结构

（$a=0.246nm, c=0.667nm$）

图 5-2　CaF_2 的晶体结构

（$a=0.558nm$）

1）层状固体润滑剂

层状固体润滑剂包括原子与原子结合的基础面和层与层排列的棱面两部分，润滑作用是由于层与层之间的低剪切强度，摩擦时产生滑移而具有润滑作用。层状固体润滑存在三方面的特性：①由于层与层之间的距离很小，如图 5-1 所示，石墨的层间距为 0.667nm，一般来讲，石墨进入纳米尺度后仍然可以存在几个到几十个层状结构；②层状固体润滑剂基础面的能量远低于棱面，摩擦时润滑作用的主体为基础面，尺度降低客观上增大了棱面与基础面之比；③润滑的过程通常伴随基础面的损失。

研究发现，润滑作用的实现并非是固体润滑剂逐层磨损的过程。$1\mu m$ 的 MoS_2 涂层中约有 1667 个层-层结构，但在氮气条件下可以承受 500 万次的摩擦，这表明尺度在某一范围内的下降，不会削弱固体润滑剂的润滑特性。但令人遗憾的是，当层状固体润滑剂尺度进入纳米级后，润滑效果可能发生改变，如石墨逐层剥离后的石墨烯虽然仍具有层状结构，但有研究成果表明石墨烯含量的增加对材料并没有减摩作用，并且当温度升高到 300℃，石墨烯就开始氧化，耐磨性变差。另外，纳米固体润滑剂的小尺寸效应使基础面上的原子数量激增，基础面与棱面的能量差减小，可能导致润滑效果变差。Chen 的研究结果表明，石墨烯纳米薄片的抗剪切强度较高，这将导致其润滑特性失去或降低。

虽然纳米尺度层状固体润滑剂的润滑机理研究尚不充分，但石墨烯的部分研究工作已经表明，其润滑特性与传统尺度的层状固体润滑剂有所不同。基于以上分析，本书不采用纳米尺度的层状固体润滑剂。

2）非层状固体润滑剂

非层状固体润滑剂的润滑作用主要是因为晶体结构中存在易滑移面，如 CaF_2 的（111）晶面滑移。同时，如图 5-2 所示，CaF_2 晶胞约为 0.558nm，只要纳米 CaF_2 的尺度高于 0.558nm，润滑作用就不会失效。随着材料科学的进步，一些纳米尺度的纤维和管状新材料也表现出良好的减摩效果。Puchy 的研究结果表明，添加碳纳米管的 Al_2O_3 陶瓷材料的摩擦系数仅为纯氧化铝陶瓷的 1/3。Ahmad 将碳纳米管引入 Al_2O_3 陶瓷中，结果发现含有 10%（质量分数）的碳纳米管时，摩擦系数降低了 80%。

尽管非层状固体润滑剂不受纳米尺度的影响，但也并非都能应用于陶瓷刀具中。首先，在陶瓷刀具中使用纳米金属固体润滑剂存在以下几个问题：润滑作用适应温度低，切削易产生高温失效；与加工工件具有亲和性，容易发生黏结而形成磨损；导致陶瓷刀具的高温性能变差；纳米金属制备要求高、价格昂贵。其次，碳纳米管在空气中容易发生氧化失效。由此可见，纳米金属和碳纳米管均不适于用作陶瓷刀具的固体润滑剂。

除对环境有污染的氧化铅等，其他具有润滑作用的氧化物和氟化物都可作为纳米固体润滑剂。但仍需要进一步考虑：①熔点。较高的熔点可扩大纳米固体润滑剂的使用温度范围。②热膨胀系数。通过研究润滑相在高温环境下的作用机理发现，较高的热膨胀系数使自润滑陶瓷刀具中的固体润滑剂与基体的结合面上存在拉应力，结合较弱，在摩擦过程中更容易在摩擦力和摩擦热的作用下进入摩擦面。

　　比较其他固体润滑剂发现，CaF_2 是一种已经在陶瓷材料、硬质合金和铝合金等中获得研究与应用的固体润滑材料，所以本书采用纳米尺度的 CaF_2 作为研究对象。

5.1.3　纳米固体润滑剂对陶瓷刀具材料力学性能影响的理论计算

　　固体润滑剂的低硬度和易剪切性对陶瓷材料力学性能的伤害很大，但近年来，随着材料科学的进步，传统的固体润滑剂进入纳米尺度后已经表现出良好的增韧效果。纳米金属、碳纳米管、石墨烯、纳米金属间化合物等已应用于陶瓷材料研究中，如 nano-Cu/Al_2O_3、多壁 BN 纳米管/3Y-TZP、FeSi/Si_3N_4、石墨烯/ZTA、石墨烯/Al_2O_3、石墨烯/Si_3N_4、层状 Ti_3SiC_2/Al_2O_3 和 Cr_2AlC/Al_2O_3 等。Bartolomé 制备了 Al_2O_3/ZrO_2/Nb 多尺度多相复合陶瓷-金属材料，结果表明，平板状的 Nb 可以增大临界裂纹扩展驱动力，并具有残余应力增韧作用。Rattanachan 制备的 $BaTiO_3$/Al_2O_3 复合陶瓷材料中，$BaTiO_3$ 在 Al_2O_3 基体中产生各向异性的增韧效果。Zhang 等制备的 SiC/BN 复合陶瓷材料中，具有各向异性的层结构的 BN 在材料中均匀分布，阻碍原子扩散和细化晶粒。Chen 认为石墨烯纳米薄片的增韧机制为裂纹偏转、裂纹桥接、裂纹分支和拉拔作用。采用纳米金属相作为添加相则可以显著改善陶瓷材料的烧结性能、致密性和力学性能等。Liu 等提出了一种纳米金属粒子对陶瓷的增韧模型，当裂纹尖端穿过纳米金属粒子的晶界时，会产生裂纹屏蔽作用而具有增韧作用。Feng 等认为纳米金属粒子的旋转变形和裂纹尖端的位错作用是纳米金属陶瓷增韧的主要原因，同时认为纳米晶体材料的断裂韧性与晶粒尺寸密切相关。由此可见，将纳米固体润滑剂引入陶瓷刀具中除具有润滑效果外，还具有增韧前景。

　　纳米颗粒增韧机理包括晶内纳米相产生的残余应力增韧、微裂纹增韧、位错作用和晶界钉扎作用等。纳米固体润滑剂的强度较低，不具备钉扎晶界的特性，所以仅研究其位于基体晶粒内部形成晶内型纳米结构的情况。晶内型纳米结构如图 5-3 所示。

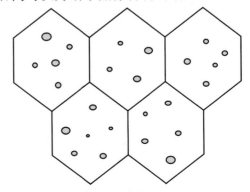

图 5-3　晶内型纳米结构示意图

本节主要研究纳米固体润滑剂位于基体晶粒内部形成晶内型纳米结构时对力学性能的影响,如弹性模量、抗弯强度、断裂韧性和硬度等。

1. 弹性模量

陶瓷材料为脆性材料,在室温下承受载荷几乎不产生塑性变形,而是在发生弹性变形的范围内就已经断裂破坏。因此,陶瓷材料的弹性性能尤为重要。复合陶瓷的两个经典弹性模量计算模型包括 Voigt 模型和 Reuss 模型。

1) Voigt 模型

Voigt 模型是等应变模型,即假设复合材料在变形过程中两相具有相等的应变。此时,复合材料的力学性能可用各组成相的力学性能和体积分数来表达,这一模型常称为经典的线性混合物法则:

$$E_1 = E_p V_p + E_m V_m \tag{5-1}$$

式中,E_1 为晶内型纳米复合陶瓷的等效弹性模量;E_p 为纳米颗粒的弹性模量,E_m 为基体的弹性模量;V_p 为纳米相的体积分数,V_m 为基体的体积分数。

2) Reuss 模型

Reuss 模型是等应力模型,即假设复合材料在变形过程中两相具有相等的应力。复合陶瓷的总应变为各相的应变之和,等效弹性模量可根据 Reuss 模型计算:

$$\frac{1}{E_2} = \frac{V_q}{E_q} + \frac{V_m}{E_m} \tag{5-2}$$

式中,E_2 为复合陶瓷的等效弹性模量;E_q 为纳米颗粒的弹性模量,E_m 为基体的弹性模量;V_q 为纳米相的体积分数,V_m 为基体的体积分数。

在纳微米复合陶瓷体系中,若添加纳米颗粒并使其位于基体晶粒内部,受应力作用时可认为纳米颗粒的应变等于基体,复合材料的等效弹性模量根据 Voigt 模型进行计算;若添加微米颗粒或纳米颗粒位于晶间,纳微米相均匀分布且受到相同的应力,而由于弹性模量的差异发生不同的应变,复合材料的等效弹性模量根据 Reuss 模型进行计算。由此可见,当添加相位于晶内或晶间对复合陶瓷等效弹性模量的影响可分别依据 Voigt 模型和 Reuss 模型进行计算。

图 5-4 给出了以 Al_2O_3 为基体,添加相体积分数为 10% 时,添加相的弹性模量对复合陶瓷材料等效弹性模量的影响。Al_2O_3 和添加相的弹性模量如表 2-1、表 2-3、表 4-1 和表 5-1 所示。

表 5-1 原材料的物性参数

组元	热导率 $k/[W/(m \cdot K)]$	密度 $\rho/(g/cm^3)$	弹性模量 E/GPa	泊松比 ν	热膨胀系数 $\alpha/(10^{-6}K^{-1})$
ZrO_2	2.0	5.85	190	0.3	9.7
TiN	19.26	5.4	590	0.22	9.35
Ti(C,N)	21.26	5.15	521	0.21	8.61

如图 5-4 所示,当纳米颗粒位于基体晶粒内部时,Al_2O_3 复合陶瓷材料的等效弹性模量均高于纳米颗粒位于晶间或添加微米颗粒(同相材料除外)时。并且当添加相的弹性模量小于基体相时,晶内型结构的材料等效弹性模量提高程度更高。例如,$(W,Ti)C$ 的弹性模量约为基体 Al_2O_3 的 1.45 倍,其位于晶内时的等效弹性模量仅比位于晶间高约 1.5%;而 ZrO_2 的弹性模量仅为基体 Al_2O_3 的 50%,其位于晶内时的等效弹性模量比位于晶间高约 4.5%。对于弹性模量较低的纳米CaF_2,位于晶内比位于晶间的等效弹性模量增加更多。

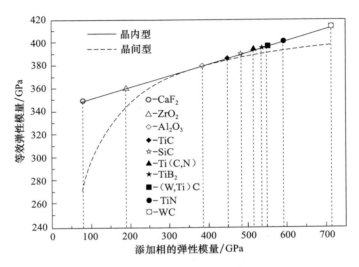

图 5-4　Al_2O_3 复合陶瓷材料的等效弹性模量随添加相弹性模量的变化

图 5-4 还表明,当纳米添加相的弹性模量高于基体材料时,晶内型纳米复合材料的等效弹性模量提高幅度较小。但在已报道的纳米复合陶瓷材料中,如 Al_2O_3/SiC_n 系统,力学性能的提高明显高于此计算结果,可以判断位于晶界上的 SiC 晶粒的钉扎作用是力学性能改善的主要原因。有研究表明,加入弹性模量与基体Al_2O_3 相近的 WO_3 后弹性模量变化不大,对烧结性能的改善是力学性能改善的主要原因;加入弹性模量较小的金属相难以形成晶内型纳米结构,对弹性模量伤害较大。

以 Al_2O_3 为基体、TiC 为增强相、纳米 CaF_2 为固体润滑剂的材料体系(ATC$_n$材料)中,当纳米 CaF_2 位于基体晶粒的内部,因其弹性模量小于基体,所以可认为CaF_2 的应变等于基体,复合材料的等效弹性模量可以根据 Voigt 模型进行计算;当添加微米 CaF_2 时(ATC$_\mu$材料),三相均匀分布,受到应力作用时,三相均受到相同的应力,而由于弹性模量的差异发生不同的应变,复合材料的等效弹性模量可以根据 Reuss 模型进行计算。根据式(5-1)和式(5-2),代入 Al_2O_3、TiC 和 CaF_2 的物性参数,分别计算两种陶瓷材料的等效弹性模量随 CaF_2 含量的变化趋势,如图 5-5 所示,Al_2O_3 和 TiC 的体积比保持 1∶1.25。

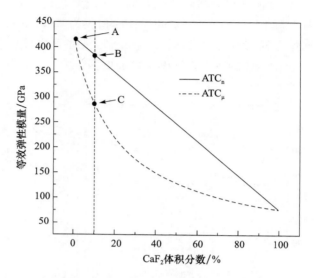

图 5-5　CaF_2 的体积分数对自润滑陶瓷材料等效弹性模量的影响

由图 5-5 可见,与添加微米 CaF_2 相比,添加纳米 CaF_2 并形成晶内型纳米结构对复合陶瓷材料等效弹性模量的降低较小。当纳米 CaF_2 的体积分数为 10% 时,ATC_n 材料的等效弹性模量 E_n(B 点)约为 AT 材料的等效弹性模量 E_0(A 点)的 92.46%;而 ATC_μ 材料的等效弹性模量(C 点)仅为 E_0 的 69.07%。相比于添加微米 CaF_2,添加纳米 CaF_2 时陶瓷材料的等效弹性模量增加了 33.86%。计算结果表明,采用纳米 CaF_2 代替微米 CaF_2 具有显著的改善力学性能的应用前景。

在相同的热压烧结工艺下,分别制备了 ATC_n 材料、ATC_μ 材料和 AT 材料,三者中的 Al_2O_3 和 TiC 的体积比均为 1∶1.25,在 INSTRON-5569 型电子万能材料试验机上采用三点弯曲法测试材料的弹性模量,跨距为 20mm,加载速率为 0.5mm/min。弹性模量通过测量断裂过程中的材料位移变化计算得到,如图 5-6 所示。ATC_n 材料的实际弹性模量约为 375GPa,略低于 AT 材料的 408GPa,对比 ATC_μ 材料则增加了 29.31%。复合陶瓷材料的弹性模量变化与理论计算结果相近。

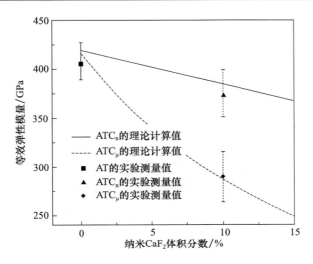

图 5-6　CaF$_2$ 尺度对陶瓷材料弹性模量的影响

2. 抗弯强度

当纳米颗粒位于基体晶粒内部时,为了分析纳米颗粒对陶瓷材料抗弯强度的影响,采用 Awaji 建立的纳微米复合陶瓷材料的同心球模型,内部球代表纳米颗粒,外部球代表基体晶粒,如图 5-7 所示。图中,纳米颗粒与基体之间的热膨胀失配会产生应力集中,最大值出现在两相结合的晶界上,并随与球心距离的增大而迅速降低。

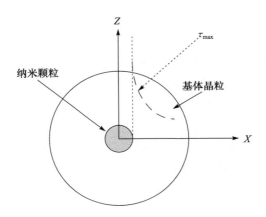

图 5-7　晶内型纳微米复合陶瓷材料的同心球模型

根据 Selsing 的研究,在一个均匀无限大基体中存在第二相颗粒时,它所受到的应力可表示为

$$P = \frac{(\alpha_p - \alpha_m)\theta_0}{\dfrac{1+\nu_m}{2E_m} + \dfrac{1-2\nu_p}{E_p}} \tag{5-3}$$

$$\sigma_r = -2\sigma_m = -P\frac{a^3}{r^3} \tag{5-4}$$

$$\tau_{\max} = \left| \frac{\sigma_r - \sigma_m}{2} \right| \tag{5-5}$$

式中，P 为纳米晶粒内部的等静应力；α_p 和 α_m 分别为第二相和基体材料的热膨胀系数；θ_0 为忽略塑性变形的温度到室温的温差；ν_p 和 ν_m 分别为第二相和基体材料的泊松比；E_p 和 E_m 分别为第二相和基体材料的弹性模量；σ_r 和 σ_m 分别为径向应力与切向应力；a 为第二相颗粒的半径；r 为某点到球心的距离。根据原材料的物性参数，计算可得 ATC_n 材料中的晶内纳米固体润滑剂颗粒与陶瓷基体晶粒之间的残余应力，如表 5-2 所示。

表 5-2　纳米固体润滑剂颗粒与基体晶粒之间的残余应力

材料	σ_r/GPa	σ_m/GPa	$\tau_{\max}$/GPa
Al_2O_3/CaF_2	2.14	−1.07	1.61
TiC/CaF_2	2.42	−1.21	1.82

由表 5-2 可知，在 Al_2O_3/CaF_2 系统中，由于纳米 CaF_2 的热膨胀系数高于 Al_2O_3 基体，在纳米 CaF_2 内部产生等静拉应力，在基体内部产生径向拉应力，其最大值位于纳米颗粒和基体晶粒之间的晶界上。根据 Griffith 关于无限大基体中存在第二相时的应力分布理论，与球心距离为 r 处的应力 σ_{r0} 可由下式计算：

$$\sigma_{r0} = \sigma_r \left(1 - \frac{1}{2}\sqrt{\frac{r-a}{a}} \right) \tag{5-6}$$

由上式可见，应力大小与点到球心的距离密切相关。Selsing 和 Awaji 等的研究结果证明了这一点，图 5-7 也给出了应力随球心距离的变化趋势。由于陶瓷一般为沿晶断裂，根据最弱连接强度理论，晶界的强度决定了陶瓷材料的强度。在纳米复合陶瓷系统中，如果晶界上所受的应力 σ_{r0} 接近或超过晶界强度，当材料受到的外应力接近材料的断裂强度时，裂纹将在晶界处产生，导致材料的强度下降；而如果 σ_{r0} 小于晶界强度，第二相纳米颗粒的存在不会影响晶界的残余应力分布，从而不会影响材料的强度。

根据陶瓷材料抗弯强度 σ_f 和拉伸应力 σ_b 之间的关系：

$$\frac{\sigma_f}{\sigma_b} = \left[\frac{1}{2(m+1)} \right]^{1/m} \tag{5-7}$$

式中，m 为 Weibull 模数。可知，陶瓷材料的抗弯强度低于拉伸强度，考虑纳米 CaF_2 在基体晶粒中产生拉应力和陶瓷晶界缺陷等因素的影响，本节将抗弯强度作为衡量晶界强度的值。在 Al_2O_3/CaF_2 系统中, Al_2O_3 和 CaF_2 晶界处(即最大径向拉应力)的 σ_r 为 2.14GPa,而单晶氧化铝的强度约为 380MPa,代入式(5-6)中计算可得当 $r/a>3.71$ 时,晶界处的应力 $\sigma_{r0}<380$MPa,即由晶内 CaF_2 造成的应力集中在达到其半径 3.71 倍的范围时(即降低到 380MPa),如果基体晶粒的粒径高于晶内 CaF_2 的 3.71 倍,在此条件下晶内 CaF_2 的影响仅限于"包"住 CaF_2 的基体晶粒内部,不会影响材料的强度。按照同心球模型计算此时纳米 CaF_2 颗粒的体积分数 $V_0=1.96\%$,即纳米 CaF_2 的体积分数低于 1.96% 时不会影响 Al_2O_3/CaF_2 系统的强度。

Al_2O_3 复合陶瓷的强度高于纯 Al_2O_3 陶瓷。以 $Al_2O_3/TiC/CaF_2$ 系统为例,晶界强度取试验制备 Al_2O_3/TiC 陶瓷的抗弯强度 729MPa,两者的 Al_2O_3 和 TiC 体积比均为 1:1.25。计算得到 Al_2O_3/CaF_2 系统中 CaF_2 的最大体积分数 $V_1=4.86\%$, TiC/CaF_2 系统中 CaF_2 的最大体积分数 $V_2=3.90\%$。将 Al_2O_3 和 TiC 的体积比和两个系统中 CaF_2 的最大体积分数计算结果代入下式:

$$V=\frac{aV_1+bV_2}{a+b} \tag{5-8}$$

计算可得 $Al_2O_3/TiC/CaF_2$ 系统中 CaF_2 的最大体积分数为 4.33%。虽然复合陶瓷材料抗弯强度的升高是多方面因素的共同作用,但计算结果表明复合陶瓷材料中 CaF_2 的最大体积分数要高于纯 Al_2O_3 陶瓷。

对于添加微米 CaF_2 或纳米 CaF_2 位于晶界的陶瓷材料,由于界面径向应力 2.14GPa(或 2.42GPa)高于 Al_2O_3/TiC 陶瓷的强度,导致裂纹产生,材料的抗弯强度下降。由此可见,改善自润滑陶瓷材料的抗弯强度的必要手段是添加纳米 CaF_2 并使纳米 CaF_2 位于基体晶粒内部。

在此最大体积分数下计算晶界处的剪切应力达到 547MPa,这可能导致晶界处产生位错。一方面,位错的产生可释放部分应变能,从而抑制缺陷或裂纹的形成;另一方面,在受到外力作用发生断裂时,位错可形成纳米级的微裂纹,吸收部分断裂能,这些都可提高复合陶瓷材料的抗弯强度。但是,微裂纹的存在客观上也降低了陶瓷基体的断裂能。若纳米 CaF_2 的体积分数过高,使晶界处的剪切应力高于 Al_2O_3/TiC 陶瓷的强度,位错作用产生的微裂纹过多,微裂纹对断裂能的削弱作用高于增强作用,反而会加快抗弯强度的下降。

3. 断裂韧性

剪切应力产生的位错也具有良好的增韧作用,增韧机制为微裂纹增韧,如式(5-9)所示:

$$K=\varphi\sigma_\theta\sqrt{\pi c} \tag{5-9}$$

式中,K 为应力强度因子,K 增大到断裂韧性 K_{IC} 时会发生断裂;φ 为常数;σ_θ 为外加应力;c 为裂纹尺寸。

在主裂纹扩展过程中,当裂纹尖端到达位错区时易形成许多纳米级的微裂纹,降低了裂纹尺寸。如式(5-9)所示,裂纹尺寸 c 的降低会导致 K 下降,表明微裂纹具有明显的增韧作用。微裂纹的形成过程还具有释放驱动主裂纹扩展的应变能、分散主裂纹的应力集中、增加裂纹扩展路径和提高裂纹扩展阻力的作用,这些也都有利于改善材料的断裂韧性。

在晶内型纳米复合陶瓷材料中,基体与晶内纳米相的热膨胀系数和弹性模量的差异在两相间形成残余应力,从而能够提高陶瓷材料的断裂韧性。加入第二相纳米颗粒产生的应力状态由 α_p/α_m 的值决定。

当 $\alpha_p/\alpha_m < 1$ 时,由式(5-3)和式(5-4)可知 $P < 0$、$\sigma_r < 0$、$\sigma_m > 0$,在纳米颗粒内部产生等静压应力,而在基体中产生径向压应力和切向拉应力。如图 5-8(a)所示,裂纹在两种应力的共同作用下向前扩展,遇到纳米颗粒时会产生两种情况:①外应力较小,则裂纹终止,即裂纹钉扎;②随外应力的增大,裂纹可能沿颗粒与基体之间的界面扩展,即沿晶断裂;③当外应力增大到一定程度,裂纹穿过纳米颗粒导致颗粒开裂,即穿晶断裂。

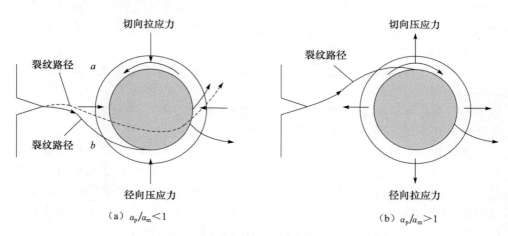

图 5-8　热膨胀失配引起的裂纹扩展路径

当 $\alpha_p/\alpha_m > 1$ 时,根据式(5-3)和式(5-4)可知 $P > 0$、$\sigma_r > 0$、$\sigma_m < 0$,在纳米颗粒内部产生等静拉应力,而在基体中将产生径向拉应力和切向压应力。如图 5-8(b)所示,当裂纹扩展到纳米颗粒时,由于界面处的径向拉应力最高,使裂纹发生偏转并沿颗粒与基体的界面扩展,然后沿原扩展方向传播。可见,当 $\alpha_p/\alpha_m > 1$ 时,由于径向拉应力和切向压应力的共同作用,只要径向拉应力能够保持不导致界面解离的水平,则上述裂纹偏转就与界面结合牢固程度无直接关系。因此,残余应力场所引起的裂纹偏转将产生绝对的增韧效果。

本节研究的 $Al_2O_3/TiC/CaF_{2n}$ 系统就属于 $\alpha_p/\alpha_m > 1$ 类型,所以位于基体晶粒内部的纳米 CaF_2 具有裂纹偏转的增韧机制。

4. 硬度

硬度是表征陶瓷材料抵抗局部应力而产生变形的能力。由于陶瓷为脆性材料,室温下不发生塑性变形,所以陶瓷硬度一般指其抵抗弹性变形的能力。因此,陶瓷的硬度与弹性模量的关系最为密切。

结构陶瓷材料的维氏硬度 H_V 与弹性模量 E 之间的关系大体上呈线性关系,其定量关系式为 $E \approx 20H_V$。此关系在常温和普通尺度下成立,对于本材料,90% 左右的晶粒依然是微米级晶粒,仍然可认为其满足这个公式。由此可见,本节研究的材料硬度变化趋势与前文所述的弹性模量的变化趋势近似相同,加入相同体积含量的纳米 CaF_2 对材料硬度的伤害小于微米 CaF_2。

根据硬度与弹性模量的线性变化关系,若 AT 材料的硬度为 H_{V0},那么 ATC_n 材料的硬度 $H_{V1} = 0.9246H_{V0}$,ATC_μ 材料的硬度 $H_{V2} = 0.6907H_{V0}$。将试验得到的 Al_2O_3/TiC 复合陶瓷材料的硬度 $H_{V0} = 20.60GPa$ 代入,可得 ATC_n 材料和 ATC_μ 材料的硬度计算值分别为 19.05GPa 和 14.23GPa。实际制备的 ATC_n 材料的硬度约为 18.8GPa,略低于计算值,相对误差约为 1.26%;而实际制备的 ATC_μ 材料的硬度约为 15.2GPa,高于计算值,相对误差约为 6.96%。试验值与理论计算结果的误差较小,表明采用该计算模型分析材料的硬度变化是合理的。分析试验值与计算值的差异原因认为,假定复合陶瓷材料完全处于等应力或等应变状态存在一定的局限性,如观察到实际制备的 ATC_n 材料中纳米 CaF_2 仍有少量存在于晶界上。

结果表明,由于纳米 CaF_2 与微米 CaF_2 在复合陶瓷材料中的分布形式不同,材料的硬度差距较大,且 ATC_n 材料的硬度已经较为接近 AT 材料,采用纳米 CaF_2 代替微米 CaF_2,并使纳米 CaF_2 颗粒位于基体晶粒内部时,材料的硬度将得到明显改善。

5.1.4　纳米固体润滑剂的制备

如上所述,将纳米固体润滑剂(CaF_2)引入陶瓷刀具的材料体系中,要使力学性能不下降或少下降,必须形成晶内型纳米结构,这要求纳米 CaF_2 首先应具有纯度高、粒度低和分散好的特点,其次要有足够的产率。目前,尚没有能够满足本研究使用的纳米 CaF_2 商业产品。本节采用氟化铵(NH_4F)和硝酸钙$[Ca(NO_3)_2]$作为原料,以无水乙醇和去离子水作为溶剂,聚乙二醇 6000 作为分散剂,在超声波和机械搅拌条件下,反应制备纳米 CaF_2。

1. 制备机理

本节以化学法制备纳米 CaF_2，化学反应方程式如下：

$$Ca(NO_3)_2 + 2NH_4F \Longrightarrow CaF_2 + 2NH_4NO_3 \qquad (5\text{-}10)$$

化学法可以保证产品的纯度，粒径和分散性根据纳米粉体的沉淀理论和沉降理论进行优化。

1）粒径的控制机理

根据沉淀理论，控制粒径主要是控制形核和晶粒长大比例，形核数量少，晶粒长大比重大，产物的粒径就大；形核数量多，晶粒长大比重小，产物的粒径就小，因此影响形核和晶粒长大的试验条件均会影响产物粒径临界状态。析出沉淀时，溶解度、过饱和度和生成的临界晶核半径之间的关系可以用 Ostwald-Freundlich 方程表示：

$$\ln S_0 = \ln \frac{K_{sp}}{K_{sp0}} = \frac{2\sigma_R V_m}{R_0 T_0 r_0} \qquad (5\text{-}11)$$

式中，S_0 为过饱和度；K_{sp} 表示沉淀发生时的溶度积；K_{sp0} 表示平衡时的溶度积常数；σ_R 是界面张力；V_m 是固体的摩尔体积；T_0 为热力学温度；r_0 为临界晶核尺寸。溶度积常数是平衡状态下粒子活度的幂乘积，也是表征溶解能力大小的值。根据方程（5-11），其他条件不变时，过饱和度 S_0 越大，临界晶核尺寸 r_0 就越小，晶核的数量越多；在沉淀反应中，要提高反应的过饱和度，可以增大 K_{sp}；在水溶液沉淀中，增大 K_{sp} 主要通过增大反应物浓度、提高反应物混合速度等来实现。

2）分散性的控制机理

纳米颗粒在液相系统受两种力的作用：一是重力；二是扩散力。

纳米颗粒因重力的存在会产生沉降，在静止条件下沉降遵循 Stokes 定律：

$$v_0 = 54.5 d^2 \frac{\rho - \delta}{\xi} \qquad (5\text{-}12)$$

式中，v_0 为沉降速度；ρ 为颗粒的密度；d 为颗粒的直径；δ 为分散介质的密度；ξ 为介质黏度。

由式（5-12）可得，沉降主要由颗粒的密度和粒度决定。物质的密度是定值，所以降低产物的粒度可以改善沉降。

颗粒之间布朗运动的碰撞会引起颗粒的扩散。根据爱因斯坦方程，颗粒的位移 x：

$$x = \frac{R_0 T_0 t}{3\pi \xi d N_A} \qquad (5\text{-}13)$$

式中，t 为位移时间；N_A 为 Avogadro 常数，$6.022 \times 10^{23} \text{mol}^{-1}$。

由式（5-13）可知，颗粒的均方扩散位移会随颗粒粒度的减小而增大。均方扩散位移的增大会加剧颗粒之间的相互作用,引发团聚效应。粒度大小对于均方扩散位移和沉降位移有着完全相反的作用,粒度降低可以降低沉降并增大均方扩散位移。

在保持粒度不变的情况下,可以通过引入分散剂和超声波作用控制团聚作用。当高分子表面活性剂吸附在颗粒表面时,颗粒之间相互接近就会产生一定的排斥作用力,这个作用力可以使颗粒分散体系更为稳定,并且不易发生团聚,这种现象称为空间位阻作用。因为表面活性剂吸附在颗粒的表面上时,形成了一种高分子保护膜,它可以包围颗粒表面,且亲水基团伸向液体介质中,形成一定厚度,所以当颗粒之间在相互接近时,吸引力就会大大减弱,同时排斥力增加,从而提高了颗粒间的分散性,减少了颗粒之间的团聚现象。此外将纳米相粒子悬浊液置于超声场中,利用超声波弱化颗粒间的纳米作用能,这可以有效打破或防止纳米粒子间的团聚。

综合分析得到,在制备纳米 CaF_2 的反应过程中,获得低粒径和高分散纳米颗粒的必要制备手段包括:①增大反应物的浓度;②采用搅拌的方式促进反应物的快速充分混合;③引入高分子聚合物;④在超声条件下进行反应。

2. 试剂与仪器

本试验所用的试剂与仪器的规格、型号及生产厂家如表 5-3 所示。

表 5-3　所用试剂与仪器及生产厂家

所用试剂与仪器	生产厂家	备注
硝酸钙[$Ca(NO_3)_2$]	上海广诺化学科技有限公司	分析纯
氟化铵(NH_4F)	天津市科盟化工工业有限公司	分析纯
聚乙二醇(PEG6000)	国药集团化学试剂有限公司	化学纯
无水乙醇(CH_3CH_2OH)	国药集团化学试剂有限公司	分析纯
超声清洗器	昆山市超声仪器有限公司	KQ3200B 型
离心机	盐城凯特实验仪器有限公司	TD104 型
干燥箱	黄骅市卸甲综合电器厂	ZK-35 型
磁力搅拌器	巩义市予华仪器有限责任公司	DF-101S 型
电动搅拌器	金坛市江南仪器厂	JJ-1 型

3. 制备方法

(1) 按照物质的量 1:2.5 的比例称取 $Ca(NO_3)_2$ 和 NH_4F,各自放入烧杯中,按 1:1 配比加入蒸馏水和无水乙醇,摇匀,制得 $Ca(NO_3)_2$ 含量为 1mol/L 的 $Ca(NO_3)_2$ 溶液,NH_4F 含量为 2.5mol/L 的 NH_4F 溶液。

(2) 称取分子量为 6000 的聚乙二醇(PEG6000),加入无水乙醇中,在超声分散器中超声 20min,溶解后制得聚乙二醇-无水乙醇复合溶剂。

（3）按 5∶1 的体积比,取步骤(2)配制的聚乙二醇-无水乙醇复合溶剂分别加入步骤(1)配制的 $Ca(NO_3)_2$ 溶液和 NH_4F 溶液中。磁力搅拌 40min,超声分散 30min,分别得到含 $Ca(NO_3)_2$ 的 A 溶液和含 NH_4F 的 B 溶液。

（4）在超声和搅拌条件下,将步骤(3)制得的 $Ca(NO_3)_2$ 的 A 溶液加入含 NH_4F 的 B 溶液中,反应 3min,取出放置陈化 48h。

（5）在 4000r/min 条件下离心分离 30min,用无水乙醇清洗 5 次,室温真空干燥 24h,得到纳米 CaF_2 粉末。

4. 分散剂浓度对分散效果的影响

具有长分子链的 PEG6000 加入溶液中可形成空间位阻效应。聚合物链的一端连接纳米粒子,而另一端与另一个粒子连接或未发生连接,均可形成空间位阻,使纳米粒子相互远离。采用不同浓度的 PEG6000 溶液作为分散剂,测量 48h 陈化后胶体溶液的沉降比,研究对纳米 CaF_2 分散效果的影响,如图 5-9 所示。

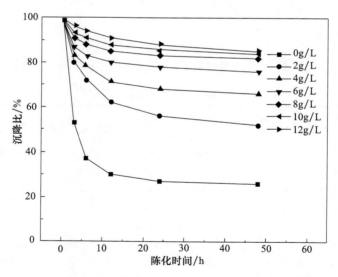

图 5-9　不同分散剂浓度对纳米 CaF_2 分散效果的影响

如图 5-9 所示,分散剂的浓度越高,分散效果越好;随陈化时间的延长,沉降渐缓。未添加分散剂的反应溶液,沉降速度快,48h 后沉降比仅为 24%,且陈化 12h 时已接近最小值。随着分散剂浓度的增加,沉降速度减缓,沉降比也逐渐升高。结果表明,加入 PEG6000 溶液作为分散剂可以有效地降低纳米 CaF_2 颗粒的沉降,改善分散效果,并随 PEG6000 浓度的增加,沉降比越来越高。另外,当 PEG6000

的浓度小于 8g/L 时,沉降速度和沉降比随浓度的变化而变化明显;但当 PEG6000 的浓度大于 8g/L 后,沉降速度和沉降比变化较小。由此可见,当 PEG6000 的浓度大于 8g/L 后,分散剂浓度的增加对分散效果的改善不明显。考虑 PEG6000 在反应后需要清洗去除,确定 8g/L 为最佳分散剂浓度。

图 5-10(a)和(b)分别为未添加分散剂和添加 8g/L PEG6000 制备的纳米 CaF_2 的 TEM 照片。结果表明,大部分的 CaF_2 纳米颗粒粒径在 20～30nm,粒径分布较窄,这与反应速度和混合速度较快有关。如图 5-10(a)所示,尽管没有添加分散剂,单独采用超声原理仍然可使 CaF_2 纳米颗粒保持单独的颗粒形态;虽然大部分纳米颗粒连接在一起,但没有发生严重的团聚。这表明在纳米粉末的制备反应中应用超声波技术可以降低纳米颗粒团聚;并且超声波也可打破纳米颗粒之间的软团聚。对比不含分散剂的产品[图 5-10(a)],图 5-10(b)中的 CaF_2 纳米颗粒表现出良好的分散性,这是反应过程中高分子聚合物和超声波的共同作用结果。对比图 5-10(a)和(b)可知,高分子聚合物 PEG6000 作为分散剂在 CaF_2 纳米颗粒的分散中具有重要作用。

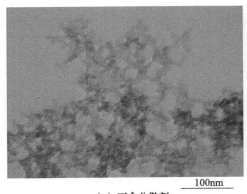

100nm　　　　　　　　　　　　　200nm

（a）不含分散剂　　　　　　　　（b）含PEG6000（8g/L）

图 5-10　纳米 CaF_2 分散液的 TEM 照片

图 5-11 给出了高分子聚合物对纳米颗粒的吸附作用和空间位阻效应机制。如图 5-11 所示,纳米颗粒在化学键的作用下吸附在长分子链的链端,使纳米颗粒与纳米颗粒相互分隔,从而降低了颗粒间的连接及团聚。

将制备的纳米 CaF_2 粉末二次分散后滴于载玻片上,真空干燥后采用扫描电镜观察纳米 CaF_2 粉末的形貌,如图 5-12 所示。纳米 CaF_2 颗粒呈近球形、白色、粒度均匀,粒径与 TEM 照片观察结果基本一致,但有少量纳米颗粒聚集在一起,存在轻微团聚现象。结果表明,制备的纳米 CaF_2 粉末的粒径、粒度等与干燥前没有太大变化,但分散效果变差。

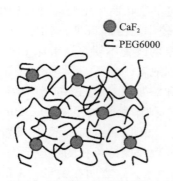

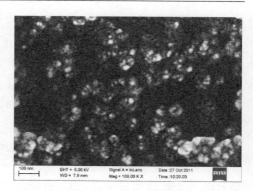

图 5-11　PEG6000 对纳米 CaF_2 分散的影响示意图　　图 5-12　纳米 CaF_2 粉体的 SEM 照片

　　对纳米 CaF_2 粉末进行了 X 射线衍射分析,如图 5-13 所示。衍射峰完全为 CaF_2 的特征峰,没有杂峰出现,表明纳米粉体具有很高的纯度。粉末的特征峰特征符合 CaF_2 的立方钙钛矿结构,表明尺度进入纳米级并未影响 CaF_2 的晶体结构,也就不会影响其润滑特性。衍射峰尖锐、强度较高,表明纳米 CaF_2 粉末有较高的结晶度。采用 Scherrer 公式计算纳米 CaF_2 颗粒的晶粒尺寸:

$$d = \frac{K_s \lambda}{B \cos\theta} \tag{5-14}$$

式中,K_s 为 Scherrer 常数,0.89;d 是纳米颗粒的粒径;B 为半高宽;θ 为衍射角;λ 为波长。

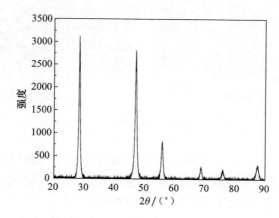

图 5-13　纳米 CaF_2 粉体的 XRD 图谱

　　计算结果表明,CaF_2 颗粒的晶粒尺寸约为 20.4nm,与透射电镜和扫描电镜观察的结果较为吻合。

5.1.5　纳米固体润滑剂改性陶瓷刀具材料的制备及表征

如图 5-12 所示,干燥后的纳米 CaF_2 粉体已经出现了轻微的团聚现象,直接应用纳米粉体可能导致更为严重的团聚,失去引入纳米 CaF_2 的意义。本节分别采用纳米 CaF_2 粉体和未经干燥的纳米 CaF_2 分散液将纳米固体润滑剂引入陶瓷刀具中,制备纳米固体润滑剂改性陶瓷刀具。

试验采用的 TiC 粉末购自株洲硬质合金集团有限公司,平均粒径为 $1\mu m$,纯度大于 99.8%;烧结助剂 MgO 购自中国试剂网,化学纯。微米 Al_2O_3 粉末为煅烧分析纯 $Al(OH)_3$ 粉末获得,煅烧温度 $1300℃$,保温 60min,经连续球磨 100h 后平均粒径约为 $1.5\mu m$。XRD 分析结果表明煅烧粉体为 α-Al_2O_3,煅烧充分,无杂质。

1. 制备工艺

1)采用纳米 CaF_2 分散液

将清洗后的纳米 CaF_2 悬浊液,不经干燥过程直接加入 PEG6000 溶液中,分散后作为母液。按配比称取 Al_2O_3、TiC 和烧结助剂 MgO,在超声波和机械搅拌条件下依次加入母液中,分散、球磨、干燥、过筛后得到复合陶瓷粉料。采用纳米 CaF_2 分散液的纳米固体润滑剂改性陶瓷刀具的制备工艺流程图如图 5-14 所示。制备过程包括:

(1)配制母液:按照配比及前文给出的方法制备纳米 CaF_2,清洗后不干燥,加入 PEG6000 的无水乙醇溶液,搅拌均匀后进行超声分散 20min,得到纳米 CaF_2 的分散液,即母液。

(2)称量粉料:按照纳米固体润滑剂改性陶瓷刀具的组分配比,称取各组分和烧结助剂。

(3)超声分散:将称量好的粉料在超声和搅拌条件下依次加入母液中,超声分散并搅拌 30min。图 5-15 是制备的纳米固体润滑剂改性陶瓷刀具的复合粉体的 TEM 照片,基体晶粒的粒度在 $0.8\mu m$ 左右,基体晶粒的外面依附存在许多纳米颗粒,纳米颗粒的粒度在 20nm 左右,与原料的粒度相吻合。

(4)机械球磨:按照球料质量比为 $10:1$,称取硬质合金球,倒入球磨罐中,然后将分散后的复合粉料悬浊液倒入球磨罐中,通入氮气保护,连续机械球磨 48h。

(5)真空干燥:球磨后复合陶瓷粉料悬浊液在电热真空干燥箱(ZK-35 型)中真空干燥 24h,干燥温度为 $120℃$。

(6)过筛:干燥完的复合粉料过 200 目筛,封装备用。

(7)热压烧结:将过筛后的粉体装入石墨模具中,在 ZR50B-8T 型多功能真空热压烧结炉内进行热压烧结,烧结温度 $1650℃$,保温 15min,热压压力为 30MPa。

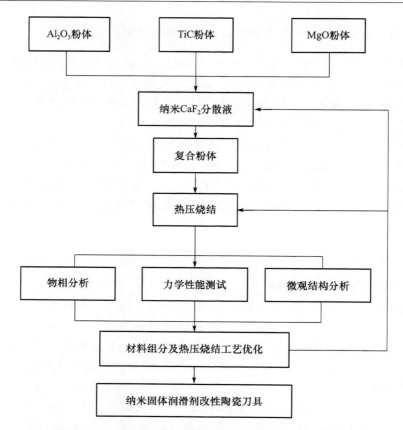

图 5-14　纳米固体润滑剂改性陶瓷刀具的制备工艺流程图

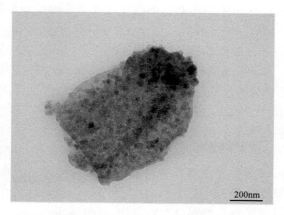

图 5-15　纳米固体润滑剂改性陶瓷刀具的复合粉体的 TEM 照片

2) 采用纳米 CaF_2 粉体

采用纳米 CaF_2 粉体与采用纳米 CaF_2 分散液制备纳米固体润滑剂改性陶瓷刀具的制备过程相近,仅步骤(1)有所不同,具体如下:

(1) 配制母液:称取制备的纳米 CaF_2 粉体,加入 PEG6000 的无水乙醇溶液中,搅拌均匀后进行超声分散 30min,得到纳米 CaF_2 的分散液,即母液。

(2)～(7) 过程与采用纳米 CaF_2 分散液完全一致。

2. 性能测试及表征手段

采用 3.2.2 节中的样品制备及力学性能测试方法,并采用 FEI-Quanta 200 型环境扫描电子显微镜、ZEISS-SUPRA 55 型场发射扫描电子显微镜、EPMA-1600 型电子探针 X 射线显微分析仪、JEM-1011 型透射电子显微镜和 Tecnai 20U-TWIN 型高分辨透射电子显微镜对材料的微观结构进行观察,并结合电子能谱 (EDS) 进行分析。

3. 晶内型纳米结构的形成机理及表征

采用相同的制备工艺,分别制备了采用纳米 CaF_2 分散液和纳米 CaF_2 粉体的纳米固体润滑剂改性陶瓷刀具(ATC_n 和 ATC_n-2)。基体为 Al_2O_3 和 TiC(体积比 1:1.25),纳米 CaF_2 的体积分数为 10%,烧结助剂 MgO 的体积分数为 0.5%。烧结温度 1650℃,保温时间为 15min,热压压力为 30MPa。

1) 形成机理

采用纳米 CaF_2 分散液和采用纳米 CaF_2 粉末制备的纳米固体润滑剂改性陶瓷刀具表现出不同的微观结构,如图 5-16 所示,只有前者能够形成晶内型纳米结构。究其原因认为,采用 CaF_2 分散液一方面能够保证纳米颗粒的良好分散[图 5-10(b)],另一方面能够使纳米 CaF_2 均匀吸附在基体颗粒的表面上,这样在热压烧结过程中发生晶界移动和颗粒合并时能够进入基体晶粒内部,形成晶内型纳米结构。而如图 5-12 所示,干燥后的纳米 CaF_2 粉末经二次分散仍然存在团聚现象,表明二次分散效果不佳,团聚会导致纳米 CaF_2 长大且无法进入基体晶粒内部,从而无法形成晶内型纳米结构。

晶内型纳米结构的形成示意图如图 5-17 所示。首先,在纳米 CaF_2 分散液中,高分子聚合物的分子链一端连接纳米颗粒。当基体颗粒加入纳米 CaF_2 分散液中,会吸引高分子链的另一端发生吸附,从而使纳米颗粒与基体颗粒相互结合,结果如图 5-15 所示。复合粉体的热压烧结过程中,高分子聚合物先在较低的温度下烧除。然后,伴随基体晶粒的烧结长大,纳米颗粒在晶界移动和基体晶粒合并长大等作用下进入晶内,形成晶内型纳米结构。

(a) 采用纳米CaF₂分散液　　　　　　　　(b) 采用CaF₂粉体

图 5-16　纳米固体润滑剂改性陶瓷刀具的断口 SEM 照片

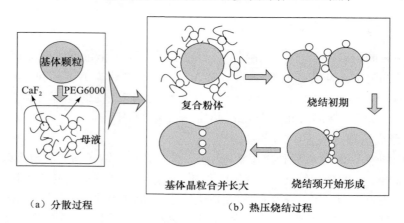

（a）分散过程　　　　　　　　　　（b）热压烧结过程

图 5-17　晶内型纳米结构形成示意图

　　为了研究热压烧结过程中纳米固体润滑剂改性陶瓷刀具的微观结构和纳米 CaF_2 的变化,分别在不同温度下保温同样时间,微观结构随烧结温度的变化如图 5-18 所示。当烧结温度为 1350℃时,ATC_n 刀具中纳米 CaF_2 没有发现明显的团聚,颗粒均匀分布,粒度基本一致,ATC_n-2 刀具中可见部分纳米 CaF_2 均匀分散,但也有许多纳米颗粒团聚在一起。当烧结温度为 1450℃时,纳米 CaF_2 颗粒仍没有明显的团聚现象,ATC_n 刀具中基体晶粒开始合并长大,晶内型纳米结构也已经可以观察到;ATC_n-2 刀具的微观结构中包含少量晶内型纳米结构,但晶界上可见纳米 CaF_2 团聚体。当烧结温度为 1550℃时,ATC_n 刀具的微观结构几乎是完全的晶内型纳米结构,纳米 CaF_2 可认为完全进入了晶内;而 ATC_n-2 刀具中只能观察到少量的晶内型纳米结构,晶界上还分布有片状结构的 CaF_2。分析片状结构

CaF$_2$ 的形成原因认为,因为 CaF$_2$ 的熔点(1420℃)低于烧结温度,所以在热压烧结过程中会熔化形成液相;另外,团聚长大的纳米 CaF$_2$ 位于基体晶粒之间的晶界上,再结晶时受到基体晶粒的挤压作用而形成片状结构。

(a) 1350℃   (b) 1350℃

(c) 1450℃   (d) 1450℃

(e) 1550℃   (f) 1550℃

图 5-18 微观结构随烧结温度的变化

(a)、(c)、(e)为 ATC$_n$ 刀具;(b)、(d)、(f)为 ATC$_n$-2 刀具

2）微观结构及物相分析

图 5-19 是纳米固体润滑剂改性陶瓷刀具的断口 SEM 照片和 EDS 能谱图（烧结温度 1650℃、保温 15min 和热压压力 30MPa）。刀具断口中存在三种晶粒，EDS 分析结果表明，深色的微米尺度晶粒是 Al_2O_3，粒度约为 $4\mu m$，表面分布大量的纳米颗粒，并且可以看到明显的穿晶断裂形成的"台阶"；浅色的微米尺度的晶粒是 TiC，粒度约为 $2\mu m$，表面没有纳米颗粒。

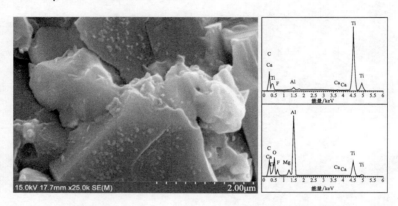

图 5-19　纳米固体润滑剂改性陶瓷刀具断口的 SEM 照片和 EDS 分析

由图 5-19 可以看到，Al_2O_3 和 TiC 晶粒发生了不同的断裂模式，断裂表面存在纳米颗粒的 Al_2O_3 晶粒发生了穿晶断裂，而断口洁净的 TiC 晶粒发生了沿晶断裂。穿晶断裂会消耗大量的断裂能，有助于力学性能的提高。

图 5-20 给出了纳米固体润滑剂改性陶瓷刀具的 XRD 图谱。结果表明，Al_2O_3、

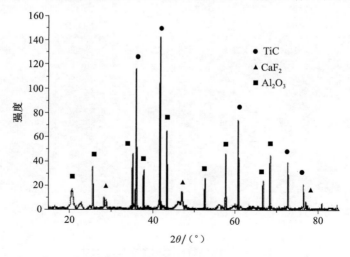

图 5-20　纳米固体润滑剂改性陶瓷刀具的 XRD 图谱

TiC 和 CaF_2 三种物质之间没有发生化学反应，化学相容性良好，其中烧结助剂 MgO 由于含量较少，没有明显的衍射峰存在。

针对图 5-19 中 CaF_2 在 Al_2O_3 和 TiC 中分布不同，采用 EPMA 分析了纳米固体润滑剂改性陶瓷刀具抛光面 $20\mu m$ 范围内的元素分布，如图 5-21 所示。Al 元素和 Ti 元素分别是基体 Al_2O_3 和 TiC 中的元素，Al 元素含量高的位置，代表该处的 Al_2O_3 晶粒多，而 Ti 元素含量高的位置，代表该处的 TiC 晶粒多，Al 元素和 Ti 元素的分布相反，两条曲线交界的位置可以看作晶粒之间的晶界。Ca 元素来自 CaF_2，由图 5-21 可见，在晶界处的 Ca 元素含量少，表明 CaF_2 主要分布在晶粒内部，并且在两种晶粒内都有分布。结果表明，TiC 晶粒内也存在纳米 CaF_2，但由于 TiC

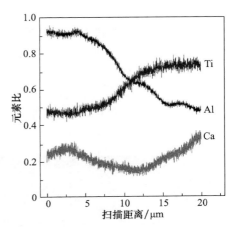

图 5-21　纳米固体润滑剂改性陶瓷刀具元素的 EPMA 图谱

晶粒并未发生穿晶断裂，看不到纳米 CaF_2，由此造成图 5-19 中 CaF_2 在 Al_2O_3 和 TiC 中的不同分布。

为了表征晶内型纳米结构和晶内的纳米相，采用 HRTEM 分析了纳米固体润滑剂改性陶瓷刀具的晶内型纳米结构，如图 5-22 所示。如图 5-22 所示，纳米颗粒位于基体晶粒的内部，粒度在 20nm 和 50nm 之间。大部分纳米颗粒仍保持了热

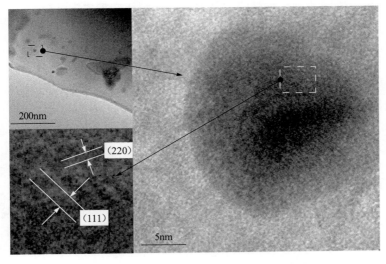

图 5-22　纳米固体润滑剂改性陶瓷刀具的高分辨电镜照片

压烧结前的粒度,少量出现了烧结长大。如图 5-22 所示,该纳米颗粒呈近球形,粒度在 25nm 左右,通过计算图中的衍射条纹可得,该纳米颗粒具有立方晶格,且与 CaF_2 的(111)和(220)晶面相同,结果表明该纳米颗粒是 CaF_2。

图 5-23 是纳米固体润滑剂改性陶瓷刀具的 TEM 照片,可以看到,纳米 CaF_2 颗粒在基体晶粒内部弥散分布,形成晶内型纳米结构。图 5-24 是发生穿晶断裂的基体晶粒 SEM 照片,纳米 CaF_2 分布在穿晶断裂后留下的台阶边缘。这主要是因为晶体晶粒与 CaF_2 之间的热膨胀系数差较大,在纳米 CaF_2 周围产生了较大的残余应力,断裂从纳米 CaF_2 与基体晶界接触处(残余应力最大)发生,并在扩展至纳米时发生裂纹偏转,这与 5.1.3 节的分析结果一致。

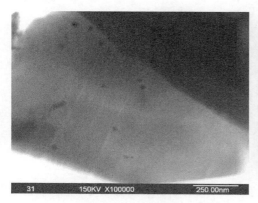
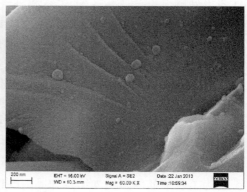

图 5-23　晶内型纳米结构的 TEM 照片　　　　图 5-24　基体晶粒的断口 SEM 照片

5.1.6　纳米固体润滑剂改性陶瓷刀具材料的微观结构与力学性能

1. 纳米 CaF_2 的添加方式对力学性能的影响

如图 5-16(a)所示,在采用纳米 CaF_2 分散液制备的纳米固体润滑剂改性陶瓷刀具中,纳米 CaF_2 没有发生明显的烧结长大,均匀分布于基体晶粒内部,形成晶内型纳米结构,根据 5.1.3 节的分析这有利于改善自润滑陶瓷刀具的力学性能。而在采用纳米 CaF_2 粉体的陶瓷刀具中[图 5-16(b)],纳米 CaF_2 颗粒分布于晶界上,没有形成晶内型纳米结构,并且颗粒的粒度明显比热压烧结前大。此外,比较图 5-16(a)和(b)还可以发现,采用纳米 CaF_2 分散液制备的纳米固体润滑剂改性陶瓷刀具的基体晶粒粒径明显小于采用纳米 CaF_2 粉末,这是因为 CaF_2 的熔点低于烧结温度,位于晶界上的 CaF_2 在热压烧结过程中产生液相,促进基体晶粒的烧结长大。分析采用纳米 CaF_2 粉体未形成晶内型纳米结构的原因认为,本身纳米 CaF_2 粉体已经发生团聚,热压烧结后将导致更为严重的团聚,最终导致晶内型结构无法形成。

如表 5-4 所示,力学性能测试结果表明,采用 CaF_2 分散液制备的纳米固体润滑剂改性陶瓷刀具,其抗弯强度、硬度和断裂韧性都比采用 CaF_2 粉末高,其中抗弯强度和硬度增加尤为明显,分别提高了约 22.1% 和 16.8%。结果表明,采用纳米尺度的固体润滑剂 CaF_2 必须保证其进入基体晶粒内部,形成晶内型纳米结构,否则难以获得较高的力学性能。

表 5-4　纳米固体润滑剂改性陶瓷刀具的力学性能

材料	抗弯强度/MPa	断裂韧性/(MPa·m$^{1/2}$)	硬度/GPa	备注
ATC$_n$	675	6.47	18.8	采用 CaF_2 分散液
ATC$_n$-2	553	6.25	16.1	采用 CaF_2 粉末

2. CaF_2 的尺度对力学性能和微观结构的影响

采用相同的制备工艺,分别制备了添加纳米 CaF_2、微米 CaF_2 和不含 CaF_2 的陶瓷刀具(ATC$_n$、ATC$_\mu$ 和 AT)。基体为 Al_2O_3 和 TiC(体积比为 1∶1.25),纳米 CaF_2 的体积分数为 10%,烧结助剂 MgO 的体积分数为 0.5%。烧结温度为 1650℃,保温时间为 15min,热压压力为 30MPa。表 5-5 为未添加 CaF_2 和添加不同尺度 CaF_2 的陶瓷刀具的力学性能。

表 5-5　陶瓷刀具的力学性能

材料	CaF_2/μm	弹性模量/GPa	抗弯强度/MPa	断裂韧性/(MPa·m$^{1/2}$)	硬度/GPa
ATC$_n$	0.02	375	675	6.47	18.8
AT	—	408	729	5.21	20.6
ATC$_\mu$	3	290	528	4.45	15.2

如表 5-5 所示,ATC$_n$ 刀具的实际弹性模量与 AT 刀具相近,而比 ATC$_\mu$ 刀具增加了 29%,这与 5.1.3 节的理论计算结果基本吻合。相比于添加微米 CaF_2 导致的力学性能剧烈下降,添加纳米 CaF_2 的纳米固体润滑剂改性陶瓷刀具具有良好的力学性能,抗弯强度、断裂韧性和硬度分别达到 675MPa、6.47MPa·m$^{1/2}$ 和 18.8GPa。

相比于不含 CaF_2 的陶瓷刀具,ATC$_n$ 刀具的断裂韧性提高了 24.2%,表明添加纳米 CaF_2 可以改善陶瓷刀具的断裂韧性,但抗弯强度和硬度分别降低了 7.4% 和 8.7%。ATC$_n$ 刀具的力学性能明显高于 ATC$_\mu$ 刀具,抗弯强度、硬度和断裂韧性分别增加了约 28%、24% 和 45%。硬度与弹性模量的实测结果与 5.1.3 节的理论计算结果相近,表明采用 5.1.3 节的理论模型预测晶内型纳米结构陶瓷材料的弹性模量和硬度变化是合理的。

图 5-25 为 AT 刀具和 ATC$_\mu$ 刀具断口的 SEM 照片。如图 5-25(a)所示,AT 刀具的断裂模式为以沿晶断裂为主,较大的颗粒也存在穿晶断裂。如图 5-25(b)所示,ATC$_\mu$ 刀具的断裂方式为沿晶断裂,刀具中的 CaF_2 呈片状,断裂时产生解理断

裂,解理断裂属于脆性断裂,几乎不消耗断裂能。

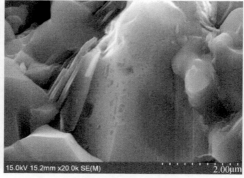

图 5-25　陶瓷刀具断口的 SEM 照片

　　位于晶界上的 CaF_2 产生的解理断裂是 ATC_μ 自润滑陶瓷刀具断裂韧性低的主要原因。结合表 5-4,CaF_2 与基体间存在热膨胀失配和较大的残余应力,当 CaF_2 位于晶间时,残余应力导致微裂纹的产生,并沿晶界扩展,导致抗弯强度较差。此外,ATC_μ 刀具中,基体晶粒粒度较大,这是因为 CaF_2 熔点较低(1420℃),高温烧结时会熔化形成液相,加速传质,引起周围晶粒的长大。粒度的增大也是 ATC_μ 刀具抗弯强度低的重要影响因素。

　　ATC_n 刀具中纳米 CaF_2 主要位于基体晶粒的内部,根据上述研究结果表明,用纳米 CaF_2 取代微米 CaF_2,并在热压烧结后使纳米 CaF_2 位于基体晶粒内部,形成晶内型纳米结构可以显著改善自润滑陶瓷刀具的力学性能。制备的纳米固体润滑剂改性陶瓷刀具的力学性能测试结果也证明了这一点。

　　3. 纳米 CaF_2 含量对力学性能和微观结构的影响

　　在相同的试验条件下,制备了不同纳米 CaF_2 含量的 ATC_n 陶瓷刀具,各组分的组成如表 5-6 所示。

表 5-6　ATC_n 陶瓷刀具的组分(体积分数%)

试样	CaF_2	$Al_2O_3 + TiC(Al_2O_3 : TiC = 1 : 1.25)$	MgO
ATC_n3	3.3	96.2	0.5
ATC_n7	6.7	92.8	0.5
ATC_n10	10	89.5	0.5
ATC_n13	13.3	86.2	0.5

注:AT 代表未添加纳米 CaF_2,ATC_n3 代表纳米 CaF_2 的体积分数为 3.3%,下同。

图 5-26 给出了纳米 CaF_2 的含量与 ATC_n 陶瓷刀具力学性能的变化关系曲线。由图可见,纳米 CaF_2 的含量对力学性能影响明显,随纳米 CaF_2 含量的增加,抗弯强度先增加后降低,当纳米 CaF_2 体积分数为 3.3% 时,材料的抗弯强度最高,达到 742MPa;硬度随纳米 CaF_2 含量的增加逐渐降低,当纳米 CaF_2 体积分数在 3.3%～10% 时,硬度变化较小,ATC_n10 刀具的硬度仅比 ATC_n3 刀具降低了 3.6%,但当纳米 CaF_2 含量继续增加时,硬度下降明显,ATC_n13 刀具的硬度比 ATC_n10 刀具降低了 10.1%;断裂韧性随纳米 CaF_2 含量的增加逐渐升高,ATC_n13 刀具的断裂韧性最高,达到 $6.58MPa \cdot m^{1/2}$。

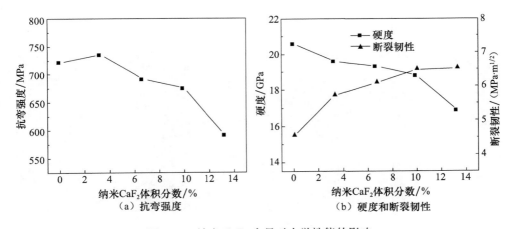

（a）抗弯强度　　　　（b）硬度和断裂韧性

图 5-26　纳米 CaF_2 含量对力学性能的影响

综合比较发现,当纳米 CaF_2 的体积分数在 3.3%～10% 时,力学性能变化不大;超过 10% 后,抗弯强度和硬度迅速降低,断裂韧性改善有限。

不同纳米 CaF_2 含量的陶瓷刀具断口 SEM 照片如图 5-27 所示,烧结温度 1650℃,保温 15min,热压压力 30MPa。没有添加纳米 CaF_2 时,断口中存在一些小的和不规则的晶粒,表明该陶瓷刀具在此烧结条件下,晶粒生长不完全。添加 3.3% 的纳米 CaF_2,基体晶粒晶型完整,粒度均匀,表明加入纳米 CaF_2 可以改善陶瓷刀具的烧结性能。图 5-27(b)～(e)表明,陶瓷刀具的平均晶粒尺寸随纳米 CaF_2 含量的增加而增加。根据 Hall-Petch 关系,晶粒越大,强度越低,这是其抗弯强度降低的原因之一。当添加 13.3% 的纳米 CaF_2 时,少量基体晶粒出现异常生长,抗弯强度下降较快。

SEM 照片显示 AT 陶瓷刀具的断裂方式主要是沿晶断裂。当添加 3.3% 和 6.7% 的纳米 CaF_2 时,少量基体晶粒发生穿晶断裂。当纳米 CaF_2 的体积分数达到 10% 和 13.3% 时,断裂模式已经转变为穿晶/沿晶混合断裂模式。

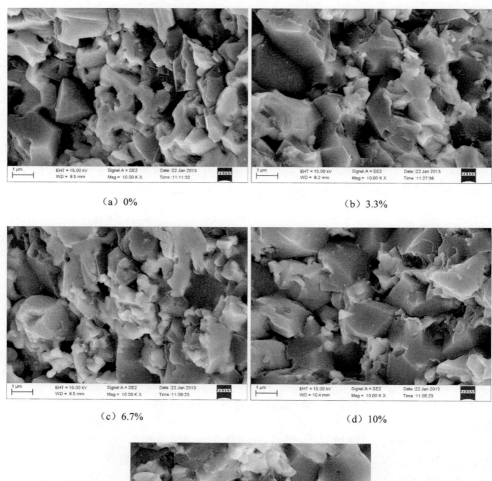

（a）0%　　　　　　　　　　　　　　（b）3.3%

（c）6.7%　　　　　　　　　　　　　　（d）10%

（e）13.3%

图 5-27　添加不同含量纳米 CaF$_2$ 的陶瓷刀具断口 SEM 照片

5.2　纳米固体润滑剂与梯度设计协同改性陶瓷刀具材料的设计与制备

5.2.1　纳米固体润滑剂与梯度设计协同改性陶瓷刀具材料的增强相

采用梯度设计使刀具表层形成残余压应力的主要方法是使刀具表层到内层的热膨胀系数逐渐升高。在本材料体系中,CaF_2 的热膨胀系数高于 Al_2O_3,梯度设计 CaF_2 和 Al_2O_3 的含量由表层向内层逐渐降低和升高,会导致表层的热膨胀系数高于内层,进而在刀具表层产生残余拉应力,不利于刀具性能的改善。因此,需要在刀具体系中引入第三相(增强相)进行复合,增强相的热膨胀系数要低于 Al_2O_3,且增强相与 Al_2O_3 的热膨胀系数之差不能过小,与 CaF_2 的热膨胀系数之差不能过大。增强相与 Al_2O_3 的热膨胀系数之差过小不利于表层残余压应力的形成,与 CaF_2 的热膨胀系数之差过大会引发严重的热膨胀失配。Al_2O_3 陶瓷常用增强相材料的物性参数如表 5-1 所示,TiB_2、TiN 和 $Ti(C,N)$ 的热膨胀系数高于 Al_2O_3 或接近 Al_2O_3($8.5 \times 10^{-6} K^{-1}$),不利于设计表层残余压应力;$SiC$、$WC$、$TiC$ 和 $(W,Ti)C$ 的热膨胀系数低于 Al_2O_3,可以用于设计表层残余压应力。按照 5.1.3 节中的晶内型纳米结构的应力计算模型分别计算了纳米 CaF_2 与$(W,Ti)C$、SiC 和 WC 之间的应力,如表 5-7 所示。

表 5-7　晶内纳米 CaF_2 与基体晶粒的残余应力

材料	σ_r / GPa	σ_θ / GPa	τ_{max} / GPa
$(W,Ti)C/CaF_2$	2.97	−1.49	2.23
SiC/CaF_2	3.16	−1.58	2.37
WC/CaF_2	3.45	−1.73	2.59

结果表明,热膨胀系数和弹性模量之差越大,颗粒之间的径向应力越大,CaF_2 与 SiC、WC 之间的径向应力高达 3.16GPa 和 3.45GPa,超过 Al_2O_3/CaF_2 (2.14GPa)1GPa 以上,热膨胀失配严重,故本书只选择热膨胀系数较为适合的 TiC 和 $(W,Ti)C$ 作为增强相进行研究。

5.2.2　梯度设计与物性参数计算

以 5.2.1 节中的研究结果确定以 TiC 和 $(W,Ti)C$ 分别作为增强相,加入以 Al_2O_3 为基体、纳米 CaF_2 为固体润滑剂的陶瓷刀具体系中,设计并制备纳米固体润滑剂与梯度设计协同改性陶瓷刀具,包括 $Al_2O_3/TiC/CaF_{2n}$ 系梯度陶瓷刀具(G-ATCn 刀具)和 $Al_2O_3/(W,Ti)C/CaF_{2n}$ 系梯度陶瓷刀具(G-ATWCn 刀具)。

以前文的研究结果为依据,取表层的纳米 CaF_2 的体积分数为 10%。刀具采用对称型梯度结构,且根据第 2 章的研究结果,梯度设计中采用层数为 7 和分布指数为1.8 可以获得最优的梯度设计效果。本章以此研究结果,取标准刀具 SNGN120708T01020FW 的厚度为 7.94mm,计算两种刀具各梯度层的厚度如表 5-8 和表 5-9 所示。

表 5-8　G-ATC$_n$ 刀具各梯度层的物性参数

层号	TiC 体积分数/%	CaF$_2$ 体积分数/%	热导率(20℃) k/[W/(m·K)]	厚度/mm	弹性模量 E/GPa	泊松比 ν	热膨胀系数 α/(10^{-6}K^{-1})
第 4 层	25	7	32.2	2.474	360.867	0.243	8.562
第 3/5 层	40	8	29.4	1.347	364.875	0.234	8.473
第 2/6 层	55	9	26.8	0.819	368.738	0.224	8.384
第 1/7 层	70	10	24.4	0.567	372.456	0.215	8.295

表 5-9　G-ATWC$_n$ 刀具各梯度层的物性参数

层号	W(Ti,C)体积分数/%	CaF$_2$ 体积分数/%	热导率(20℃) k/[W/(m·K)]	厚度/mm	弹性模量 E/GPa	泊松比 ν	热膨胀系数 α/(10^{-6}K^{-1})
第 4 层	30	0	35.2	2.474	424.709	0.242	7.660
第 3/5 层	40	3.3	32.3	1.347	420.602	0.235	7.516
第 2/6 层	50	6.7	29.6	0.819	415.416	0.229	7.386
第 1/7 层	60	10	27.3	0.567	410.367	0.223	7.261

在梯度陶瓷刀具中,各梯度层之间的热膨胀系数不匹配可在层间产生应变能,不同层之间残余应力场的存在是其主要的增韧补强机制。有研究结果表明,表层具有残余压应力有助于提高硬度和断裂韧性。残余应力过高可能导致层间断裂,所以合适的残余应力控制是获得高性能梯度陶瓷刀具的关键,各梯度层之间的残余应力是由不同层的组分组成决定的,要使表层具有残余压应力,需要设计表层的热膨胀系数小于内层。如表 5-1 所示,增强相 TiC 和(W,Ti)C 的热膨胀系数均小于基体 Al_2O_3 和固体润滑相 CaF_2,CaF_2 的热膨胀系数最高,所以设计对称型梯度陶瓷刀具时应使表层中的 TiC[或(W,Ti)C]的体积分数最大而中间层中的最小。考虑 CaF_2 对材料强度的影响,中间层的 CaF_2 体积分数尽可能地少或无。综合分析,设计各梯度层中增强相和固体润滑相的体积分数如表 5-8 和表 5-9 所示。

根据复合材料设计原则及使用要求,在选择材料组分配比、建立物理模型和确立梯度组成分布函数后,为了对 G-ATC$_n$ 和 G-ATWC$_n$ 刀具内部的温度分布及应力分布进行有限元计算,就必须确定不同混合比梯度层的物性参数。采用 2.1.3节中复合材料各梯度层的热导率、弹性模量、泊松比和热膨胀系数计算公式,分别计算了 G-ATC$_n$ 刀具和 G-ATWC$_n$ 刀具各梯度层的物性参数,计算结果如表 5-8 和

表 5-9 所示。分析各梯度层的物性参数表明,在此组分设计下,表层的热膨胀系数均低于内层,且由表及里呈逐层递增的趋势。G-ATC$_n$ 刀具表层的热膨胀系数约为中间层的 96.9%,而 G-ATWC$_n$ 刀具表层的热膨胀系数约为中间层的 94.8%。

5.2.3　纳米固体润滑剂与梯度设计协同改性陶瓷刀具材料的有限元设计

　　首先,建立了纳米固体润滑剂与梯度设计协同改性陶瓷刀具的物理模型,如图 2-2 所示。以刀具在 Z 轴方向的垂直中心层为对称面,各组分由此面向表层、底层对称逐渐递变。根据陶瓷刀具的标准尺寸,取刀具厚度为 7.94mm;根据实际热压烧结中采用的石墨模具的尺寸,取直径为 42mm。各梯度层的厚度、组分配比和物性参数如表 5-8 和表 5-9 所示。

　　采用有限元法分析两种梯度陶瓷刀具的残余应力分布,如图 5-28 所示。有限元分析结果表明,G-ATC$_n$ 和 G-ATWC$_n$ 刀具的表层均具有残余压应力,而内层均为残余拉应力;G-ATC$_n$ 和 G-ATWC$_n$ 刀具表层的残余压应力值分别为 130MPa和 213MPa。分析残余压应力的计算结果认为,(W,Ti)C 的热膨胀系数较小,与基体 Al$_2$O$_3$ 的热膨胀系数之差较大,容易实现梯度刀具的残余应力设计,添加(W,Ti)C 制备的刀具表层的残余压应力明显高于添加 TiC 的刀具。

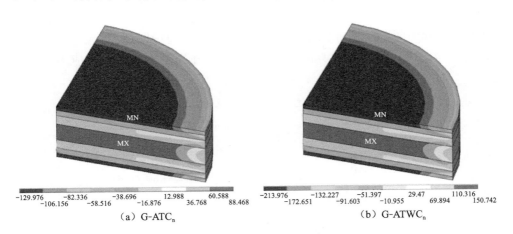

−129.976　−82.336　−38.696　12.988　60.588	−213.976　−132.227　−51.397　29.47　110.316
−106.156　−58.516　−16.876　36.768　88.468	−172.651　−91.603　−10.955　69.894　150.742
(a) G-ATC$_n$	(b) G-ATWC$_n$

图 5-28　纳米固体润滑剂与梯度设计协同改性陶瓷刀具的径向残余应力分布图(单位:MPa)

　　两种刀具的径向应力沿厚度方向的变化趋势如图 5-29 所示。两种刀具的径向应力沿厚度变化的趋势相同,第 1、2、6 和 7 层均为残余压应力(第 1 层和第 7 层为表层),第 3 和 5 层为过渡层,第 4 层(中间层)为残余拉应力。由图 5-29 还可看出,G-ATC$_n$ 刀具的径向应力沿厚度方向较为和缓,这是因为 G-ATC$_n$ 刀具各梯度层之间的热膨胀系数之差小于 G-ATWC$_n$ 刀具。

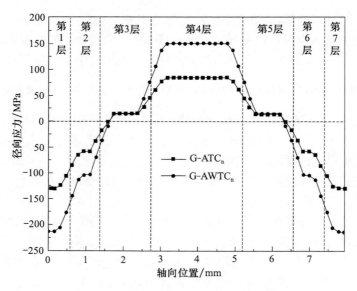

图 5-29　径向应力沿厚度方向的变化趋势

　　两种刀具的表层与中间层径向应力沿半径方向的变化趋势如图 5-30 所示。在离圆盘中心 12mm 范围内，表层和中间层的径向应力均未发生变化。超过此范围，表层和中间层的径向应力逐渐减小，到陶瓷盘边缘时，径向应力均接近于 0。此外，由于 G-ATWC$_n$ 刀具的径向应力较大，在陶瓷盘边缘处的应力变化也较大。

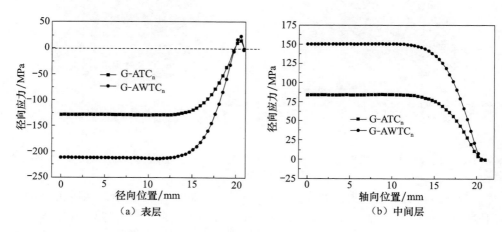

图 5-30　表层与中间层径向应力沿半径方向变化趋势

　　图 5-31 为 von Mises 等效应力沿半径方向变化曲线，取自 $Y=0\sim21\mathrm{mm}$，横坐标 Y 为表面上的点到轴心的垂直距离，即沿表面圆半径方向的距离，单位为

mm。由图 5-31 可以看出,两种刀具的 von Mises 等效应力在靠近轴心的大部分区域内均匀分布,而后减小,在靠近边界处突然增大,具有较大的应力梯度。G-ATWC$_n$ 刀具的 von Mises 等效应力高于 G-ATC$_n$ 刀具,且其边缘的应力梯度也较大。

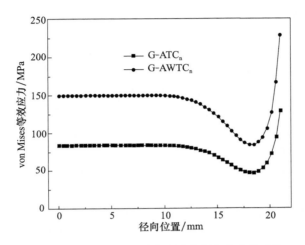

图 5-31　von Mises 等效应力沿半径方向变化趋势

由图 5-30 和图 5-31 可知,刀具的径向应力和 von Mises 等效应力在陶瓷盘边缘处的变化幅度均较大,在制作陶瓷刀具及测试样品时,应选择径向应力没有发生变化或发生变化较小的区域,否则会影响梯度设计的结果。变化较为剧烈的 G-ATWC$_n$ 刀具应选择距圆盘中心 15mm 以内的区域,而 G-ATC$_n$ 刀具选择的范围可适当增大。

5.2.4　纳米固体润滑剂与梯度设计协同改性陶瓷刀具材料的制备与表征

在制备纳米固体润滑剂与梯度设计改性陶瓷刀具的测试样品时,厚度选择过大不利于进行切割加工和抗弯强度测试,过薄导致径向应力梯度变化过于剧烈。综合考虑,进行力学性能测试和微观结构观察的试样,取其厚度为 5mm,由此计算得到各梯度层厚度,如表 5-10 所示。

表 5-10　各梯度层的厚度

层号	第 1/7 层	第 2/6 层	第 3/5 层	第 4 层
厚度/mm	0.357	0.516	0.848	1.558

由于各梯度层的组分配比不同,首先需分别制备刀具各梯度层的复合材料粉体。对于具有对称型结构的梯度陶瓷刀具,7 层的梯度刀具需要分别制备 4 组复

合粉料,各梯度层的组分配比如表 5-8 和表 5-9 所示。

　　各梯度层复合粉料的制备工艺与均质纳米固体润滑剂改性陶瓷刀具完全一致。然后根据各梯度层的设计厚度,计算出各梯度层复合粉料的质量,称取复合粉料后分别按照表 5-8 和表 5-9 所示的各梯度层顺序装入石墨模具中,装料过程中对每一层均进行铺填和冷压成型(5MPa),得到各层组分关于中间层对称的纳米固体润滑剂与梯度设计改性陶瓷刀具坯体。将装有坯体的石墨模具放入真空热压烧结炉中进行烧结,制备 $Al_2O_3/TiC/CaF_{2n}$ 系纳米固体润滑剂与梯度设计改性陶瓷刀具(G-ATC$_n$ 刀具)和 $Al_2O_3/(W,Ti)C/CaF_{2n}$ 系纳米固体润滑剂与梯度设计改性陶瓷刀具(G-ATWC$_n$ 刀具),同时在相同条件下采用第 1/7 梯度层的复合粉料分别制备表层纳米固体润滑剂改性陶瓷刀具(H-ATC$_n$ 刀具和 H-ATWC$_n$ 刀具)。将热压烧结得到的纳米固体润滑剂与梯度设计改性陶瓷刀具进行切割、粗磨、研磨、抛光后得到测试样品。

　　G-ATC$_n$ 刀具横剖面的 SEM 照片如图 5-32(a)所示,可以观察到界面平直且平行分布的各梯度层结构。各层的厚度变化符合表 5-10 的梯度设计结果。同时,由于各梯度层的组分配比不同,各梯度层的颜色有所不同,并且能够清晰地观察到各梯度层之间的界面。采用电子探针分析 Al(Al_2O_3)、Ca(CaF_2)和 Ti(TiC)三元素从表层到内层的含量变化,如图 5-32(b)所示。Al 和 Ti 元素呈明显的阶梯状分布,分别由表及里逐层增加和减少,且在每个梯度层界面的变化非常明显;Ca 元素由于各梯度层之间的含量差较小,近似呈连续的线性变化。

　　对第 1、2 梯度层之间的界面进行了 Al、Ca 和 Ti 三种元素的电子探针分析,扫描范围为 $200\mu m$,如图 5-33 所示。结果表明界面两侧的 Al 和 Ti 元素分布差别明显;虽然纳米 CaF_2 的粒度仅为几十纳米,扫描波动范围较大,但界面两侧的 Ca 元素含量仍可看到略有差异。

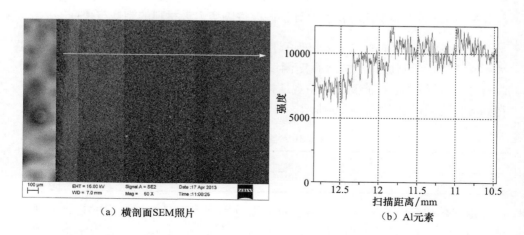

（a）横剖面SEM照片　　　　　　　　　　（b）Al元素

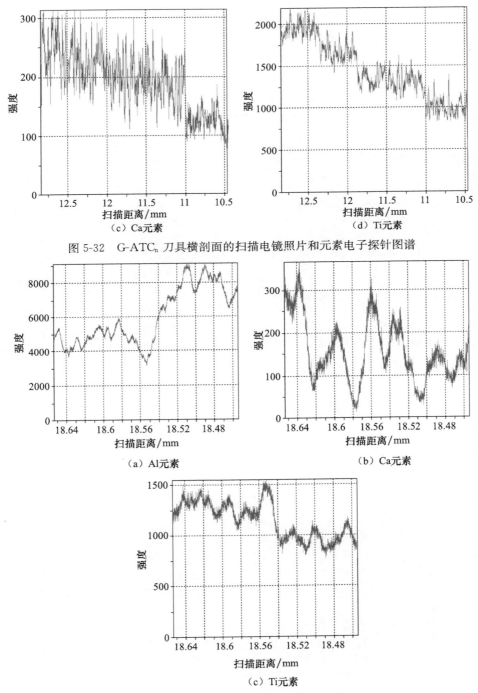

（c）Ca元素　　　　　　　　　　　　　（d）Ti元素

图 5-32　G-ATC$_n$ 刀具横剖面的扫描电镜照片和元素电子探针图谱

（a）Al元素　　　　　　　　　　　　　（b）Ca元素

（c）Ti元素

图 5-33　G-ATC$_n$ 刀具界面处元素的电子探针图谱

采用环境扫描电镜观察了 G-ATCₙ 刀具梯度层断口处的界面微观结构,如图 5-34 所示。在环境扫描电镜下,Al_2O_3 和 TiC 晶粒的颜色差异明显,可以观察到界面两侧不同的 Al_2O_3 和 TiC 晶粒分布,其中深色为 Al_2O_3 晶粒、浅色为 TiC 晶粒,Al_2O_3 晶粒的平均粒度较大,约为 $4\mu m$,而 TiC 晶粒的粒度较小,多在 $1.5\sim 2\mu m$ 范围内。图 5-34(b)的微观结构观察结果表明,界面两侧 Al_2O_3 和 TiC 晶粒数量的变化并未引发明显的缺陷,界面结合良好。

(a) 第1层与第2层的界面　　　　　　(b) 图(a)中选区的高倍照片

图 5-34　G-ATCₙ 刀具断口界面处的 SEM 照片

G-ATWCₙ 刀具横剖面的 SEM 照片如图 5-35(a)所示。在横剖面上同样可以观察到各梯度层的界面明显、平直且平行分布,梯度层的厚度也符合梯度设计结果。由于 Al_2O_3 和(W,Ti)C 晶粒的色差高于 Al_2O_3 和 TiC 晶粒,各梯度层之间的变化更加明显。图 5-35(b)~(d)显示了各梯度层之间的界面形貌,结果表明 G-ATWCₙ 刀具的界面同样结合良好,没有裂纹和缺陷。

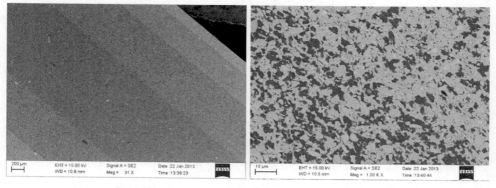

(a) 横剖面　　　　　　　　　　　　(b) 第1层与第2层

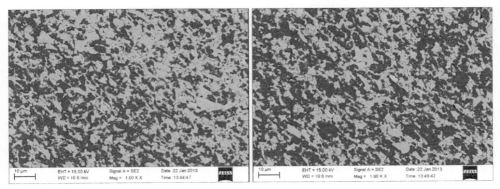

　（c）第2层和第3层　　　　　　　　　　　（d）第3层与第4层

图 5-35　G-ATWC$_n$ 刀具横剖面的 SEM 照片

为了表征各梯度层的元素变化,分别从表面到内层进行了能谱分析,如图 5-36 所示。结果表明,G-ATWC$_n$ 刀具各梯度层的元素变化同样符合表 5-9 中的组分梯度设计结果。

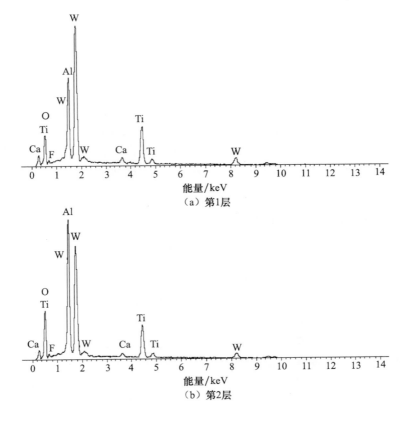

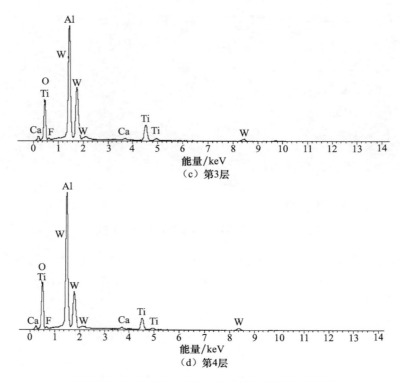

图 5-36　G-ATWC$_n$ 刀具各梯度层的能谱分析结果

上述测试结果表明,热压烧结制备的两种纳米固体润滑剂与梯度设计协同改性陶瓷刀具中,各梯度层的组成分布和厚度均符合梯度设计结果,并且各梯度层之间的界面平直,结合良好。由此可见,本节研究的纳米固体润滑剂与梯度设计协同改性陶瓷刀具的制备方法完全可以实现梯度设计的目标,是一种可行的梯度刀具制备方法。

5.2.5　梯度设计对力学性能的影响

1. $Al_2O_3/TiC/CaF_{2n}$ 系纳米固体润滑剂与梯度设计协同改性陶瓷刀具

在不同烧结温度条件下,研究了梯度设计对 G-ATC$_n$ 刀具和 H-ATC$_n$ 刀具的力学性能的影响,其中硬度与断裂韧性均为表层的测量结果,如图 5-37 所示。

研究结果表明,在各烧结温度条件下,梯度刀具的力学性能均明显高于表层均质刀具,且烧结温度力学性能影响明显。当烧结温度为 1650℃时,G-ATC$_n$ 刀具的力学性能达到最高值,抗弯强度、断裂韧性和硬度分别可以达到 745MPa、7.66MPa·m$^{1/2}$ 和 19.6GPa,分别比表层均质刀具提高了约 19.8%、6.7% 和 2.8%。由此可见,梯度设计对抗弯强度改善最为明显,断裂韧性次之,硬度改善效果较小。

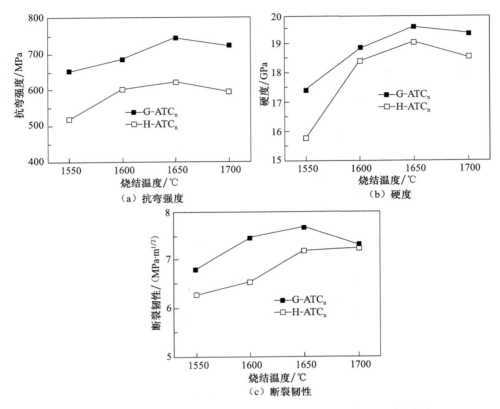

图 5-37　G-ATC$_n$ 和 H-ATC$_n$ 刀具的力学性能随烧结温度的变化趋势

　　分析认为,抗弯强度的提高一方面是由于梯度设计降低了中间层的纳米固体润滑剂含量,另一方面是由于梯度设计的表层残余压应力抑制了微裂纹的形成。由于梯度刀具表层的组分配比与均质刀具相同,断裂韧性和硬度的提高则主要是由于梯度刀具的表层存在残余压应力。

　　2. Al$_2$O$_3$/(W,Ti)C/CaF$_{2n}$ 系纳米固体润滑剂与梯度设计协同改性陶瓷刀具

　　图 5-38 为 G-ATWC$_n$ 刀具及其表层均质刀具的力学性能随烧结温度的变化趋势。结果表明,在各烧结温度条件下,梯度刀具的力学性能均明显高于表层均质刀具;而且随烧结温度的升高,G-ATWC$_n$ 刀具的抗弯强度、硬度和断裂韧性均先升高后降低。当烧结温度为 1650℃时,G-ATWC$_n$ 刀具的力学性能达到最高值,抗弯强度、硬度和断裂韧性分别为 865MPa、6.73MPa·m$^{1/2}$ 和 17.1GPa。梯度设计对抗弯强度影响最为显著,相比表层均质刀具提高了约 74.0%,断裂韧性与硬度分别提高了约 3.9% 和 5.0%。

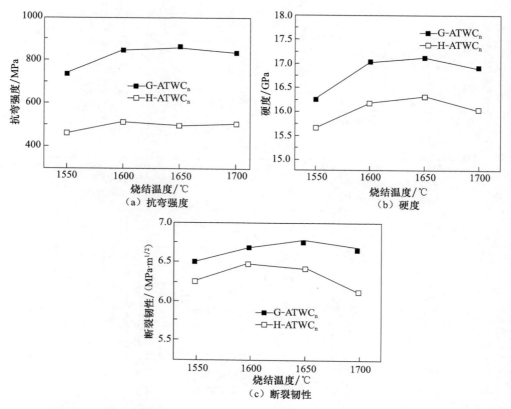

图 5-38　G-ATWC$_n$ 和 H-ATWC$_n$ 刀具的力学性能随烧结温度的变化趋势

结果表明,梯度设计对 G-ATWC$_n$ 刀具的力学性能具有改善效果,且对抗弯强度的改善效果远高于硬度和断裂韧性。

3. 残余应力测试

由前面的研究结果可知,梯度刀具的表层形成残余压应力是力学性能改善的主要原因,本节在制备的梯度刀具的横剖面上进行了残余应力测试,测试方法见 2.3.1 节。

在纳米固体润滑剂与梯度设计协同改性陶瓷刀具的横剖面进行压痕测试,由刀具表层到中间层依次测量,每个测量点间隔 0.35mm。压痕裂纹长度采用光学显微镜测量,取 3 次平均值代入式(2-24)和式(2-25)中计算纳米固体润滑剂与梯度设计协同改性陶瓷刀具的残余应力。压痕法测量残余应力的压痕示意图和表层压痕形貌如图 5-39 所示。如图 5-39(b)所示,G-ATC$_n$ 刀具的表层 c_1 明显大于 c_R,由式(2-25)可判断表层存在残余压应力。

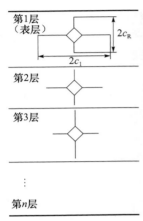

第1层（表层）

2c_R

2c_I

第2层

第3层

⋮

第n层

（a）压痕示意图

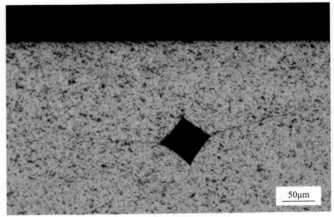

50μm

（b）G-ATC$_n$刀具表层的压痕照片

图 5-39　压痕法测量残余应力的压痕示意图及表层压痕形貌

　　各梯度层的残余应力如图 5-40 所示。各梯度层的残余应力均小于有限元计算结果，尤其是表层（第 1 层）变化最为明显。分析原因认为，实际测量压痕与梯度层并非完全平行或垂直，并且压痕裂纹并非完全沿直线扩展，导致测试值低于理论计算值。但总体来看，残余应力随梯度层的变化趋势与有限元计算结果一致。因此，可认为梯度层的组分设计满足残余应力设计要求，并且有限元法可用于计算各梯度层的残余应力，无需每次进行试验测量。

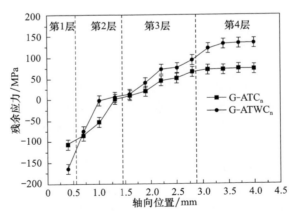

图 5-40　纳米固体润滑剂与梯度设计协同改性陶瓷刀具各梯度层的残余应力

4. 残余应力对力学性能的影响

　　纳米固体润滑剂与梯度设计协同改性陶瓷刀具内部的残余应力由表及里逐渐从残余压应力变为残余拉应力。残余应力不同，对刀具各梯度层的影响也不同。

为了分析刀具内部的残余应力对纳米固体润滑剂与梯度设计协同改性陶瓷刀具力学性能的影响,在1650℃和15min保温条件下分别采用各梯度层的复合粉料热压烧结制备均质刀具,对其力学性能进行了测试,并与G-ATC$_n$刀具第1~4层上的硬度与断裂韧性测试值进行比较。

表5-11为采用各梯度层复合粉料进行热压烧结制备的均质刀具的力学性能。表5-12为G-ATC$_n$刀具第1~4层上硬度与断裂韧性的测量值,其中由于表层(第1层)较薄,测量在试样表面进行,而其他三层在横剖面进行。如表5-12所示,G-ATC$_n$刀具第1~4层的硬度与断裂韧性由表层向内层均逐渐减小。

表5-11　均质刀具的力学性能

材料	抗弯强度/MPa	硬度/GPa	断裂韧性/(MPa·m$^{1/2}$)
H-ATC$_n$	622	19.0	7.18
H-ATC$_n$-2	686	18.7	6.85
H-ATC$_n$-3	663	18.3	7.12
H-ATC$_n$-4	719	18.0	7.27

注:H-ATC$_n$-2中的数字2代表组分与第2梯度层相同,下同。

表5-12　G-ATC$_n$刀具的各梯度层的硬度与断裂韧性

层号	硬度/GPa	断裂韧性/(MPa·m$^{1/2}$)
第1层(表层)	19.6	7.66
第2层	18.9	7.08
第3层	18.4	7.19
第4层(中间层)	17.5	6.74

由于表5-11中的均质刀具的组分分别与表5-12的各梯度层相同,热压烧结工艺也相同,所以表5-11和表5-12中硬度与断裂韧性的变化主要由残余应力决定。如表5-11和表5-12所示,纳米固体润滑剂与梯度设计协同改性陶瓷刀具表层的硬度和断裂韧性高于表层均质刀具,内层的硬度与断裂韧性低于内层均质刀具。结合上述残余应力测试结果分析表明,纳米固体润滑剂与梯度设计协同改性陶瓷刀具的第1层(表层)具有残余压应力,所以其硬度与断裂韧性高于单独制备的均质刀具;梯度刀具的中间层形成了残余拉应力,所以其硬度与断裂韧性低于单独制备的均质刀具。此外,第1和4层的残余应力较大,对硬度与断裂韧性的影响也较大;第2和3层的残余应力相对较小,硬度与断裂韧性的变化也较小。由此可见,残余压应力可改善硬度和断裂韧性,且残余压应力越大,改善效果越明显。

此外,G-ATC$_n$刀具的抗弯强度高于表5-11中任一均质刀具。分析原因认为,对称型纳米固体润滑剂与梯度设计协同改性陶瓷刀具的上下表面均形成了残余压应力,在进行抗弯强度测试时,一方面可抵消部分压力,另一方面残余压应力可抑制表面裂纹的出现和生长,这些都有利于提高抗弯强度。

5.2.6　纳米固体润滑剂与梯度设计的协同改性效应

1971 年,物理学家赫尔曼·哈肯首次提出了协同的概念,认为将系统中的各个单元进行组合,可产生大于各种单元单独应用时的作用总和。在其关于材料学的论述中,也认为"整体大于部分的总和",并且"微观的有序性会产生宏观的力量"。由此可见,材料的微观和宏观是相辅相成的。作为陶瓷刀具的关键影响因素,改善刀具的微观结构和设计刀具的宏观结构可对陶瓷刀具进行协同改性,获得单独采用任一手段所不能获得的优良性能。

在本章的研究中,尽管在陶瓷刀具中加入纳米固体润滑剂(体积分数为 10% 的 CaF_2)的主要目标是降低陶瓷刀具在干摩擦条件下的摩擦与磨损,但前文的研究结果表明,其对微观结构和力学性能的影响也非常明显。相比于添加微米 CaF_2,添加纳米 CaF_2 并形成的晶内型纳米结构显著改善了自润滑陶瓷材料的抗弯强度、硬度和断裂韧性;相比于未添加 CaF_2 的陶瓷刀具,断裂韧性也有明显提高,但由于 CaF_2 本身力学性能较差,导致抗弯强度和硬度有所降低。微观结构的变化是宏观力学性能变化的主要原因。

本章的研究结果表明,梯度设计对纳米固体润滑剂改性陶瓷刀具的抗弯强度改善效果显著,对硬度和断裂韧性也有改善效果。此外,由于表层的组分不变,梯度设计本身并不具备对陶瓷刀具进行减摩的能力,所以梯度设计的主要作用为改善力学性能,而力学性能的提高也会改善刀具的耐磨性。

由此可见,采用纳米固体润滑剂和梯度设计对陶瓷刀具进行改性,可在获得良好的减摩效果的同时,改善陶瓷刀具的断裂韧性和抗弯强度,还可在一定程度上改善纳米固体润滑剂对陶瓷刀具硬度的削弱,提高陶瓷刀具的耐磨性,具有良好的协同效应。

为了研究纳米固体润滑剂和梯度技术对陶瓷刀具的协同改性作用,首先采用相同的热压烧结工艺(烧结温度 1650℃ 和保温时间 15min),制备了未添加纳米 CaF_2 的 Al_2O_3/TiC 均质陶瓷刀具(H-AT),Al_2O_3 与 TiC 的体积比与 H-ATC$_n$ 刀具相同。H-AT、H-ATC$_n$ 和 G-ATC$_n$ 刀具的力学性能如图 5-41 所示。

如图 5-41 所示,纳米固体润滑剂和梯度设计的协同效应可从以下三点进行比较:

(1) 添加纳米 CaF_2 制备的 H-ATC$_n$ 刀具比 H-AT 刀具的断裂韧性提高了 27.3%,抗弯强度和硬度则分别下降了 8.1% 和 13.1%。

(2) 梯度设计的 G-ATC$_n$ 刀具的抗弯强度、断裂韧性和硬度分别比 H-ATC$_n$ 刀具提高了约 19.8%、6.7% 和 2.8%。

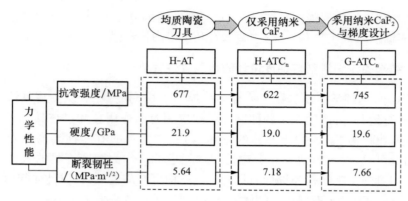

图 5-41　纳米固体润滑剂与梯度设计对陶瓷刀具力学性能的影响

（3）采用纳米固体润滑剂和梯度设计制备的 G-ATC$_n$ 刀具的抗弯强度和断裂韧性比 H-AT 刀具提高了 10.0% 和 35.8%，硬度则下降了 8.9%。

由此可见，在本章制备的均质纳米固体润滑剂改性陶瓷刀具中，纳米固体润滑剂对陶瓷刀具具有良好的增韧效果，但抗弯强度和硬度有所下降；梯度设计对均质纳米固体润滑剂改性陶瓷刀具的抗弯强度改善较为显著。

根据 Griffith 的脆性材料断裂理论，材料的断裂是由于材料内既存的微小裂纹的扩展和连接所导致的。断裂应力 σ_{fc} 可由下式计算：

$$\sigma_{\text{fc}} = \sqrt{\frac{2E\gamma^s}{\pi c_{\text{f}}}} \tag{5-15}$$

式中，E 为弹性模量；γ^s 为断裂新产生表面的表面能；c_{f} 为裂纹尺寸。

由式（5-15）可知，断裂应力 σ_{fc} 与弹性模量 E 和表面能 γ^s 成正比，与裂纹尺寸 c_{f} 成反比。根据 5.1.3 节的计算方法计算了均质纳米固体润滑剂改性陶瓷刀具（H-ATC$_n$）和不含纳米固体润滑剂的均质陶瓷刀具（H-AT）的弹性模量，分别为 398.58GPa 和 432.30GPa，结果表明加入体积分数为 10% 的纳米固体润滑剂导致弹性模量下降了 7.8%。若断裂能 γ^s 和裂纹尺寸 c_{f} 不变，将弹性模量的变化代入式（5-15）中，可得断裂应力 σ_{fc} 下降 4.0%，但实际制备的 H-ATC$_n$ 刀具比 H-AT 刀具的抗弯强度下降了 8.1%（图 5-41）。另外，纳米固体润滑剂的加入具有良好的微裂纹增韧效果，即裂纹尺寸 c_{f} 降低。由此可见，造成抗弯强度下降的主要原因是加入纳米固体润滑剂后导致断裂能 γ^s 的降低。

陶瓷材料受力断裂是因为表面局部的微裂纹产生拉应力集中，根据材料力学断裂理论，在弯曲力矩增加过程中，试样表面的应力首先达到最大值，当拉应力超过一定值时，微裂纹扩展形成断裂。根据 Griffith 的能量平衡理论，裂纹扩展释放的弹性应变能大于或等于维持裂纹扩展所吸收的表面能时，裂纹无需另加载荷即发生失稳扩展。此时，可认为裂纹扩展释放的能量，提供了断裂新产生表面的表面能,由此可见,能量释放率 G 增加到某一极限 G_{IC} 导致了断裂裂纹的失稳扩展。由于裂纹扩展会形成上下两个断裂面,所以 $G_{IC}=2\gamma^s$。梯度刀具和均质刀具材料的能量释放率 G 由下式计算:

$$G=\pi l\sigma_a^2\frac{1-\nu^2}{E} \tag{5-16}$$

式中,l 为裂纹扩展距离;σ_a 为加载应力;ν 为应变;E 为弹性模量。

在本章研究中,采用梯度设计剪裁刀具各梯度层的组分配比,使刀具表层产生残余压应力,具有两方面的作用:①刀具受应力断裂前首先需克服表层残余压应力;②各梯度层之间不同的热膨胀系数和弹性模量,可在梯度层之间形成应变差。为了便于计算,简化梯度刀具的结构为双层结构,包括 L1 层和 L2 层,定义 L1 层的材料组成与 G-ATC$_n$ 刀具的表层相同,L2 层分别定义为第 2、3 和 4 梯度层材料,L1 层和 L2 层的弹性模量分别定义为 E_a 和 E_b,热膨胀系数为 α_a 和 α_b,泊松比为 ν_a 和 ν_b,厚度分别为 h_a 和 h_b。除 h_b 固定为 (h_c-h_a) 外,其他数值均可由表 5-8 读出。均质刀具为单层均质结构,材料组成定义为 H-ATC$_n$ 刀具材料,弹性模量为 E_c,$E_c=E_a$;热膨胀系数为 α_c,$\alpha_c=\alpha_a$;泊松比为 ν_c,$\nu_c=\nu_a$;厚度为 h_c,$h_c=3mm$。

根据文献中的计算方法,首先计算了梯度刀具的 L1 层的残余应力 σ_c:

$$\sigma_c=-\frac{(m+2)\Delta\alpha\Delta TE_aE_bh_b}{(m+1)(2E_ah_a+E_bh_b)} \tag{5-17}$$

式中,σ_c 为残余应力;$\Delta\alpha=\alpha_b-\alpha_a$;$\Delta T$ 为烧结温度与室温的温差 $1630℃$;m 为与材料性能有关的常数,陶瓷材料可取 5。

均质刀具的能量释放率 G_1:

$$G_1=\pi l\sigma_a^2\frac{1-\nu_c^2}{E_c}=\pi l\sigma_a^2\frac{1-\nu_a^2}{E_a} \tag{5-18}$$

梯度刀具的能量释放率 G_2:

$$G_2=\pi l(\sigma_a-\sigma_c)^2\frac{1-\left(\dfrac{\nu_ah_a+\nu_bh_b}{h_a+h_b}\right)^2}{\dfrac{E_ah_a+E_bh_b}{h_a+h_b}} \tag{5-19}$$

将式(5-17)代入式(5-19)中可得

$$G_2=\pi l\left[\sigma_a+\frac{(m+2)\Delta\alpha\Delta TE_aE_bh_b}{(m+1)(2E_ah_a+E_bh_b)}\right]^2\frac{1-\left(\dfrac{\nu_ah_a+\nu_bh_b}{h_a+h_b}\right)}{\dfrac{E_ah_a+E_bh_b}{h_a+h_b}} \tag{5-20}$$

假定裂纹扩展路径 l 为 $1\mu m$,并将表 5-8 中的各物性参数值代入式(5-18)和式(5-20)中,可得能量释放率与加载应力的关系,如图 5-42 所示。

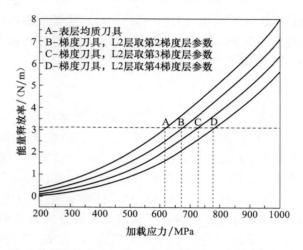

图 5-42　梯度刀具的能量释放率与加载应力的变化关系

　　如图 5-42 所示,随着加载应力的增大,能量释放率逐渐增大。如图 5-42 中 A 点所示,本章制备的 H-ATC$_n$ 刀具的抗弯强度为 622MPa,即加载应力达到 622MPa 时 H-ATC$_n$ 刀具达到裂纹扩展平衡状态,此时能量释放率等于断裂能,约为 3.11N/m(图 5-42 中 A 点)。由于梯度刀具的 L1 层组分配比与均质刀具相同,可认为断裂能也相同。因此,随着加载应力的继续升高,当梯度刀具的能量释放率达到 3.11N/m 时,相应的加载应力即可认为是其抗弯强度。梯度刀具的 L2 层分别取 G-ATC$_n$ 刀具的第 2、3 和 4 梯度层组分时,抗弯强度分别为 677MPa、731MPa 和 784 MPa,分别比均质刀具提高了 8.8%、17.5% 和 26.0%(图 5-42 中 B、C 和 D 点)。

　　实际制备的 G-ATC$_n$ 刀具,可认为第 1 梯度层为 L1 层,组分梯度变化的第 2、3 和 4 梯度层共同作为 L2 层,抗弯强度测试值为 745MPa,比 H-ATC$_n$ 刀具提高了 19.8%,改善效果处于理论计算结果之间,且与 L2 层取组分配比处于中间值的第 3 梯度层的理论计算结果较为接近。结果表明,采用该计算方法分析梯度刀具的抗弯强度变化是合理的。

　　能量释放率与断裂韧性的关系式为

$$G = K_{IC}^2 \frac{1-\nu^2}{E} \tag{5-21}$$

由式(5-21)可见,对断裂韧性的影响与对抗弯强度的影响理论上是一致的。但是,残余压应力对断裂韧性的改善体现在限制垂直于梯度层方向的裂纹扩展,而实际测量硬度与断裂韧性是在试样的表面进行,裂纹的扩展沿平行于梯度层的方向,所以断裂韧性的测量值与理论计算值是不一致的。除此之外,硬度和断裂韧性的提高是因为 G-ATC$_n$ 刀具表层残余压应力的存在可以抵消部分硬度测试时加载的载荷,这对压痕和裂纹的萌生及扩展具有一定的抑制作用。

由此可见,加入纳米固体润滑剂并形成晶内型纳米结构显著改善了陶瓷刀具的断裂韧性,降低了裂纹尺寸,但也导致刀具的断裂能下降,使刀具的抗弯强度下降;采用梯度设计使陶瓷刀具的表层形成残余压应力可抑制能量释放率的增大,进而提高刀具的抗弯强度。此外,表层残余压应力也可改善纳米固体润滑剂改性陶瓷刀具的硬度和断裂韧性。

基于上述分析,相比于仅采用纳米固体润滑剂,采用纳米固体润滑剂和梯度设计对陶瓷刀具的断裂韧性改善更明显,对抗弯强度的作用效果不降反升,对硬度的削弱较小。结果表明,采用纳米固体润滑剂和梯度设计对陶瓷刀具的力学性能具有良好的协同改性作用,可获得单独采用任一手段所不具备的同时增强和增韧的作用。

第6章 梯度自润滑陶瓷刀具材料的摩擦磨损特性

采用梯度复合工艺制备的梯度自润滑陶瓷刀具材料具有良好的减摩耐磨应用前景。一方面,梯度设计使刀具表层的固体润滑剂含量较高,具有良好的减摩效果;另一方面,梯度设计使刀具内部的固体润滑剂含量较少或没有,并且通过残余应力设计使刀具表层产生残余压应力,两者共同作用使刀具的力学性能得到了明显改善。本章对制备的梯度自润滑陶瓷刀具材料进行摩擦磨损试验,分析摩擦表面的形貌与物相变化,研究其减摩耐磨机理。

6.1 多元梯度自润滑陶瓷刀具材料的摩擦磨损特性

6.1.1 摩擦磨损试验方法

1. 试验装置

本试验采用销-盘配副形式,在 MMW-1A 组态控制万能摩擦磨损试验机上进行。对磨环材料为 45 钢,其内、外径分别为 $\phi38mm$ 和 $\phi54mm$,对磨表面粗糙度 $R_a=0.08\mu m$,淬火处理后硬度为 HRC $44\sim46$。试验装置原理如图 6-1(a)所示。

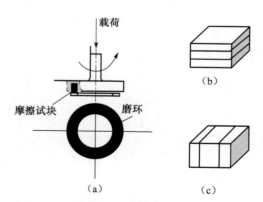

图 6-1 摩擦磨损试验装置原理图及试块装夹方式示意图

2. 试验方法

将制备的陶瓷刀具材料进行切割、粗磨、精磨、研磨、抛光,制成长方体试块,试验面尺寸为 10mm×10mm，表面粗糙度为 $R_a=0.1\mu m$。然后在丙酮溶液中超声清洗 2～3 次，干燥后待用。

一方面，按图 6-1(b)所示方式装夹梯度自润滑陶瓷刀具材料的试块，以梯度自润滑陶瓷材料的表面梯度层作为摩擦面，在无任何外加润滑剂的条件下进行滑动干摩擦，在不同法向载荷和转速的试验条件下，测定其摩擦系数和磨损率，同时借助扫描电镜和能谱仪对试样磨损表面形貌和化学成分进行观察和分析。另一方面，按图 6-1(c)所示方式装夹梯度自润滑陶瓷刀具材料的试块，以梯度自润滑陶瓷刀具材料的横剖面作为摩擦面，在无任何外加润滑剂的条件下进行滑动干摩擦，用扫描电镜对试样各梯度层磨损表面形貌进行观察与分析。

1）摩擦系数的测定

摩擦系数是阻止两物体相对运动的摩擦力对作用在该两物体接触表面的法向力之比值，计算公式如下：

$$\mu=F/P=M/(RP) \tag{6-1}$$

式中，μ 为材料的摩擦系数；F 为摩擦力；P 为试样所受法向载荷；M 为摩擦力矩；R 为对磨环中圆半径。

2）磨损率的测定

磨损是脆性材料常见的破坏方式，通常由磨损率来衡量，磨损率越小，材料的耐磨性（即材料抵抗磨损的性能）越好。磨损率定义为单位载荷、单位磨程下的磨损体积，计算公式如下：

$$W=V/(LP) \tag{6-2}$$

式中，W 为材料的磨损率；V 为试样磨损前后的体积差；L 为摩擦距离；P 为法向载荷。

磨损体积可用体积法直接测定，也可用质量法测出，本试验采用质量法。此时磨损率计算公式可写为

$$W=m/(P\rho s)=m/(P\rho\omega Rt) \tag{6-3}$$

式中，W 为材料的磨损率；m 为试样磨损前后的质量差；P 为法向载荷；ρ 为试样的密度，用阿基米德法测得，由于梯度自润滑陶瓷刀具材料试样的摩擦磨损在表面层进行，故 ρ 取与表层组分相同的均质自润滑陶瓷刀具材料试样的密度；s 为摩擦磨损的行程；ω 为试样相对对磨环转动的角速率（$\omega=2\pi r$，r 为试验机主轴转速）；R 为对磨环中圆半径；t 为摩擦时间。

3）磨损表面微观结构观察与化学成分分析

采用 FEI-Quanta 200 型环境扫描电镜观察试样的摩擦磨损表面形貌，并采用该电镜附带的能谱仪对摩擦磨损表面进行化学元素分析。

6.1.2　多元梯度自润滑陶瓷刀具材料的摩擦磨损性能研究

1. 摩擦性能研究

本试验按图 6-1(b)所示方式装夹试块,研究法向载荷和滑动速度即试验机主轴转速对梯度自润滑陶瓷刀具材料的工作表面(最外层表面)摩擦系数的影响。

1) 载荷对摩擦系数的影响

图 6-2 为梯度自润滑陶瓷刀具材料的摩擦系数在 200r/min 的转速条件下随

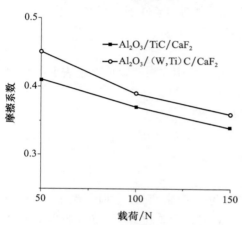

图 6-2　摩擦系数随载荷变化曲线
(转速:200r/min)

法向载荷变化的曲线,可以看出,法向载荷由 50N 增大到 150N 时,Al_2O_3/(W,Ti)C/CaF_2 和 Al_2O_3/TiC/CaF_2 两种梯度材料的摩擦系数随载荷的增大而减小。分析原因认为:一方面,载荷影响摩擦副接触面积的大小和接触表面的变形情况,进而影响摩擦力。载荷较小的情况下,摩擦发生在摩擦副的一部分接触峰点上,随着载荷的增大,最初是接触点尺寸增加,随后主要引起接触点数目增加。摩擦表面处于弹塑性接触状态使得摩擦副实际接触面积与载荷呈非线性关系,因此摩擦系数随着载荷的增加而降低。另一方面,CaF_2 是一种高温固体润滑剂,在室温下呈脆性使得润滑性能并不理想,载荷增大时,产生的摩擦热增多,摩擦温度升高,CaF_2 由脆性逐渐向塑性转变,润滑性能逐渐变好。因此,随着摩擦载荷的增大,摩擦系数呈下降趋势。

2) 转速对摩擦系数的影响

图 6-3 为梯度自润滑陶瓷刀具材料摩擦系数在 100N 的法向载荷条件下随转速变化的曲线,可见转速从 100r/min 增加到 300r/min 时,Al_2O_3/(W,Ti)C/CaF_2 和 Al_2O_3/TiC/CaF_2 两种梯度材料的摩擦系数随转速的提高而减小。这说明该两种梯度自润滑陶瓷刀具材料在高速摩擦时的减摩性能优于低速摩擦时的减摩性能。其原因为:滑动速度即试

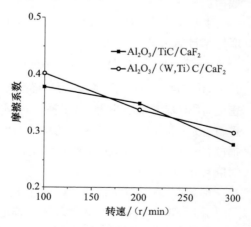

图 6-3　摩擦系数随转速变化曲线
(载荷:100N)

验机主轴转速是通过改变摩擦温度引起的摩擦表面层状态变化来影响摩擦系数。在转速较低的情况下,产生的摩擦热较少,摩擦表面温度较低,CaF_2 处于脆性状态,较难拖覆形成固体润滑膜;随着转速的增加,摩擦表面温度升高,使得 CaF_2 逐渐软化,越发容易形成较完整的固体润滑膜。随着固体润滑膜覆盖面积的增加,摩擦力减小,使得摩擦系数降低。

2. 磨损性能研究

本试验按图 6-1(b)所示方式装夹试块,研究法向载荷和滑动速度即试验机主轴转速对梯度自润滑陶瓷刀具材料的工作表面(最外层表面)磨损率的影响。

1)载荷对磨损率的影响

梯度自润滑陶瓷刀具材料的磨损率在 $200r/min$ 的转速条件下随载荷变化的曲线如图 6-4 所示,可以看出,$Al_2O_3/$ $(W,Ti)C/CaF_2$ 和 $Al_2O_3/TiC/CaF_2$ 两种梯度自润滑陶瓷刀具材料的磨损率随载荷的增大而升高。这是由于在摩擦试验过程中,梯度自润滑陶瓷刀具材料利用自身的固体润滑剂在摩擦表面间形成一层自润滑膜,并且靠本身“自耗”不断补充固体润滑剂来修复破损的自润滑膜。载荷增大时,自润滑膜内的最大主应力和最大剪应力都随之增大,其破损的频度及程

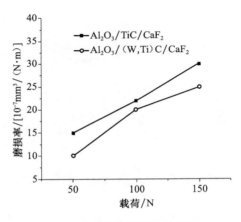

图 6-4　磨损率随载荷变化曲线
(转速:200r/min)

度增加,材料“自耗”增大,宏观上表现为材料的磨损率升高。

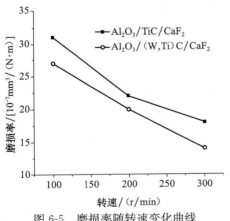

图 6-5　磨损率随转速变化曲线
(载荷:100N)

2)转速对磨损率的影响

梯度自润滑陶瓷刀具材料的磨损率在 100N 的法向载荷条件下随转速变化的曲线如图 6-5 所示,可见两种梯度自润滑陶瓷刀具材料的磨损率随转速的增加而下降。其原因一方面是摩擦速度的增加使得摩擦温度升高,CaF_2 颗粒由脆性向塑性转化,容易析出并附着于摩擦表面;另一方面,摩擦副相对滑动速度的增加,使塑性化的 CaF_2 容易在摩擦表面拖覆成膜,减摩的同时使材料具有更好的抗磨性。

3）组分不同的梯度层的磨损性能

按图 6-1(c)所示方式装夹梯度自润滑陶瓷刀具材料的试块,即将材料的横剖面作为摩擦面,材料的各梯度层同时进行摩擦,通过观察不同组分梯度层的磨损表面形貌,分析固体润滑剂含量对陶瓷材料磨损性能的影响。

图 6-6 为 $Al_2O_3/(W,Ti)C/CaF_2$ 梯度自润滑陶瓷刀具材料在法向载荷 100N 和转速 200r/min 的试验条件下各不同组分梯度层的磨损表面形貌。可以看出,未添加 CaF_2 的梯度层磨损面粗糙不平,有明显的犁沟状磨痕,属于磨粒磨损;随着 CaF_2 含量的增加,磨损面上形成了面积不等的润滑膜,磨粒磨损现象逐层减轻。CaF_2 体积分数为 10% 的最外层的磨损面形成比较完整的润滑膜,起到了减摩耐磨作用。

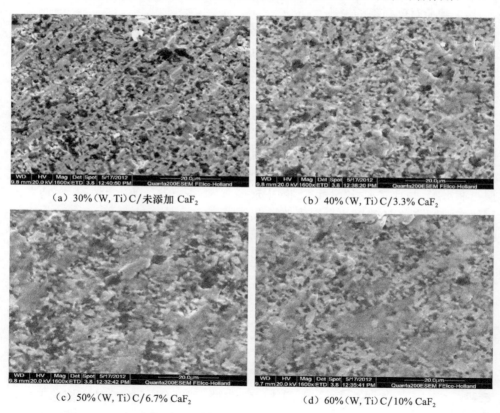

（a）30%(W,Ti)C/未添加 CaF_2 （b）40%(W,Ti)C/3.3% CaF_2

（c）50%(W,Ti)C/6.7% CaF_2 （d）60%(W,Ti)C/10% CaF_2

图 6-6 $Al_2O_3/(W,Ti)C/CaF_2$ 梯度自润滑陶瓷刀具材料不同组分梯度层磨损面的 SEM 照片

图 6-7 为 $Al_2O_3/TiC/CaF_2$ 梯度自润滑陶瓷刀具材料在法向载荷 100N 和转速 200r/min 的试验条件下各不同组分梯度层的磨损表面形貌。未添加 CaF_2 的中间层的磨损面上有较明显的犁沟状磨痕,主要是磨粒磨损;CaF_2 体积分数为 5% 的梯度层的磨损面上有许多凹坑,主要是黏着磨损,且磨损较重,这是由于

CaF$_2$ 的体积分数较低,摩擦过程中在摩擦表面未形成较大面积的连续的自润滑膜,润滑剂的减摩效果不明显;而 CaF$_2$ 体积分数为 10％的梯度层的摩擦表面上形成了一层较完整的自润滑膜,自润滑效果明显,使得磨损面较平滑,磨损较轻微。

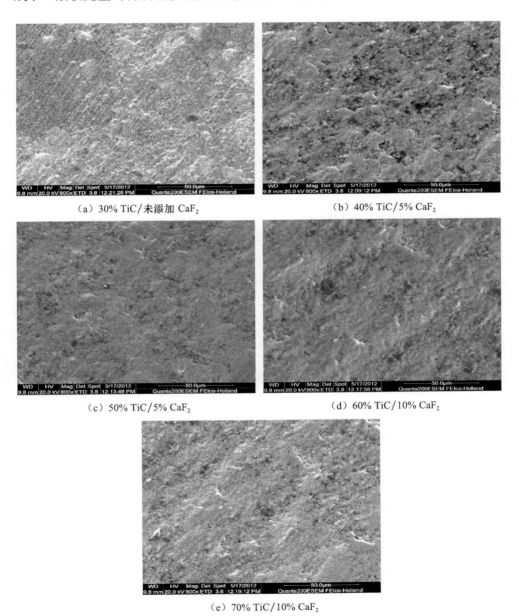

（a）30% TiC/未添加 CaF$_2$ 　　　　　（b）40% TiC/5% CaF$_2$

（c）50% TiC/5% CaF$_2$ 　　　　　（d）60% TiC/10% CaF$_2$

（e）70% TiC/10% CaF$_2$

图 6-7　Al$_2$O$_3$/TiC/CaF$_2$ 梯度自润滑陶瓷刀具材料不同组分梯度层磨损面的 SEM 照片

6.1.3　多元梯度自润滑陶瓷刀具材料减摩耐磨机理研究

1. 减摩机理研究

和其他通过向基体材料中添加固体润滑剂而制备的自润滑复合材料一样,梯度自润滑陶瓷刀具材料在摩擦过程中,材料表层的固体润滑剂受到摩擦热和挤压力的作用析出表面,在摩擦表面拖覆形成一层固体润滑膜,并且靠本身"自耗"来不断补充固体润滑剂、修复损伤的润滑膜,从而达到减摩作用。

滑动摩擦系数主要由以下三项组成:

$$\mu = \mu_n + \mu_p + \mu_r \tag{6-4}$$

式中,μ_n、μ_p、μ_r 分别为由粗糙度、犁沟和黏着引起的摩擦系数分量。其中,μ_n 与表面摩擦状态有关,可视为常数;μ_p 与微凸体形状和压入配偶件表面的深度有关;μ_r 是由摩擦副表面之间产生的黏着力而引起的较强摩擦,是自润滑材料减摩作用分析的关键对象。

分析摩擦运动过程中表面膜的减摩作用。设表面膜的剪切强度极限为 τ_f,有 $\tau_f = c\tau_b$,系数 $c < 1$,τ_b 是基体的剪切强度极限。摩擦副开始滑动的条件是

$$\sigma^2 + \alpha\tau_f^2 = \sigma_s^2 \tag{6-5}$$

式中,α 是常数,且 $\alpha > 1$,一般取 $\alpha = 9$;σ 为法向载荷产生的压应力;σ_s 为基体受压屈服极限。

由黏着摩擦理论可知

$$\sigma_s^2 = \alpha\tau_b^2 = \frac{\alpha}{c^2}\tau_f^2 \tag{6-6}$$

联立式(6-5)和式(6-6),求得摩擦系数:

$$\mu = \frac{\tau_f}{\sigma} = \frac{c}{[\alpha(1-c^2)]^{1/2}} \tag{6-7}$$

当 c 趋近于 1 时,μ 趋向于无穷;当 c 减小时,μ 值下降,当 c 很小时,式(6-7)可以写为

$$\mu = \frac{c}{\alpha^{1/2}} = \frac{\tau_f}{\sigma_s} = \frac{\text{软表面膜的剪切强度极限}}{\text{硬基体材料受压屈服极限}} \tag{6-8}$$

由上述分析可知,当摩擦表面产生一层表面膜时,摩擦黏着点的剪切作用发生在表面膜内,使摩擦副之间的原子结合力或离子结合力被较弱的范德华力所代替,降低了表面结合力作用。同时,由于自润滑膜的剪切强度较低,摩擦副相对滑动时的剪切阻力较小。

式(6-8)得出的是自润滑膜将摩擦表面完全隔开即完全固体润滑状态时的摩擦系数 μ_f,当摩擦表面不存在自润滑膜即无固体润滑状态时,摩擦系数 μ_s 为

$$\mu_s = \frac{\tau_b}{\sigma_s} \tag{6-9}$$

固体润滑剂的剪切强度极限比基体低，即 $\tau_f < \tau_b$，因此有 $\mu_f < \mu_s$。

摩擦副之间的摩擦系数与自润滑膜在自润滑材料摩擦表面的覆盖程度有关。摩擦副进行摩擦时的阻力 F 为

$$F = \tau_f \delta A + \tau_b (1-\delta) A \tag{6-10}$$

式中，A 为摩擦表面的总面积；δ 为自润滑膜覆盖的表面与总表面积的比率。

摩擦副摩擦过程中的法向载荷 W 为

$$W = A\sigma_s \tag{6-11}$$

则摩擦系数为

$$\mu = \frac{F}{W} = \frac{\tau_f \delta A + \tau_b (1-\delta) A}{A\sigma_s} = \frac{\tau_f \delta + \tau_b (1-\delta)}{\sigma_s} = \delta \mu_f + (1-\delta) \mu_s \tag{6-12}$$

试验表明，分别以图 6-1(b) 和 (c) 所示的方式装夹梯度自润滑陶瓷刀具材料试块，在相同法向载荷和转速的条件下，第一种装夹方式的摩擦系数低于第二种装夹方式。这是由于前者的摩擦表面形成了较完整的自润滑膜，而后者的摩擦表面未完全被自润滑膜覆盖。

图 6-8(a)、(b) 分别为 $Al_2O_3/(W,Ti)C/CaF_2$ 梯度自润滑陶瓷刀具材料表层磨损前后的 SEM 照片。图 6-9(a)、(b) 分别为 $Al_2O_3/TiC/CaF_2$ 梯度自润滑陶瓷刀具材料表层磨损前后的 SEM 照片。可以发现在摩擦磨损试验前，材料表面较平整，在磨损后的材料表面覆盖了一定面积的固体膜。为了分析固体膜的化学成分及其分布情况，对图 6-10(a) 中所标方形区域进行了面扫描，结果显示固体膜中氟元素较多，而所选方形区域中未被固体膜覆盖的部位的氟元素较少[图 6-10(b)]，说明在摩擦磨损试验过程中 CaF_2 析出并拖覆形成了自润滑膜。这层固体润滑膜能够把梯度自润滑陶瓷刀具材料基体和对磨环隔开，起到一定的减摩作用。

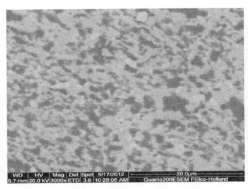

（a）摩擦磨损试验前　　　　　　　　　　　（b）摩擦磨损试验后

图 6-8　$Al_2O_3/(W,Ti)C/CaF_2$ 梯度自润滑陶瓷刀具材料表面磨损前后的 SEM 照片

（a）摩擦磨损试验前　　　　　　　　　　（b）摩擦磨损试验后

图 6-9　$Al_2O_3/TiC/CaF_2$ 梯度自润滑陶瓷刀具材料表面磨损前后的 SEM 照片

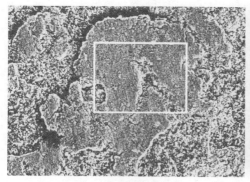

（a）面扫描区域选择　　　　　　　　　　（b）氟元素面扫描图谱

图 6-10　梯度自润滑陶瓷刀具材料磨损表面的氟元素面扫描图

　　图 6-11(a)和(b)分别为在法向载荷 100N 的试验条件下 $Al_2O_3/(W,Ti)C/$ CaF_2 和 $Al_2O_3/TiC/CaF_2$ 梯度自润滑陶瓷刀具材料与对应的均质自润滑陶瓷刀具材料的摩擦系数随转速的变化曲线,可见这两类自润滑陶瓷刀具材料的摩擦系数随转速变化的趋势大体相同。试验结果表明,梯度自润滑陶瓷刀具材料的减摩性能与对应的均质自润滑陶瓷刀具材料的减摩性能相当。这是由于均质自润滑陶瓷刀具材料是由梯度自润滑陶瓷刀具材料的表层混合粉料制备而成的,均质材料的 CaF_2 体积分数与梯度材料表层的 CaF_2 体积分数相同,形成自润滑膜的能力相近,因而具有相近的减摩性能。

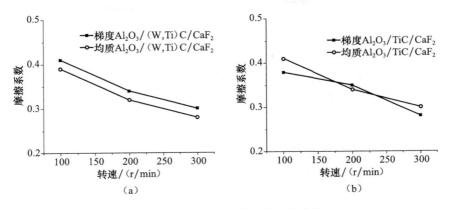

图 6-11 摩擦系数随转速的变化曲线

（载荷：100N）

2. 耐磨机理研究

图 6-12(a)和(b)分别为在法向载荷 100N 试验条件下 $Al_2O_3/(W,Ti)C/CaF_2$ 和 $Al_2O_3/TiC/CaF_2$ 梯度自润滑陶瓷刀具材料与对应的均质自润滑陶瓷刀具材料的磨损率随转速的变化曲线,可见在较高的转速下梯度自润滑陶瓷刀具材料的磨损率低于对应的均质自润滑陶瓷刀具材料的磨损率。

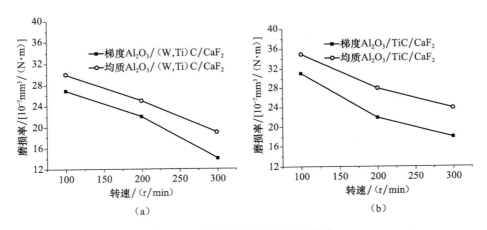

图 6-12 磨损率随转速的变化曲线

（载荷：100N）

试验结果表明,梯度自润滑陶瓷刀具材料的耐磨性能优于对应的均质自润滑陶瓷刀具材料。经分析知,梯度自润滑陶瓷刀具材料的耐磨机理如下。

Evans 等研究发现,陶瓷材料的磨损率 W 与其力学性能有关,关系式为

$$W = C \frac{1}{K_{IC}^{3/4} H^{1/2}} \tag{6-13}$$

式中，K_{IC} 为材料的断裂韧性；H 为材料的维氏硬度；C 为与磨损条件有关的常数。

由式(6-13)知，在摩擦条件一定的情况下，陶瓷材料的耐磨性能取决于其硬度和断裂韧性。高的硬度表明材料局部抵抗外物压入其表面的能力强，减少磨损；高的断裂韧性表明材料抵抗因磨损造成的裂纹扩展的能力强，减轻磨损。梯度自润滑陶瓷刀具材料的硬度及断裂韧性均高于对应的均质自润滑陶瓷刀具材料，而二者在同一台试验机上与相同材料的对磨环进行干摩擦，因此常数 C 相同，所以梯度自润滑陶瓷刀具材料的磨损率低于对应的均质自润滑陶瓷刀具材料。

此外，梯度自润滑陶瓷刀具材料摩擦表面形成的完整的润滑膜随着向对磨材料上转移和磨损而逐渐变薄，并且由于加载的法向载荷、摩擦力产生的机械应力和摩擦热应力的同时作用，使自润滑膜中产生较大拉应力，从而导致自润滑膜裂纹的产生和扩展。当裂纹扩展到一定程度，润滑膜会局部脱落，此时失去润滑膜覆盖的基体表面会受到较重磨损直至形成新的自润滑膜，自润滑膜从生成到脱落进行循环。局部自润滑膜更新越快，基体材料的损耗越大。梯度自润滑陶瓷刀具材料表面残余压应力的存在使自润滑膜与基体的结合更牢固，自润滑膜不易破坏、脱落，减缓了刀具材料本身的"自耗"，从而表现出磨损率降低，即耐磨性增加。

6.2　纳米固体润滑剂与梯度设计协同改性陶瓷刀具材料的摩擦磨损特性

6.2.1　摩擦磨损试验方法

1. 室温摩擦磨损试验方法

室温摩擦磨损试验在 UMT-2 多功能摩擦试验机（美国 CETR 公司）上进行，采用球-盘配副。UMT-2 多功能摩擦试验机，如图 6-13 所示。摩擦磨损试验在室温和大气条件下进行。摩擦副为 40Cr 淬火钢球，硬度为 HRC 48～50，直径为 9.525mm。陶瓷盘采用订制的石墨模具，在真空热压烧结炉中制备得到，直径 42mm、厚 5mm。陶瓷盘表面经粗磨、研磨和抛光后，表面粗糙度 R_a 低于 $0.04\mu m$。40Cr 淬火钢球是由夹具固定，陶瓷盘采用自制同心圆环将其轴心与工作平台轴心对齐，并采用试验机配套的高强双面胶带对试样盘进行固定，保证在高速旋转时的稳定性。

进行摩擦磨损试验的陶瓷盘与进行力学性能的测试试样前期制备方法一致，

有所区别的是热压烧结后得到的块体,在工具磨床上进行双面边缘的倒棱处理后,采用 M7120A 卧轴平面磨床对原始试样进行粗磨,然后将对磨面分别进行研磨、抛光,采用 TR200 表面粗糙度测量计测试试样盘 R_a 在 $0.04\mu m$ 以下。试样盘采用丙酮在超声清洗器内清洗后,干燥备用。

图 6-13　UMT-2 多功能摩擦试验机

室温摩擦磨损试验的示意图如图 6-14 所示。室温摩擦磨损试验的参数为:载荷为 10N 时,摩擦速度选择 20m/min、60m/min、100m/min 和 140m/min;摩擦速度为 100m/min 时,载荷为 5N、10N 和 15N。摩擦试验时间设定为 5min。室温摩擦磨损试验的研究目标主要包括摩擦系数、磨损率、摩擦磨损形貌和物相分析四个方面。摩擦系数可由 UMT-2 试验机上直接获取,取 300 个试验点的摩擦系数的平均值作为平均摩擦系数;摩擦磨损形貌和物相分析由扫描电镜及其自带的能谱仪进行分析;磨损率的计算包括几个方面,首先在扫描电镜下观察并采用扫描电镜自带的测距工具测量磨痕的宽度 x_1(磨痕的 SEM 照片和测量方式如图 6-15 和图 6-16 所示),然后在原子力显微镜(AFM)下观察磨痕的三维形貌及其平均深度 x_2(三维形貌和磨痕截面如图 6-17 所示),最后代入预设的摩擦直径 x_3、摩擦速度 v、载荷 N 和摩擦时间 t,计算材料的磨损率 ω:

$$\omega = \frac{\pi x_1 x_2 x_3}{vtN} \tag{6-14}$$

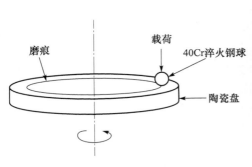

图 6-14　室温摩擦磨损试验示意图

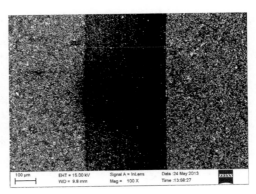

图 6-15　磨痕的 SEM 照片

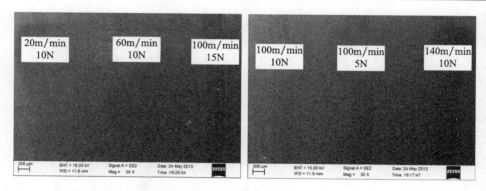

图 6-16　陶瓷盘表面磨痕的 SEM 照片

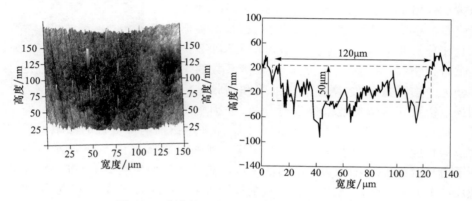

图 6-17　磨痕的原子力显微镜照片及截面形貌

2. 高温摩擦磨损试验方法

在 MMU 材料端面高温摩擦磨损试验机上与 40Cr 淬火钢销进行销-盘式高温干摩擦磨损试验,研究环境温度对 $Al_2O_3/TiC/CaF_2$n 系纳米固体润滑剂与梯度设计协同改性陶瓷刀具(G-ATC$_n$ 刀具)及其表层均质刀具(H-ATC$_n$ 刀具)的摩擦磨损性能的影响。

陶瓷盘与室温摩擦磨损试验中所用陶瓷盘制备方法相同,采用自制高温夹具固定在试验机上。40Cr 淬火钢销为圆柱形,直径为 4mm、长为 30mm,进行摩擦试验的一端打磨成半圆状。钢销由试验机本身的夹具固定在主轴上,摩擦试验时由主轴的转动带动钢销在陶瓷盘上摩擦。试验机采用电炉加热为摩擦试验提供高温环境。根据试验机的设计转速要求,摩擦速度取 100m/min(1920r/min),载荷取 60N。高温摩擦磨损试验如图 6-18 所示。摩擦系数由试验机直接读取,磨损率的测试方法与室温摩擦磨损试验一致。

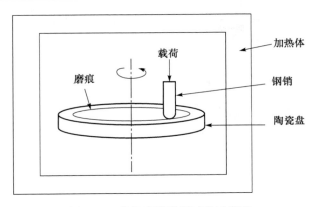

图 6-18　高温摩擦磨损试验示意图

　　高温摩擦磨损试验前,首先对 G-ATC$_n$ 刀具的陶瓷盘进行了高温氧化试验,如图 6-19 所示。陶瓷盘从 200℃ 到 1200℃ 只发生了 0.78mg 的氧化增重,表明其抗氧化性可达 1200℃。即在高温摩擦磨损试验中,刀具本身不会发生氧化反应。

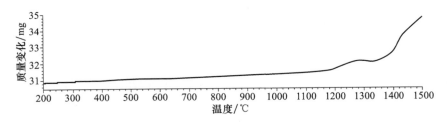

图 6-19　G-ATC$_n$ 刀具的氧化增重曲线

6.2.2　纳米固体润滑剂对室温摩擦磨损性能的影响

　　在不同摩擦速度与载荷条件下对 $Al_2O_3/TiC/CaF_{2n}$ 系纳米固体润滑剂改性陶瓷刀具(ATC$_n$ 刀具)进行室温摩擦磨损试验,研究纳米 CaF_2 含量对摩擦磨损性能的影响,材料组成和性能如表 5-6 和图 5-26 所示。

　　1. 纳米固体润滑剂对摩擦系数的影响

　　如图 6-20(a)所示,在不同摩擦速度条件下,随纳米 CaF_2 含量的增加,ATC$_n$ 刀具的摩擦系数逐渐降低。未添加纳米 CaF_2 的陶瓷刀具摩擦系数较高,并随摩擦速度的升高迅速增大,当摩擦速度达到 140m/min 时,摩擦系数达到 0.5 以上;当纳米 CaF_2 的体积分数为 3.3% 和 6.7% 时,摩擦系数得到明显改善,但不同摩擦速度下摩擦系数变化较大;当纳米 CaF_2 的体积分数增加到 10% 时,各摩擦速度条件下摩擦系数均保持在 $0.15 \sim 0.2$，已经具有较好的减摩效果。纳米 CaF_2 的体积分数继续增加到 13%，摩擦系数最低。

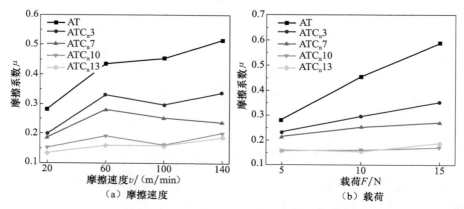

图 6-20　不同摩擦条件下纳米固体润滑剂对摩擦系数的影响

如图 6-20(b) 所示，在不同载荷条件下，随纳米 CaF_2 含量的增加，ATC_n 刀具的摩擦系数逐渐降低。未添加纳米 CaF_2 的 AT 刀具的摩擦系数最高，并随载荷的升高迅速增大，当载荷达到 15N 时，摩擦系数达到 0.58；当纳米 CaF_2 的体积分数为 3.3% 和 6.7% 时，在各载荷条件下，摩擦系数均明显低于 AT 刀具，但随载荷的增加逐渐升高；当纳米 CaF_2 的体积分数增加到 10% 时，在 5N 和 10N 载荷条件下，摩擦系数均保持在 0.16 左右；纳米 CaF_2 的体积分数继续增加到 13%，摩擦系数没有明显变化。

研究结果表明，纳米 CaF_2 对陶瓷刀具具有良好的减摩效果，含量变化对陶瓷刀具的摩擦系数影响明显，纳米 CaF_2 含量越高，摩擦系数越低。

2. 纳米固体润滑剂对磨损率的影响

如图 6-21(a) 所示，在不同摩擦速度条件下，随纳米 CaF_2 含量的增加，刀具的磨损率先降低后升高，当纳米 CaF_2 的体积分数为 10% 时，磨损率最小，在 100m/min 和 10N 摩擦条件下刀具的磨损率仅为 $5.4 \times 10^{-7} mm^3/(N \cdot m)$。当纳米 CaF_2 的体积分数为 3.3% 时，磨损率随摩擦速度的升高先增大后减小，与 AT 刀具的变化趋势基本相同，但磨损率低于后者；ATC_n7、ATC_n10 和 ATC_n13 刀具的磨损率随摩擦速度的变化趋势相似，高速条件下的磨损率低于低速条件。结合纳米 CaF_2 含量对刀具力学性能的影响进行比较，ATC_n13 刀具力学性能的显著降低是耐磨性下降的主要原因。

如图 6-21(b) 所示，在不同载荷条件下，随纳米 CaF_2 含量的增加，刀具的磨损率先降低后升高，当纳米 CaF_2 的体积分数为 10% 时，磨损率最小；当纳米 CaF_2 的体积分数为 3.3% 时,在各载荷条件下,磨损率均明显低于 AT 刀具,但磨损率变化趋势与 AT 刀具近似相同;当纳米 CaF_2 的体积分数在 6.7%～13.3% 时,在各载荷条件下刀具均具有稳定的低磨损率。

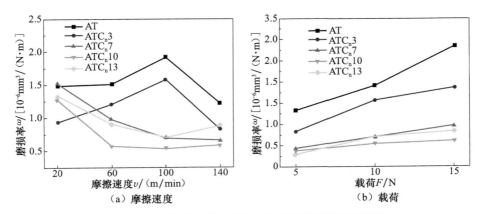

图 6-21　不同载荷条件下陶瓷刀具的摩擦系数和磨损率

研究结果表明,在陶瓷刀具中添加纳米 CaF_2 会显著改善耐磨性能,最优纳米 CaF_2 的体积分数为 10%。当纳米 CaF_2 含量较低时,磨损率改善有限;当纳米 CaF_2 含量过高,力学性能的下降也会降低刀具的耐磨性。

3. 摩擦磨损形貌

ATC_n10 刀具摩擦前后的表面形貌如图 6-22 所示。刀具的常温抛光面照片显示,晶粒与晶界清晰可见,三种组成材料区别明显,其中黑色是 Al_2O_3、灰色是 TiC、白色是 CaF_2。纳米 CaF_2 在抛光面上的分布较为均匀,少量纳米 CaF_2 聚集

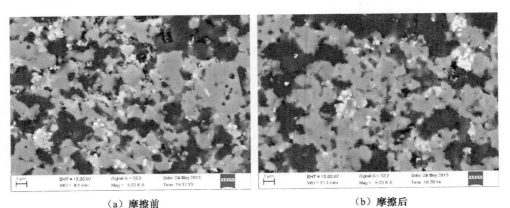

（a）摩擦前　　　　　　　　　　　（b）摩擦后

图 6-22　ATC_n10 刀具摩擦前后的表面形貌

（100m/min,10N）

在一起,这应是研磨和抛光作用的结果。摩擦试验后,陶瓷刀具表面出现轻微的划痕,是磨粒磨损的痕迹;许多纳米 CaF_2 分块集中在一起,多位于晶界上。摩擦后,陶瓷表面并未出现严重的磨损现象。

纳米 CaF_2 含量对刀具摩擦形貌的影响,如图 6-23 所示。在相同的摩擦条件下,不含纳米 CaF_2 的 AT 刀具表面出现严重的黏着磨损,大片磨屑黏附于刀具表面,磨屑的黏着作用会加快刀具的磨损,这是 AT 刀具磨损率较高的主要原因 [图 6-23(a)]。与图 6-22(b) 中的 ATC_n10 刀具摩擦表面相比,ATC_n3 和 ATC_n7 刀具由于纳米 CaF_2 含量相对较少,没有明显的聚集现象;ATC_n13 刀具摩擦表面的纳米 CaF_2 聚集区面积较大,开始出现固体润滑膜的形态,这种膜结构可降低刀具的摩擦系数。此外,添加纳米 CaF_2 的四种刀具的摩擦面均未发生严重的黏着现象,且只有 ATC_n3 刀具摩擦表面的磨粒磨损较为明显,ATC_n7、ATC_n10 和 ATC_n13 刀具摩擦表面的磨粒磨损较轻。结果表明,在陶瓷刀具中添加纳米 CaF_2 可以提高其抗黏着磨损和磨粒磨损的能力。

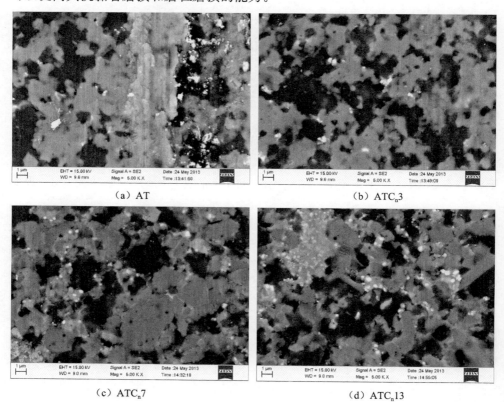

(a) AT   (b) ATC_n3

(c) ATC_n7 (d) ATC_n13

图 6-23 纳米 CaF_2 含量对摩擦形貌的影响

(100m/min,10N)

4. 物相分析

采用 EDS 分析不同速度条件下摩擦区的纳米 CaF_2 含量,摩擦区纳米 CaF_2 的体积分数由摩擦区的 EDS 元素面扫描的原子百分比计算得到,如图 6-24 所示。如图 6-24(a)所示,随着摩擦速度的提高,ATC_n3 刀具和 ATC_n13 刀具的摩擦区纳米 CaF_2 的体积分数下降比较明显,ATC_n7 刀具和 ATC_n10 刀具的摩擦区纳米 CaF_2 体积分数的变化较小。如图 6-24(b)所示,随载荷的提高,ATC_n3、ATC_n7 和 ATC_n10 刀具摩擦区的纳米 CaF_2 的体积分数呈缓慢下降的趋势,而 ATC_n13 刀具摩擦区的纳米 CaF_2 的体积分数先降低后升高。

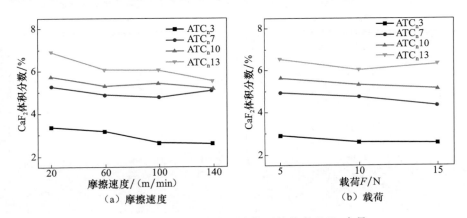

图 6-24　不同摩擦条件下摩擦区的纳米 CaF_2 含量

摩擦区纳米 CaF_2 含量的变化趋势与磨损率的变化趋势近似相同。分析原因认为,刀具的耐磨性和 CaF_2 的润滑作用是相辅相成的。刀具的耐磨性低,则在其磨损时 CaF_2 排出摩擦系统较多,润滑效果也就较低;CaF_2 的含量少则润滑作用有限,刀具的耐磨性也会降低。

此外,结合摩擦系数和磨损率的测试结果发现,在高摩擦速度和高载荷条件下,若要保持较低的摩擦系数和磨损率,要求刀具中的纳米 CaF_2 含量较高;但由于力学性能的下降,当纳米 CaF_2 的体积分数高于 10% 以后,在高速和高载荷条件下磨损率反而升高。

对 ATC_n10 刀具的磨痕(100m/min 和 10N)进行了电子探针分析,如图 6-25 所示。磨痕处的基体 Al 元素与未摩擦区几乎没有变化,Ca 元素有所减少,而 Fe 元素也有出现。Al 元素的含量不变表明 ATC_n10 刀具的基体材料磨损很轻,其耐磨性较好;磨痕的大部分区域 Fe 元素的量较少,表明摩擦过程中工件材料的转移及黏着较少;磨痕 Ca 元素含量的降低主要是因为 Fe 元素的出现。如图 6-25(c)和(d)所示,Ca 元素含量降低的位置 Fe 元素明显增多。

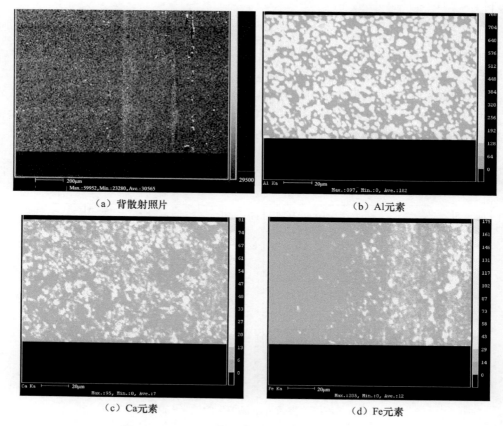

（a）背散射照片　　　　　　　　　　（b）Al元素

（c）Ca元素　　　　　　　　　　　　（d）Fe元素

图 6-25　ATC$_n$10 刀具摩擦区元素的电子探针分析

（100m/min,10N）

　　结合纳米 CaF$_2$ 含量对摩擦系数、磨损率、磨损形貌和摩擦区物相分析结果，分析纳米 CaF$_2$ 的减摩耐磨机理认为：CaF$_2$ 的剪切强度低，在摩擦过程中具有良好的减摩效果；CaF$_2$ 尺度降低到纳米级，可使其进入表面微凸峰内，在摩擦开始阶段就具有润滑作用，这既可以降低摩擦初始阶段的磨损程度，也可使摩擦初始阶段产生的磨屑迅速排出，降低磨屑的黏着作用和磨粒磨损。

6.2.3　梯度设计对室温摩擦磨损性能的影响

　　在不同摩擦速度与载荷条件下对 G-ATC$_n$ 系和 G-ATWC$_n$ 系纳米固体润滑剂与梯度设计协同改性陶瓷刀具（G-ATC$_n$ 刀具和 G-ATWC$_n$ 刀具）及其表层均质刀具（H-ATC$_n$ 刀具和 H-ATWC$_n$ 刀具）进行室温摩擦磨损试验。

　　1. 梯度设计对摩擦系数和磨损率的影响

　　如图 6-26(a)和(b)所示，在各摩擦速度和载荷条件下，G-ATC$_n$ 和 H-ATC$_n$ 刀具的摩擦系数并没有因为梯度设计发生明显的改变；G-ATWC$_n$ 和 H-ATWC$_n$ 刀具的摩擦系数略有不同，但变化趋势相同。结果表明，梯度设计对摩擦系数影响不大。

G-ATC$_n$ 和 H-ATC$_n$ 刀具的摩擦系数随摩擦速度和载荷的升高而升高；G-ATWC$_n$ 和 H-ATWC$_n$ 刀具的摩擦系数随速度的升高而升高，随载荷的升高先升高后降低。在低速和低载荷条件下，G-ATWC$_n$ 刀具的摩擦系数略低于 H-ATWC$_n$ 刀具，而在高速和高载荷条件下略高于 H-ATWC$_n$ 刀具。

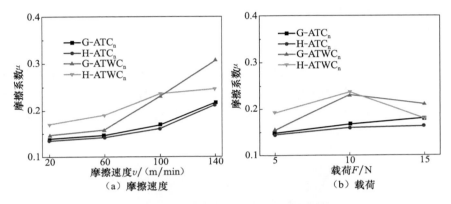

图 6-26　不同摩擦条件下梯度设计对摩擦系数的影响

如图 6-27(a)和(b)所示，梯度设计可以改善刀具的耐磨性，梯度刀具的磨损率明显小于均质刀具。G-ATC$_n$ 和 H-ATC$_n$ 刀具的磨损率均随摩擦速度的增大先降低后升高，随载荷的增加而增大；G-ATWC$_n$ 和 H-ATWC$_n$ 刀具的磨损率变化趋势与 G-ATC$_n$ 刀具基本相同，但随摩擦速度和载荷的升高，梯度设计对磨损率的改善效果逐渐增加。

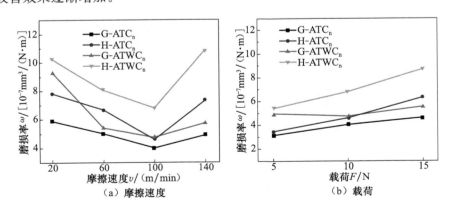

图 6-27　不同摩擦条件下梯度设计对磨损率的影响

研究结果表明，梯度设计对摩擦系数影响不大，对耐磨性改善明显。在 100m/min

和 5N 的摩擦条件下，G-ATC$_n$ 刀具的磨损率最低，达到 $3.13\times10^{-7}\,\mathrm{mm^3/(N\cdot m)}$，相比于其表层均质刀具降低了 9.8%。

　　比较两种纳米固体润滑剂与梯度设计协同改性陶瓷刀具可以发现，梯度设计对 H-ATWC$_n$ 刀具磨损率改善效果高于 H-ATC$_n$ 刀具，这与梯度设计的表层残余压应力较大有关。G-ATC$_n$ 刀具的摩擦系数在 $0.12\sim0.25$，磨损率在 $3\times10^{-7}\sim6\times10^{-7}\,\mathrm{mm^3/N\cdot m}$；G-ATWC$_n$ 刀具的摩擦系数略高于相同摩擦条件下的 G-ATC$_n$ 刀具，而磨损率明显高于 G-ATC$_n$ 刀具。

　　2. 物相分析与表面形貌

　　6.2.2 节的研究结果表明，纳米 CaF_2 含量对摩擦系数的影响非常明显，所以首先采用 EDS 面扫描对梯度刀具与表层均质刀具的摩擦前后元素变化进行分析，G-ATC$_n$ 刀具在 $100\mathrm{m/min}$ 和 10N 摩擦条件下的磨痕照片、元素分析区域与元素扫描曲线如图 6-28 所示。

（a）表面形貌

元素	质量分数/%	原子分数/%
C K	1.53	3.69
O K	24.96	45.22
F K	4.63	7.07
Al K	8.04	8.64
Ca K	2.33	1.68
Ti K	53.89	32.60
Fe K	1.02	0.53
W M	3.60	0.57

（b）EDS分析

图 6-28　G-ATC$_n$ 刀具的摩擦表面和电子能谱分析

（100m/min，10N）

G-ATC$_n$ 刀具在 100m/min 和 10N 摩擦条件下的磨痕如图 6-28(a)所示,磨痕与未摩擦区具有明显的界线,采用 SEM 自带的测距工具测量此磨痕宽度的平均值为 497μm。对图 6-28(a)所示正方形区域进行了元素分析,边长取磨痕的宽度,EDS 分析曲线与元素扫描结果如图 6-28(b)所示。

采用相同的分析手段分别对四种刀具(G-ATC$_n$ 和 H-ATC$_n$ 刀具;G-ATWC$_n$ 和 H-ATWC$_n$ 刀具)摩擦前后进行元素分析,结果如表 6-1 和表 6-2 所示。

表 6-1　G-ATC$_n$ 和 H-ATC$_n$ 刀具摩擦面元素含量(100m/min,10N)

材料		原子分数/%				
		Fe	Ca	O	Ti	Al
梯度	摩擦前	0	2.07	41.67	33.76	8.84
	摩擦后	0.53	1.68	45.22	33.66	8.64
均质	摩擦前	0	1.96	40.66	35.09	9.39
	摩擦后	0.46	0.93	47.36	38.52	8.79

表 6-2　G-ATWC$_n$ 和 H-ATWC$_n$ 刀具摩擦面元素含量(100m/min,10N)

材料		原子分数/%					
		Fe	Ca	O	Ti	Al	W
梯度	摩擦前	0	0.92	55.21	10.98	17.09	9.28
	摩擦后	0	0.89	55.53	11.17	16.54	9.52
均质	摩擦前	0	1.44	48.93	14.42	15.01	11.69
	摩擦后	0	1.36	50.93	13.82	14.92	11.69

能谱分析结果表明,梯度设计对 G-ATC$_n$ 刀具表面的物相影响不大,忽略烧结助剂 MgO 的影响,将原子分数换算成体积分数后,梯度刀具中 Al$_2$O$_3$、CaF$_2$、TiC 三物相的体积分数分别为 19.7%、8.8%和 71.5%,而均质刀具中三物相的体积分数分别为 20.2%、8.1%和 71.7%,均较为符合梯度设计中三者的体积分数 20%、10%和 70%。而梯度设计对 G-ATWC$_n$ 刀具的表层物相组成影响较大,表面 CaF$_2$ 的体积分数仅为表层均质刀具的 63.9%。

分析表面 CaF$_2$ 的含量的变化认为:由于 G-ATC$_n$ 刀具各梯度层的纳米 CaF$_2$ 的含量变化较小(体积分数 7%～10%),热压烧结后表层的 CaF$_2$ 含量与相应表层均质刀具近似相同,测试结果甚至略高于后者;而在 G-ATWC$_n$ 刀具中,由于表层与中间层的 CaF$_2$ 含量差距较大(体积分数 10%：0%),热压烧结过程中表层的 CaF$_2$ 向内层转移较多,导致表层 CaF$_2$ 含量的减少。表层纳米 CaF$_2$ 含量的变化是 G-ATWC$_n$ 刀具的摩擦系数出现波动的主要原因。

在相同摩擦条件(100m/min 和 10N)下,G-ATC$_n$ 刀具及其表层均质刀具摩擦面的 SEM 照片如图 6-29 所示,G-ATWC$_n$ 刀具及其表层均质刀具摩擦面的 SEM 照片如图 6-30 所示。

如图 6-29 所示,G-ATC$_n$ 刀具与其表层均质刀具的摩擦面形貌基本相同,而如图 6-30 所示,相比于 G-ATWC$_n$ 刀具,其表层均质刀具摩擦面上多出许多片状的物质。元素分析结果表明,主要是 WC。这是表层均质刀具发生磨损后残留在摩擦面上的磨屑,即 WC 黏附在刀具表面,形成黏着磨损,这也是其耐磨性较低的原因之一。

　　(a) 梯度刀具　　　　　　　　　　　　　(b) 均质刀具

图 6-29　G-ATC$_n$ 刀具摩擦面的 SEM 照片

(100m/min,10N)

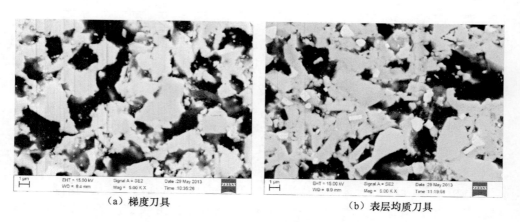

　　(a) 梯度刀具　　　　　　　　　　　　　(b) 表层均质刀具

图 6-30　G-ATWC$_n$ 刀具摩擦面的 SEM 照片

(100m/min,10N)

结合元素分析结果及磨损率测试结果分析,G-ATC$_n$ 刀具由于与其表层均质刀具摩擦前的表面元素含量基本相同,摩擦系数和磨损率也变化不明显,所以摩擦后摩擦表面形貌变化不大;而 G-ATWC$_n$ 刀具由于表面物相已经发生了较大的变化,耐磨性改善明显,并且梯度设计的残余压应力较大,所以梯度刀具的磨损较轻。

3. 梯度设计对摩擦磨损性能的影响机理

由于梯度设计的表层组分与表层均质刀具相同,所以梯度设计对摩擦系数的影响很小。对于 G-ATC$_n$ 刀具,结合前文研究和表 6-1 的元素分析结果可知,由于梯度设计对 G-ATC$_n$ 刀具表层 CaF$_2$ 含量的影响较小,所以在各摩擦条件下,摩擦系数的变化趋势基本相同。对于 G-ATWC$_n$ 刀具,由于刀具表层 CaF$_2$ 含量低于表层均质刀具,导致梯度刀具在高速和高载荷条件下的摩擦系数高于表层均质刀具。

梯度设计可以显著改善刀具的耐磨性。影响耐磨性的因素包括纳米 CaF$_2$ 含量、力学性能和表层残余压应力设计。前文的研究结果表明,纳米 CaF$_2$ 的体积分数在 6.7%～13.3%时,磨损率随摩擦条件的变化不大。对于 G-ATC$_n$ 刀具,在表面 CaF$_2$ 含量与表层均质刀具基本相同的情况下,刀具的耐磨性有了明显的提高;对于 G-ATWC$_n$ 刀具,由于梯度刀具表面的 CaF$_2$ 含量仅为表层均质刀具的 63.9%,如果仅考虑 CaF$_2$ 含量变化的影响,梯度材料的磨损率应高于均质刀具,但实际试验中梯度刀具磨损率反而低于均质刀具,这表明力学性能的提高和残余压应力的形成对磨损率的影响效果大于 CaF$_2$ 含量的变化。由此可见,梯度设计对耐磨性改善的主要原因为力学性能的提高和表层残余压应力的形成。正是由于力学性能的提高和表层残余压应力的形成,在各摩擦条件下,G-ATC$_n$ 刀具和 G-ATWC$_n$ 刀具的磨损率均明显小于表层均质刀具;此外,在高摩擦速度和高载荷条件下,表层残余压应力较大的 G-ATWC$_n$ 刀具的磨损率降低更加明显,也证明了残余压应力对耐磨性的改善作用。

4. 摩擦条件对摩擦磨损性能的影响

采用扫描电镜观察 G-ATC$_n$ 刀具在不同摩擦条件下的摩擦表面,如图 6-31 和图 6-32 所示。在各摩擦条件下,刀具表面在摩擦后均可以看到许多磨损沟槽,这是磨粒磨损的痕迹。随摩擦速度的增加,沟槽逐渐增多,但只有图 6-31(c)和图 6-32(b)中出现几条较深的沟槽。

对各摩擦条件下的摩擦表面进行了能谱分析,各元素的原子分数如图 6-33 所示。随摩擦速度的增大,摩擦面上的 Ca 元素逐渐减少,这是摩擦系数升高的主要原因;Al 元素逐渐减少而 Ti 元素先减少后增加,表明 TiC 在发生磨损后更容易留在摩擦面上;此外摩擦面上 Fe 和 O 元素也随摩擦速度的增大而增多,表明摩擦副元素随摩擦速度的升高在陶瓷上的转移越多。

随着载荷的增大,Ca 元素先降低后升高,但变化较小;Al 元素逐渐减少,而 Ti 元素先减少后增加;Fe 元素逐渐增大,而 O 元素先降低后升高。分析认为,Ca 元素变化较小表明 CaF$_2$ 能够在较高的载荷环境下工作;Fe 元素的增加表明载荷的增大会加剧摩擦副中的 Fe 元素的转移；O 元素含量先下降是因为 Al_2O_3 含量的降低，而随着 Fe 的氧化作用加剧，O 元素含量随之升高。

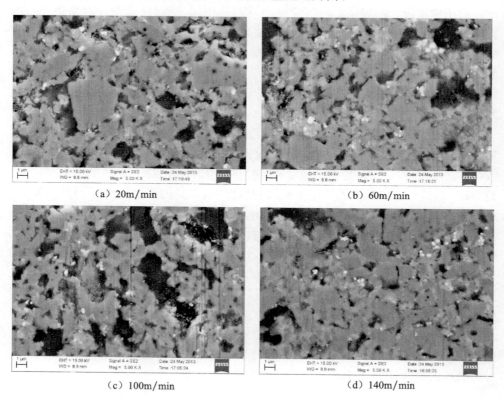

（a）20m/min　　　　　　　　　　（b）60m/min

（c）100m/min　　　　　　　　　　（d）140m/min

图 6-31　G-ATC$_n$ 刀具摩擦表面的 SEM 照片

（载荷：10N）

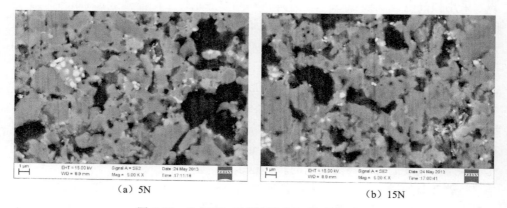

（a）5N　　　　　　　　　　　　（b）15N

图 6-32　G-ATC$_n$ 刀具摩擦表面的 SEM 照片

（摩擦速度：100m/min）

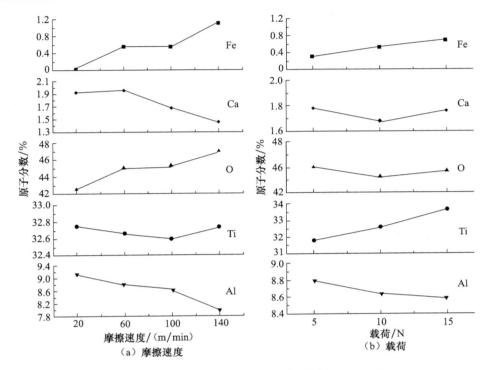

图 6-33　G-ATC$_n$ 刀具各元素随摩擦条件的变化趋势

综合分析认为,刀具摩擦系数随摩擦条件变化的主要原因是纳米 CaF$_2$ 含量的变化;磨损率的变化不仅直接与纳米 CaF$_2$ 的含量有关,还间接受到纳米 CaF$_2$ 导致的力学性能变化的影响。

6.2.4　环境温度对摩擦磨损性能的影响

在相同的摩擦速度(100m/min)和载荷(60N)条件下,研究环境温度对 Al$_2$O$_3$/TiC/CaF$_{2n}$系纳米固体润滑剂与梯度设计协同改性陶瓷刀具(G-ATC$_n$ 刀具)及其表层均质刀具(H-ATC$_n$ 刀具)的摩擦磨损性能的影响。

1. 环境温度对摩擦系数和磨损率的影响

图 6-34 给出了环境温度对 G-ATC$_n$ 刀具和 H-ATC$_n$ 刀具的摩擦系数的影响。当环境温度为室温 25℃时,两种刀具的摩擦系数均随摩擦时间的延长而逐渐升高;当环境温度为 200℃和 400℃时,两种刀具的摩擦系数均先升高后降低;当环境温度增大到 600℃时,摩擦系数呈一直降低的趋势。当环境温度为 600℃,摩擦 30min 后,两种刀具的摩擦系数均降低到 0.19 左右。结果表明,环境温度的升高会降低 G-ATC$_n$ 刀具和 H-ATC$_n$ 刀具的摩擦系数。比较 G-ATC$_n$ 刀具和 H-ATC$_n$

刀具的摩擦系数发现,低温下 G-ATC$_n$ 刀具的摩擦系数低于 H-ATC$_n$ 刀具;高温下 G-ATC$_n$ 刀具的摩擦系数在摩擦初期高于 H-ATC$_n$ 刀具,15min 后摩擦系数近乎相同。

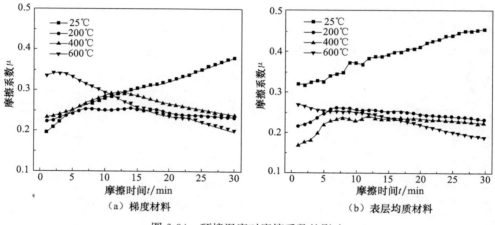

图 6-34　环境温度对摩擦系数的影响

(100m/min,60N)

如图 6-35 所示,环境温度越高,G-ATC$_n$ 和 H-ATC$_n$ 刀具的磨损率均随之降低,且 G-ATC$_n$ 刀具的磨损率始终低于 H-ATC$_n$ 刀具。随环境温度的升高,磨损率的差距变小。当环境温度从 25℃提高到 600℃,G-ATC$_n$ 刀具的磨损率从 $2.62×10^{-6}$mm^3/(N·m)降低到 $1.65×10^{-6}$mm^3/(N·m)。

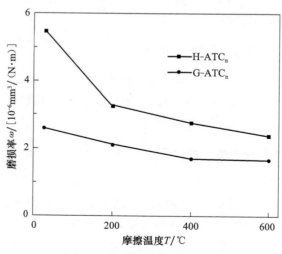

图 6-35　环境温度对磨损率的影响

(100m/min,60N)

2. 环境温度对摩擦形貌的影响

不同环境温度下 H-ATC$_n$ 刀具表面摩擦区的 SEM 照片如图 6-36 所示。当摩擦温度为 25℃和 200℃时,陶瓷摩擦区中的基体晶粒形貌与室温抛光时相近,但纳米固体润滑剂 CaF$_2$ 的粒度明显降低,摩擦面分布着许多大小不一的凹坑。大凹坑位于晶间,是陶瓷晶粒发生磨粒磨损后留下的痕迹;小凹坑分布于晶内,是纳米固体润滑剂在摩擦过程中受挤压、剪切或受热发生体积膨胀进入摩擦面后在原处留下的痕迹。此时,磨损主要是磨粒磨损,并且 200℃时大凹坑较少,表明磨粒磨损的程度较低。环境温度增加到 400℃时,凹坑消失,摩擦面变平,且磨粒磨损在摩擦表面产生了明显的犁沟效应。当环境温度继续增加 600℃时,摩擦表面已经被一层塑性物质所覆盖,摩擦由自润滑陶瓷与工件之间变成了塑性变形层和工件之间;磨损主要是黏着磨损,次要是磨粒磨损。分别对 600℃时摩擦面上的黏着区 A、塑性层 B 和黏着脱落区 C 进行能谱分析,如图 6-37 所示。

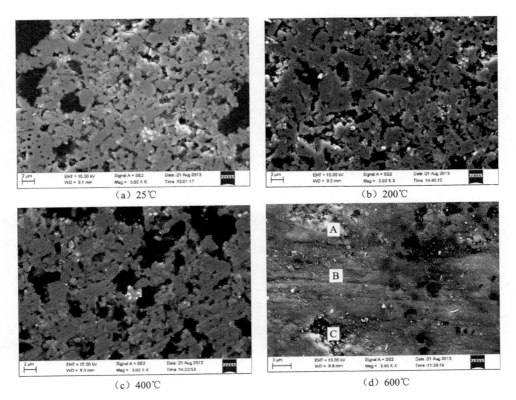

(a) 25℃　　　　　　　　　　　(b) 200℃

(c) 400℃　　　　　　　　　　　(d) 600℃

图 6-36　不同环境温度下 H-ATC$_n$ 刀具表面的摩擦形貌

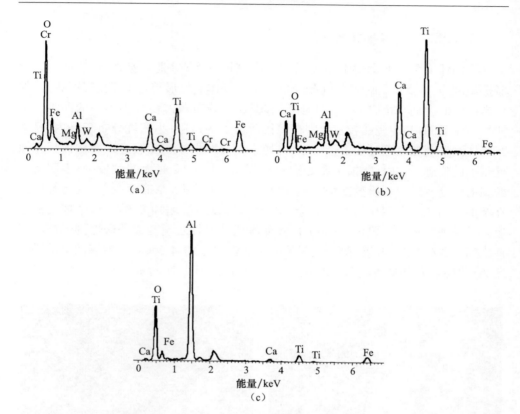

图 6-37　600℃摩擦后 H-ATC$_n$ 刀具摩擦磨损区域的能谱分析

如图 6-37(a)所示,黏着区(A 处)的 Fe 元素和 O 元素的含量明显高于其他区域,表明此处工件元素中的 Fe 及其氧化物较多,产生了黏着作用。图 6-37(b)的(B 处)元素分析结果表明,600℃摩擦面的元素仍然是以陶瓷基体的 Al$_2$O$_3$、TiC 和 CaF$_2$ 为主,Fe 元素的含量变化也不明显,Ca 元素的含量进一步升高,达到了 9.50%。结果表明,刀具的摩擦表面元素没有发生大的变化,耐磨性较强,并且摩擦时纳米固体润滑剂的含量小幅增加,使 CaF$_2$ 的润滑时效长。黏着区存在大量的 Fe、Cr 和 O 元素,表明此处发生了较多工件材料的转移。黏着脱落区(C 处)的区域元素分析结果表明该区域的晶粒主要是 Al$_2$O$_3$。

不同环境温度下 G-ATC$_n$ 刀具表面摩擦区的 SEM 照片如图 6-38 所示。G-ATC$_n$ 刀具的摩擦形貌与 H-ATC$_n$ 刀具非常相近,但在各温度下磨损程度均较小。当环境温度为 25℃和 200℃时,摩擦面的大凹坑较少;当环境温度增加到 400℃时,磨粒磨损的痕迹很轻;当环境温度为 600℃时,塑性层是完整的,没有发生脱落。

分析原因认为:①梯度陶瓷表面的硬度和韧性均高于均质材料,提高了材料的耐磨性;②由于梯度材料的表面存在残余压应力,可以降低摩擦力,从而降低磨损;

③如表5-9所示,梯度材料内层的热导率较高,有利于缓和表层的摩擦热,这也有利于提高耐磨性。

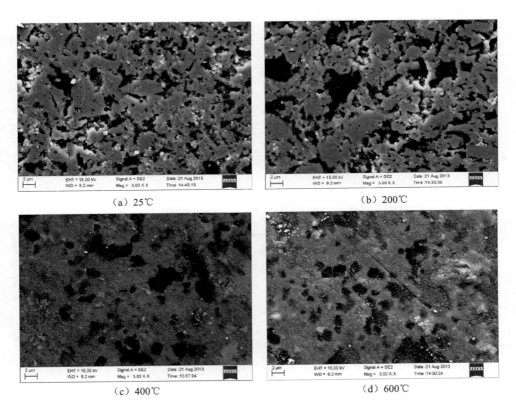

（a）25℃　　　　　　　　　　　　（b）200℃

（c）400℃　　　　　　　　　　　　（d）600℃

图 6-38　不同环境温度下 G-ATC$_n$ 刀具表面的摩擦形貌

3. 高温减摩耐磨机理

　　高温摩擦磨损试验的结果表明,摩擦系数和磨损率均随环境温度的升高而降低。前文的研究结果表明,纳米 CaF$_2$ 含量对 H-ATC$_n$ 刀具的摩擦系数和磨损率影响显著。为了研究环境温度对摩擦磨损的影响,首先分析 25℃、200℃、400℃ 和 600℃ 环境温度条件下 H-ATC$_n$ 刀具摩擦磨损表面的纳米 CaF$_2$ 含量,如图 6-39 所示。

　　如图 6-39 所示,随环境温度的升高,H-ATC$_n$ 刀具表面的纳米 CaF$_2$ 含量随之增加。EDS 能谱分析结果表明,25℃、200℃、400℃ 和 600℃ 的环境温度下,H-ATC$_n$ 刀具表面的 Ca 元素原子分数依次为 1.96%、2.36%、7.68% 和 7.91%。分析纳米 CaF$_2$ 含量增加的原因认为,CaF$_2$ 的热膨胀系数（$18.85 \times 10^{-6} K^{-1}$）远大于陶瓷基体晶粒 Al$_2O_3$（$8.5 \times 10^{-6} K^{-1}$）和 TiC（$7.6 \times 10^{-6} K^{-1}$）,高温条件下 CaF$_2$

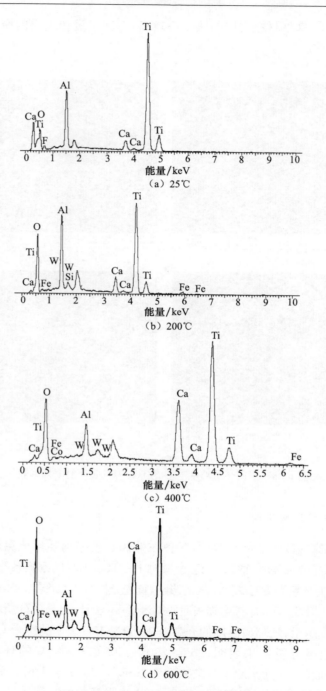

图 6-39　H-ATC$_n$ 刀具表面的能谱分析

与陶瓷基体存在热膨胀失配,产生体积膨胀,脱离了陶瓷基体进入了摩擦表面,使摩擦表面的 CaF_2 含量增加。

结合图 6-36 不同环境温度下 H-ATC_n 刀具的摩擦表面形貌变化发现,当环境温度从 200℃升到 400℃时,H-ATC_n 刀具表面的纳米 CaF_2 含量增加了 3.25 倍,摩擦也逐渐从陶瓷-钢配副变成了塑性层-钢,这也是磨损降低的主要原因之一。由此也可以得出,H-ATC_n 刀具表面纳米 CaF_2 含量的增加除带来良好的减摩性能外,也可降低磨损。

值得注意的是,如图 6-39(b)所示,未摩擦区的 O 元素明显增多,并且存在 Fe元素,这是因为高温摩擦是在密闭环境下进行的,摩擦产生的细小磨屑发生了氧化,并黏到了陶瓷表面。Fe 及其氧化物的出现客观上降低了 Ca 元素的相对含量。

4. 环境温度对摩擦副的影响

由于 40Cr 淬火钢不同于陶瓷,受温度的影响变化较大。在不同的环境温度下研究纳米固体润滑剂与梯度设计协同改性陶瓷刀具的摩擦磨损性能,除了关注刀具本身外,还应对摩擦副进行表征。不同环境温度下的 40Cr 淬火钢的磨损率如图 6-40 所示。

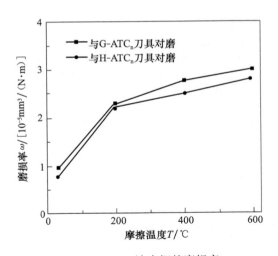

图 6-40　40Cr 淬火钢的磨损率

如图 6-40 所示,在不同环境温度条件下,40Cr 淬火钢的磨损率随环境温度的升高逐渐升高;与 G-ATC_n 刀具和与 H-ATC_n 刀具对磨的 40Cr 淬火钢的磨损率变化趋势基本相同,但与 H-ATC_n 刀具对磨时 40Cr 淬火钢的磨损率略低于与 G-ATC_n 刀具对磨。磨损率的大小与刀具和摩擦副之间的硬度差有关,因为 G-ATC_n 刀具的硬度高于 H-ATC_n 刀具,所以与 G-ATC_n 刀具对磨的 40Cr 淬火钢的磨损率较高。

　　图 6-41 是与 H-ATC$_n$ 刀具对磨的 40Cr 淬火钢的摩擦表面形貌。在 25℃ 环境下,摩擦面凹凸不平,出现较为严重的犁沟磨损,且有大片的材料发生脱落;随着环境温度的升高,摩擦面逐渐光滑,犁沟磨损程度降低;但当温度达到 600℃时,摩擦面虽然最为平整,犁沟磨损几乎完全消失,但摩擦面出现裂纹。

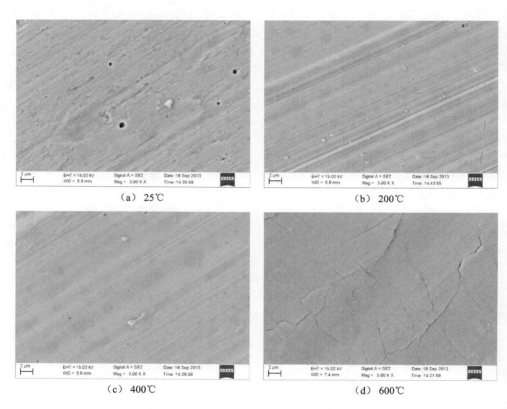

　　　　（a）25℃　　　　　　　　　　　　　（b）200℃
　　　　（c）400℃　　　　　　　　　　　　　（d）600℃

图 6-41　40Cr 淬火钢与 H-ATC$_n$ 刀具对磨时的摩擦表面形貌

　　结果表明,随着环境温度的升高,虽然 40Cr 淬火钢的磨损率逐渐升高,表面形貌变得均匀,但环境温度过高,也会破坏表面微观结构。对不同环境温度下的 40Cr 淬火钢摩擦面进行能谱分析,如图 6-42 所示。环境温度越高,40Cr 淬火钢表面的氧化越严重,在 25℃、200℃、400℃ 和 600℃ 下 O 元素的原子分数分别为 7.06%、11.06%、30.20% 和 63.42%,近似呈倍增趋势。

　　由摩擦表面形貌分析和能谱分析结果可知,要想获得较高的表面加工质量,环境温度最好控制在 400℃左右。

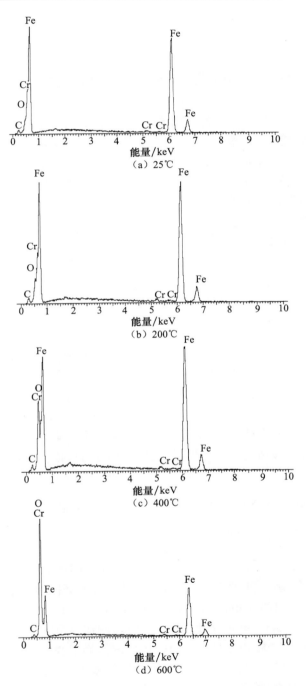

图 6-42　40Cr 淬火钢与 H-ATC$_n$ 刀具对磨时摩擦面的能谱分析

第7章　梯度自润滑陶瓷刀具的切削性能

在陶瓷材料组分设计和制备等相关研究以后,对新研制的梯度自润滑陶瓷刀具材料的切削性能进行试验研究,是陶瓷刀具材料进行实际应用的前提和必要环节。研究刀具的切削性能一方面可以确定新研制的梯度自润滑陶瓷刀具材料的加工范围,以便于其推广与应用;另一方面可以根据切削性能研究的试验结果反过来验证和指导材料设计。本章采用梯度自润滑陶瓷刀具进行干切削试验,研究固体润滑剂和梯度设计对刀具切削性能的影响,其中包括后刀面磨损量、已加工表面粗糙度、切削力和切削温度、刀具及切屑的摩擦形貌与能谱分析等。

7.1　多元梯度自润滑陶瓷刀具的切削性能

7.1.1　干切削试验方法

将多元梯度自润滑陶瓷刀具材料及相应的均质陶瓷材料分别制成刀片进行切削试验。刀片规格为 SNGN120604,倒棱 $b_{\gamma1} \times \gamma_{o1} = 0.2 \times (-20°)$,刀具几何角度为:前角 $\gamma_0 = -8°$,后角 $\alpha_0 = 8°$,刃倾角 $\lambda_s = 0°$,主偏角 $\kappa_r = 45°$。试验机床为 CDE6140A 普通车床,工件材料为 45 钢(HRC 25~27)。采用干切削方式,进给量 $f = 0.102$mm/r,切削深度 $a_p = 0.2$mm。刀具磨钝标准取为后刀面磨损量 VB = 0.3mm。采用光学显微镜测量刀具后刀面磨损量,用扫描电镜观察刀具磨损表面形貌。

7.1.2　多元梯度自润滑陶瓷刀具切削 45 钢时的切削性能

1. $Al_2O_3/TiC/CaF_2$ 梯度自润滑陶瓷刀具

图 7-1 为梯度和均质两种 $Al_2O_3/TiC/CaF_2$ 自润滑陶瓷刀具切削 45 钢时的后刀面磨损曲线。可以看出,两种自润滑陶瓷刀具的后刀面磨损量均随切削距离的增加而增大,切削速度为 120m/min 时的耐磨性能明显优于 60m/min 时的耐磨性能。

当切削速度为 60m/min 时,切削温度较低,固体润滑剂 CaF_2 呈脆性,不易拖覆于刀具表面,自润滑陶瓷刀具前刀面未形成固体润滑膜,呈现出磨粒磨损为主、伴随着黏结磨损的特征,如图 7-2(a)所示。切削一段距离后,自润滑陶瓷刀具后刀面材料产生层状剥落[图 7-2(b)],进而较快地达到磨钝标准。分析认为,较低的切削速度容易引起切削工艺系统的振动,对刀具的切削区产生冲击载荷。由于陶瓷刀具的断裂韧度较低,随着切削距离的增长,刀具表层形成疲劳裂纹并扩展,导致表层材料剥落,属于疲劳磨损。

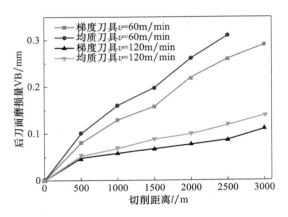

图 7-1　$Al_2O_3/TiC/CaF_2$ 自润滑陶瓷刀具切削 45 钢时后刀面磨损量与切削距离的关系

图 7-2　$Al_2O_3/TiC/CaF_2$ 梯度自润滑陶瓷刀具切削 45 钢时的磨损形貌

当切削速度提高到 120m/min 时,由于切削温度升高,固体润滑剂 CaF_2 将发生由脆性向塑性的转变,容易拖覆于刀具表面,在前刀面形成一层抗剪强度较低的固体润滑膜,阻止刀-屑黏着,起到减摩抗磨的作用。但是,刀具前刀面的刀屑接触区内难以同时生成一层完整的润滑膜,因此该润滑膜的生成、破坏、脱落和再生的各个阶段就可能同时存在于前刀面上的不同区域。图 7-2(c)中的 A 区为固体润滑膜生成区,其表面较平整光滑,只有很少量的黏结物。图 7-2(c)中的 B 区为固体润滑膜破损区,可见其上黏结物较多。随着切削的继续进行,B 区会再生出新的固体润滑膜。如图 7-2(d)所示,刀具后刀面未形成固体润滑膜,在主切削刃附近表现为黏结磨损,其余磨损区域有明显的磨粒刻划沟痕,属于磨粒磨损。这是由于 45 钢工件中含有的一些碳化物(如 Fe_3C)、氧化物(如 SiO_2)等硬质点作为"磨粒"在刀具后刀面刻划形成的。

由图 7-1 还可看出,在不同的切削速度下经过相同的切削距离,梯度刀具的磨损量小于均质刀具的磨损量,且总体上梯度刀具的磨损曲线的斜率较小,说明在连续切削 45 钢时,梯度刀具的耐磨性能优于均质刀具。当切削速度为 60m/min 时,刀具的主要磨损机制为疲劳磨损,梯度刀具表层存在的残余压应力能对疲劳裂纹的萌生和扩展起到一定的抑制作用,进而减缓疲劳磨损。当切削速度为 120m/min 时,刀具的磨损机制以黏结磨损和磨粒磨损为主。

2. $Al_2O_3/(W,Ti)C/CaF_2$ 梯度自润滑陶瓷刀具

图 7-3 为梯度和均质两种 $Al_2O_3/(W,Ti)C/CaF_2$ 自润滑陶瓷刀具切削 45 钢时的后刀面磨损曲线。可见两种自润滑陶瓷刀具的后刀面磨损量均随切削距离的增加而增大,但在相同的切削条件下 $Al_2O_3/(W,Ti)C/CaF_2$ 梯度自润滑陶瓷刀具的后刀面磨损量明显低于均质刀具的后刀面磨损量,表明梯度刀具的耐磨性高于均值刀具。当后刀面磨损量 VB=0.29mm 时,梯度刀具的切削距离是均质刀具切削距离的 1.12 倍,即前者的切削性能比后者提高了 12%。

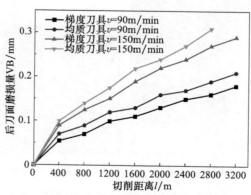

图 7-3　$Al_2O_3/(W,Ti)C/CaF_2$ 自润滑陶瓷刀具切削 45 钢时后刀面磨损量与切削距离的关系

图 7-4 为两种 $Al_2O_3/(W,Ti)C/CaF_2$ 自润滑陶瓷刀具在切削速度为 90m/min 条件下切削 25min 的后刀面磨损形貌。可以看出,均质刀具后刀面上由磨粒磨损形成的犁沟较深而且密集,并伴有明显的沟槽磨损[图 7-4(a)]。与之相比,梯度刀具后刀面上只有稀疏且较浅的犁沟,其沟槽磨损也较轻微[图 7-4(b)]。由此可见,梯度刀具的切削性能,特别是在抗沟槽磨损方面,比均质刀具更好。此外,在均质刀具的切削刃附近出现了微崩刃现象[图 7-4(a)],而梯度刀具的切削刃还比较完好[图 7-4(b)]。

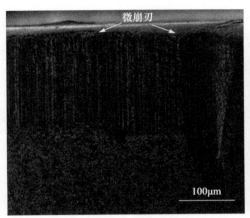 

（a）均质刀具　　　　　　　　　　　　　（b）梯度刀具

图 7-4　两种 $Al_2O_3/(W,Ti)C/CaF_2$ 自润滑陶瓷刀具切削 45 钢时的后刀面磨损形貌

7.1.3　多元梯度自润滑陶瓷刀具在切削过程中的耐磨机理

Evans 等的研究表明,脆性陶瓷材料的磨损率与其力学性能之间存在如下关系:

$$W = C\frac{1}{K_{IC}^{3/4}H^{1/2}} \tag{7-1}$$

式中,K_{IC} 为材料的断裂韧度;H 为材料的硬度;C 为与磨损条件有关的常数。

由式(7-1)知,在相同切削条件下,陶瓷材料的耐磨性能主要取决于其硬度和断裂韧度。由于 $Al_2O_3/TiC/CaF_2$ 和 $Al_2O_3/(W,Ti)C/CaF_2$ 两种梯度自润滑刀具表层存在残余压应力,使得其硬度及断裂韧度均高于相应的均质刀具,因此梯度自润滑刀具后刀面磨损量小于均质自润滑刀具的磨损量,即具有较高的耐磨性能。

另外,与均质刀具相比,梯度自润滑陶瓷刀具的表层存在残余压应力,这种有益的应力能部分抵消切削力施加给刀具的拉应力,因此在相同的切削条件下,梯度自润滑陶瓷刀具具有更好的抗崩刃性能(图 7-4)。

7.2　纳微米复合梯度自润滑陶瓷刀具的切削性能

7.2.1　干切削试验方法

车床：CDE6140A。

工件：45 钢（HRC 25～27）、铸铁。

刀具：TN1，TN2（$n=1.1$）。

刀具几何参数：前角 $\gamma_0=-8°$，后角 $\alpha_0=8°$，刃倾角 $\lambda_s=0°$，主偏角 $\kappa_r=45°$，倒棱宽度 $b_{\gamma1}=0.2\text{mm}$，倒棱角度 $\gamma_{o1}=-20°$，刀尖圆弧半径 $r_\varepsilon=0.2\text{mm}$，干式切削。

测量仪器：Raytek Raynger 3i 非接触式温度测量仪、TR200 手持式粗糙度仪。

7.2.2　纳微米复合梯度自润滑陶瓷刀具切削 45 钢时的切削性能

1. 切削 45 钢时前刀面的磨损机理

图 7-5 是切削 45 钢时刀具前刀面的磨损形貌。图 7-5（a）为均质纳微米复合自润滑陶瓷刀具 TN1 切削 45 钢的磨损形貌 SEM 照片，在 TN1 的前刀面上有比较明显的犁沟，属于磨粒磨损，同时还有剥落现象。图 7-5（b）为 TN2 纳微米复合梯度自润滑陶瓷刀具切削 45 钢的磨损形貌 SEM 照片，TN2 前刀面的磨损形貌与 TN1 不同，没有出现剥落现象，只有两条带状的边界磨损区域。对比 TN1 和 TN2 可以看出，在相同的切削用量参数、切削时间和工件材料的条件下进行切削试验，TN2 刀具的前刀面的磨损区域比 TN1 刀具的小，这表明 TN2 刀具的耐磨性能和摩擦性能比 TN1 刀具好，对纳微米复合梯度自润滑陶瓷刀具材料中的固体润滑剂的梯度设计可以有效地提高刀具材料的切削性能。

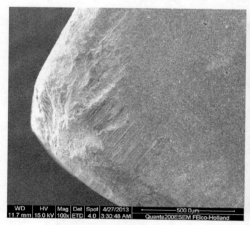　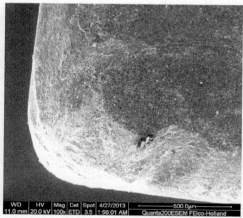

（a）TN1　　　　　　　　　　　　　　　　（b）TN2

图 7-5　切削 45 钢时刀具前刀面的磨损形貌 SEM 照片

纳微米复合梯度自润滑陶瓷刀具在较低的速度下切削 45 钢时的主要磨损机理是磨粒磨损和黏结磨损,这是由于在较低的切削速度下,固体润滑剂不能形成润滑膜,铁屑黏结在刀具表面,不利于切削,导致刀具前刀面磨损较快;当切削速度较高时,刀具的主要磨损机理是磨粒磨损。

图 7-6 为 TN2 纳微米复合梯度自润滑陶瓷刀具切削 45 钢前刀面背散射电子成像,由图可知,在 TN2 刀具的刀尖和前刀面切屑划痕处残留有大量的铁屑,TN2前刀面发生了轻微的黏结磨损。

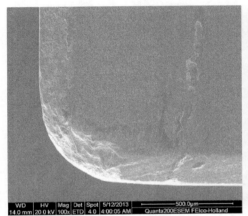

图 7-6　TN2 刀具切削 45 钢时前刀面背散射电子成像

图 7-7 为纳微米复合梯度自润滑陶瓷刀具 TN2 切削 45 钢时前刀面的元素面分布能谱分析,分别列出了 Fe、Ti、N 元素的面分布情况。由图 7-7 可知,在带状的磨损区域内,含有大量的 Fe 元素,这是由铁屑黏结在刀具表面造成的;Ti 和 N元素分布均匀,Ti 元素的含量明显多于 N 元素。固体润滑剂 h-BN 分布均匀,才能保证在 TN2 刀具切削过程中在前刀面上形成均匀的润滑膜。

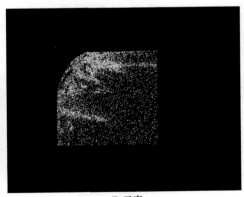

1mm

Fe元素

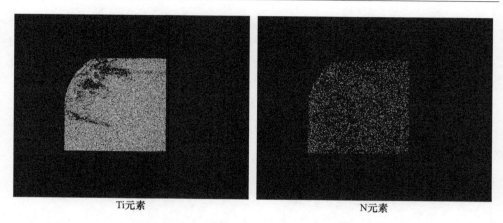

　　　　　　Ti元素　　　　　　　　　　　　　　　　　N元素

图 7-7　TN2 刀具前刀面的元素面分布能谱分析

2. 切削 45 钢时后刀面的磨损机理

　　图 7-8 为在相同试验条件下连续切削 45 钢时刀具后刀面的磨损形貌 SEM 照片。图 7-8(a)为均质纳微米复合自润滑陶瓷刀具 TN1 连续切削 45 钢时刀具后刀面的磨损形貌；图 7-8(b)为纳微米复合梯度自润滑陶瓷刀具 TN2 连续切削 45 钢时刀具后刀面的磨损形貌。由图 7-8(a)可知，在 TN1 后刀面上有较长的机械犁沟磨损区域，在刀尖上形成较深的犁沟；而在 TN2 刀具后刀面磨损面上只有轻微的机械犁沟现象，磨损区域较小，这是典型的磨粒磨损。这说明在纳微米复合梯度自润滑陶瓷刀具的后刀面上没有形成固体润滑膜，后刀面的磨损机理为磨粒磨损。

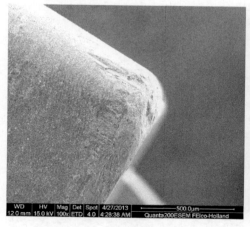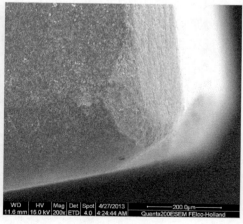

　　　　　（a）TN1　　　　　　　　　　　　　　　（b）TN2

图 7-8　切削 45 钢刀具后刀面的磨损形貌 SEM 照片

纳微米复合梯度自润滑陶瓷刀具连续切削 45 钢时,在不同切削速度下,TN1刀具后刀面磨损量与切削距离的关系如图 7-9(a)所示。由图可知,当切削速度 $v=$ 60m/min 时,TN1 刀具后刀面磨损较快,这是由于低速切削时,固体润滑剂不能形成润滑膜,反而黏结在刀具表面,不利于切削,导致刀具磨损较快;当切削速度 $v\geqslant$ 80m/min 时,TN1 刀具后刀面的磨损量随切削速度的增大而增大,说明在高速切削速度下刀具中的固体润滑剂起到了良好的减摩耐磨作用。

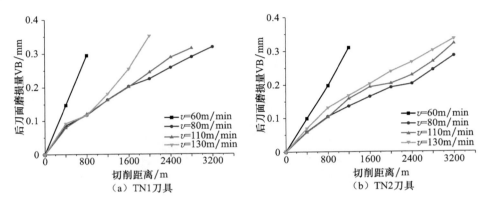

图 7-9　不同切削速度下连续切削 45 钢时刀具后刀面磨损量

$(f=0.102\mathrm{mm},a_{\mathrm{p}}=0.2\mathrm{mm})$

纳微米复合梯度自润滑陶瓷刀具连续切削 45 钢时,在各种切削速度下,TN2刀具后刀面的磨损量与切削距离的关系如图 7-9(b)所示。由图可知,当切削速度 $v=60\mathrm{m/min}$ 时,TN2 刀具后刀面磨损较快;当切削速度 $v\geqslant80\mathrm{m/min}$ 时,TN2 刀具后刀面的磨损量随切削速度的增大呈增大趋势,但相差不大。在一般情况下,纳微米复合梯度自润滑陶瓷刀具的磨损量随切削速度的增大而增大,而 TN2 刀具的磨损量在较高速度下相差不大,说明在高速切削速度下自润滑陶瓷刀具中的固体润滑剂起到了良好的减摩耐磨作用。

3. 切削速度对刀具寿命的影响

图 7-10 为 TN1 与 TN2 刀具连续切削 45 钢时刀具寿命与切削速度的关系。因为对刀具磨损和寿命影响最大的切削用量要素是切削速度,所以背吃刀量和进给速度保持不变,分别为 $a_{\mathrm{p}}=0.2\mathrm{mm}$ 和 $f=0.102\mathrm{mm}$,而只是改变切削速度进行试验,刀具的磨钝标准为 $VB=0.3\mathrm{mm}$。由图可见,随着切削速度的增加,TN1 与 TN2 刀具的刀具寿命呈现先增加后降低的趋势。这是由于切削速度较低时,固体润滑剂不能被拖覆形成润滑膜,反而黏结在刀具表面,不利于刀具切削,导致刀具磨损较快,刀具寿命很低。当切削速度较高时,固体润滑剂被拖覆形成润滑膜,可

以有效地提高刀具的耐磨性,并降低刀具的摩擦系数,有利于刀具切削,可以较好地提高刀具寿命。与 TN1 刀具相比,在相同的切削用量和工件条件下,TN2 刀具的使用寿命明显高于 TN1,这表明对纳微米复合梯度自润滑陶瓷刀具材料中固体润滑剂的梯度设计,控制固体润滑剂含量从刀具材料表面到内部的逐渐降低,并通过残余应力设计改善刀具材料表层的残余应力状态,不仅改善了刀具材料的力学性能,也改善了刀具的切削性能。

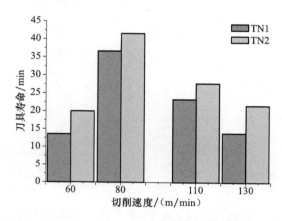

图 7-10　TN1 与 TN2 刀具连续切削 45 钢时的刀具寿命

4. 切削速度对切削温度的影响

图 7-11 为刀具连续切削 45 钢时所测得的刀尖处切削温度随切削距离的关系。由图可知,随着切削距离的增加,切屑的温度逐渐升高,然后保持不变;在相同切削速度 $v=80\text{m/min}$ 下,TN2 刀具切削 45 钢时的温度明显低于 TN1 刀具切削

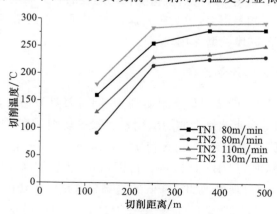

图 7-11　刀具连续切削 45 钢时切屑的温度

45 钢时的温度,约为 220℃,这是因为 TN2 刀具的硬度高于 TN1 刀具,TN2 刀具比较耐磨,不易磨损;在相同的切削距离时,随着切削速度的增大,TN2 刀具的切削温度呈增大趋势,当切削速度 $v=130\text{m/min}$ 时,TN2 刀具的切削温度为 280℃。

5. 切削速度对工件表面粗糙度的影响

图 7-12 为工件已加工表面的粗糙度。由图可知:在相同切削速度 $v=80\text{m/min}$ 下,由于 TN1 刀具较易磨损,TN1 刀具加工的工件表面粗糙度较大,约为 $1.8\mu\text{m}$,而 TN2 刀具加工的工件表面粗糙度较低,约为 $1.2\mu\text{m}$;在相同的切削距离时,随着切削速度的增大,TN2 刀具加工工件的表面粗糙度呈增大的趋势,当切削速度 $v=130\text{m/min}$ 时,工件已加工表面的粗糙度约为 $2.4\mu\text{m}$。

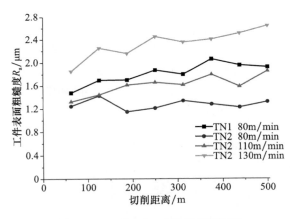

图 7-12 工件已加工表面的粗糙度

7.2.3 纳微米复合梯度自润滑陶瓷刀具切削铸铁时的切削性能

1. 切削铸铁时前刀面的磨损机理

图 7-13(a)为纳微米复合梯度自润滑陶瓷刀具切削铸铁的磨损形貌 SEM 照片。从图 7-13(a)可见,在 TN1 的前刀面上有比较明显的月牙洼。从图 7-13(b)可见,TN2 前刀面的磨损形貌与 TN1 基本相同,也是在刀具的前刀面上有比较明显的月牙洼,并且在前刀面上形成了一层固体润滑膜。对比 TN1 和 TN2 可以看出,在相同的切削用量参数、切削时间和工件材料的条件下进行切削试验,TN2 刀具的前刀面的月牙洼区域比 TN1 刀具的小。这表明 TN2 刀具的耐磨性能和摩擦性能比 TN1 刀具好,对纳微米复合梯度自润滑陶瓷刀具材料中固体润滑剂的梯度设计可以有效地提高刀具材料的切削性能。

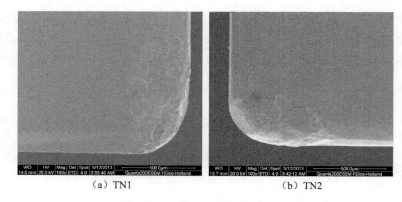

　　（a）TN1　　　　　　　　　（b）TN2

图 7-13　切削铸铁时前刀面的磨损形貌 SEM 照片

　　图 7-14 为在相同的切削条件下切削铸铁时刀具前刀面的背散射电子成像。由图可知，在 TN1 和 TN2 刀具的主切削刃上都残留大量的铁屑，这说明在切削铸铁过程中，不仅发生磨粒磨损，还发生了黏结磨损。TN2 刀具发生黏结的区域明显小于 TN1 刀具，这表明 TN2 刀具优于 TN1 刀具的切削性能，对 TN2 刀具的梯度设计有利于提高刀具的切削性能。

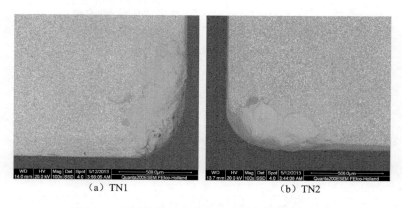

　　（a）TN1　　　　　　　　　（b）TN2

图 7-14　切削铸铁时刀具前刀面的背散射电子成像

　　图 7-15 为纳微米复合梯度自润滑陶瓷刀具 TN2 切削铸铁时前刀面的元素面分布能谱分析，分别列出了 Fe、Ti、N 元素的面分布情况。由图 7-15 可知，在刀具的主切削刃上，含有大量的 Fe 元素，这是由铁屑黏结在刀具表面造成的；Ti 元素分布均匀，在主切削刃处，由于铁屑的覆盖，Ti 元素较少；N 元素分布均匀，明显少于 Ti 元素。固体润滑剂 h-BN 分布均匀，才能保证在 TN2 刀具切削过程中在前刀面上形成均匀的润滑膜。

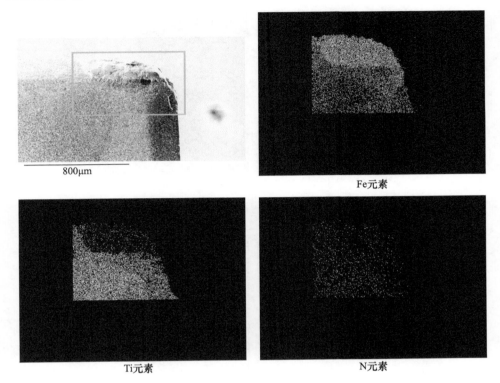

图 7-15　切削铸铁时 TN2 刀具前刀面的元素面分布能谱分析

2. 切削铸铁时后刀面的磨损形貌

图 7-16 为在相同试验条件下连续切削铸铁时刀具后刀面的磨损形貌 SEM 照片。图 7-16(a)为均质纳微米复合自润滑陶瓷刀具 TN1 连续切削铸铁时刀具后刀面的磨损形貌；图 7-16(b)为纳微米复合梯度自润滑陶瓷刀具 TN2 连续切削铸铁时刀具后刀面的磨损形貌。由图 7-16(a)可知，在 TN1 刀具后刀面上有较宽的机械犁沟磨损区域；而在 TN2 刀具后刀面磨损面上只有轻微的机械犁沟现象，磨损区域较小，这是典型的磨粒磨损。这说明在切削铸铁的过程中，纳微米复合梯度自润滑陶瓷刀具的后刀面上没有形成固体润滑膜，后刀面的磨损机理为磨粒磨损。

图 7-17 为在相同的切削条件下切削铸铁时刀具后刀面的背散射电子成像。由图可知，在 TN1 和 TN2 刀具的后刀面上都残留有铁屑，这说明在切削铸铁过程中，刀具后刀面不仅发生磨粒磨损，还发生了黏结磨损。TN2 刀具发生黏结的区域明显小于 TN1 刀具，这表明 TN2 刀具优于 TN1 刀具的切削性能，TN1 和 TN2 刀具后刀面上的磨损机理为磨粒磨损和黏结磨损。

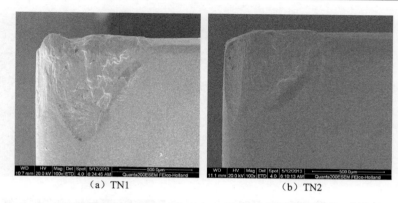

（a）TN1　　　　　　　　　　（b）TN2

图 7-16　切削铸铁时后刀面的磨损形貌 SEM 照片

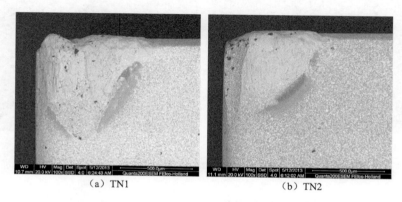

（a）TN1　　　　　　　　　　（b）TN2

图 7-17　切削铸铁时刀具后刀面的背散射电子成像

纳微米复合自润滑陶瓷刀具连续切削铸铁时，在各种切削速度下，TN1 刀具后刀面磨损量与切削距离的关系如图 7-18（a）所示。由图可知，当切削速度 $v=80\text{m/min}$ 时，TN1 刀具后刀面磨损较快，刀具磨钝时的切削距离为 816m，这是由于低速切削时，固体润滑剂不能形成润滑膜，反而黏结在刀具表面，不利于切削，导致刀具磨损较快，此外，铸铁中含有大量硬质点也是磨损较快的原因；当切削速度 $v\geqslant110\text{m/min}$ 时，TN1 刀具后刀面的磨损量明显降低，而且随着切削速度的增大而增大，当 $v=110\text{m/min}$ 时，刀具磨钝时的切削距离为 1200m，这说明在高的切削速度下自润滑陶瓷刀具中的固体润滑剂起到了良好的减摩耐磨作用。

纳微米复合梯度自润滑陶瓷刀具连续切削铸铁时，在各种切削速度下，TN2 刀具后刀面的磨损量与切削距离的关系如图 7-18（b）所示。由图可知，当切削速度 $v=80\text{m/min}$ 时，TN2 刀具后刀面磨损较快，但是明显低于 TN1 刀具，刀具磨

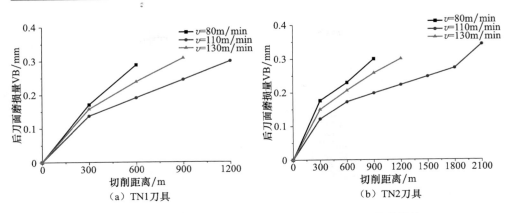

图 7-18　不同切削速度下连续切削铸铁时刀具后刀面的磨损量
($f=0.198\text{mm}$, $a_\text{p}=0.3\text{mm}$)

钝时的切削距离为 900m,这表明梯度设计有利于提高刀具的切削性能;当切削速度 $v\geqslant80\text{m/min}$ 时,TN2 刀具后刀面的磨损量明显低于 TN1 刀具,而且随着切削速度的增大呈增大趋势,当 $v=110\text{m/min}$ 时,刀具磨钝时的切削距离为 1928m,这说明在高切削速度下自润滑陶瓷刀具中的固体润滑剂起到了良好的减摩耐磨作用。

3. 切削速度对刀具寿命的影响

图 7-19 为 TN1 与 TN2 刀具连续切削铸铁时刀具寿命与切削速度的关系。因为对刀具磨损和寿命影响最大的切削用量要素是切削速度,所以背吃刀量和进给速度保持不变,分别为 $a_\text{p}=0.3\text{mm}$ 和 $f=0.198\text{mm}$,而只是改变切削速度进行试验,刀具的磨钝标准为 VB=0.3mm。由图可见,随着切削速度的增加,TN1 与 TN2 刀具的刀具寿命呈现先增加后降低的趋势。这是由于切削速度较低时,固体润滑剂不能被拖覆形成润滑膜,反而黏结在刀具表面,不利于刀具切削,导致刀具磨损较快,刀具寿命很低;此外,铸铁中含有大量硬质点,对刀具寿命的影响也很大。当切削速度较高时,固体润滑剂被拖覆形成润滑膜,可以有效地提高刀具的耐磨性,并降低刀具的摩擦系数,有利于刀具切削,可以较好地提高刀具寿命。与 TN1 刀具相比,在相同的切削用量和工件条件下,TN2 刀具的使用寿命明显高于 TN1 刀具。这表明对纳微米复合梯度自润滑陶瓷刀具材料中固体润滑剂的梯度设计,提高了刀具的力学性能,同时控制固体润滑剂含量从刀具材料表面到内部的逐渐降低,并通过残余应力设计改善刀具材料表层的残余应力状态,不仅改善了刀具材料的力学性能,也改善了刀具的切削性能。

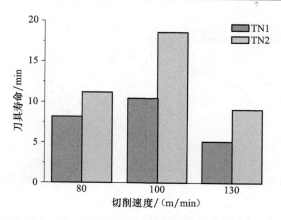

图 7-19　TN1 与 TN2 刀具连续切削铸铁的刀具寿命

4. 切削速度对切削温度的影响

图 7-20 为刀具连续切削铸铁时所测得的刀尖处切削温度随切削距离的关系。由图可知,随着切削距离的增加,切削温度逐渐升高,然后保持不变;在相同切削速度 $v=80\mathrm{m/min}$ 下,TN2 刀具切削铸铁时的温度明显低于 TN1 刀具切削铸铁时的温度,约为 70℃。这是因为 TN2 刀具的硬度高于 TN1 刀具,TN2 刀具比较耐磨,刀具不易磨损;在相同切削距离时,随着切削速度的增大,TN2 刀具的切削温度呈增大趋势;当切削速度 $v=130\mathrm{m/min}$ 时,TN2 刀具的切削温度为 81℃。

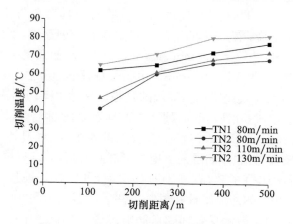

图 7-20　刀具连续切削铸铁时的切削温度

5. 切削速度对工件表面粗糙度的影响

图 7-21 为工件已加工表面的粗糙度。由图可知:在相同切削速度 $v=80\mathrm{m/min}$

下,由于 TN1 刀具较易磨损,TN1 刀具加工的工件表面粗糙度较大,约为 $7.2\mu m$,而 TN2 刀具加工的工件表面粗糙度较低,约为 $4.9\mu m$;在相同的切削距离时,随着切削速度的增大,TN2 刀具加工工件的表面粗糙度呈增大的趋势,当切削速度 $v=130m/min$ 时,工件已加工表面的粗糙度约为 $6.2\mu m$。

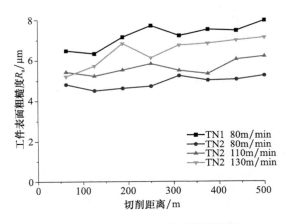

图 7-21　工件已加工表面的粗糙度

7.2.4　纳微米复合梯度自润滑陶瓷刀具在切削过程中的自润滑机理

纳微米复合梯度自润滑陶瓷刀具在切削过程中,固体润滑剂在各种应力的作用下析出并拖覆在刀具前刀面上,形成一层比较完整的固体自润滑膜,随着刀具切削的进行,这层自润滑膜在各种应力的作用下开始出现裂纹,从而导致自润滑膜破坏,并开始脱落。当自润滑膜全部脱落后,刀具前刀面上会形成一个未被固体润滑剂覆盖的摩擦表面,切屑与这个新鲜的表面接触,会进入自润滑膜的重新生成的过程。这样,就形成了自润滑膜的生成、损坏、脱落和再生的循环过程,因而在纳微米复合梯度自润滑陶瓷刀具的整个生命周期内始终具有自润滑功能。

然而,切屑与刀具前刀面的接触面积较大,在切削过程中,在刀具前刀面上很难形成一层完整的自润滑膜。从整个刀具的前刀面来说,自润滑膜的生成、损坏、脱落和再生各个阶段可能是同时存在的,由于所处的位置不同,其受到的各种应力和外部条件也不同,就会出现这一区域自润滑膜正在生成,而其他区域自润滑膜正在脱落的现象。但是,对于某一固定区域会始终遵循自润滑膜生成、损坏、脱落和再生这一演变规律往复循环,因此纳微米复合梯度自润滑陶瓷刀具在整个生命周期内都具有自润滑的效果。在刀具的切削过程中,自润滑膜覆盖在纳微米复合梯度自润滑陶瓷刀具的前刀面上的总面积处于这种动态平衡状态。在刀具切削的过程中,自润滑膜经过了生成、损坏、脱落和再生等几个循环过程。

纳微米复合梯度自润滑陶瓷刀具 TN2 切削 45 钢过程中前刀面上的自润滑膜

生成过程中的各个阶段的 SEM 照片如图 7-22 所示。图 7-22(a)为 TN2 刀具切削前的抛光面,刀具表面还未出现磨损的状态,表面的各相分布均匀,没有明显的 h-BN 团聚现象;图 7-22(b)为开始进行切削试验后,固体润滑剂受到摩擦热和切削应力开始析出;图 7-22(c)可以看出,经过一段时间的切削试验,在 TN2 刀具的前刀面上,h-BN 开始被大面积地拖覆,形成了一层不完整的自润滑膜;图 7-22(d)为经过较长时间的切削试验,在刀具前刀面上形成一层完整的自润滑膜。固体自润滑膜的形成能够有效地减少黏结现象的发生,起到降低摩擦系数的作用。

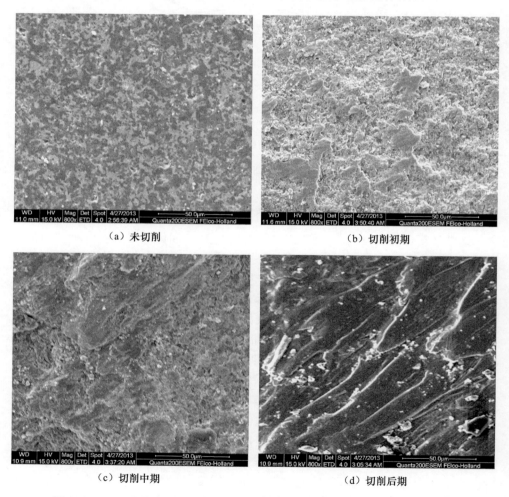

　　　　　(a) 未切削　　　　　　　　　　　　　(b) 切削初期

　　　　　(c) 切削中期　　　　　　　　　　　　(d) 切削后期

图 7-22　TN2 刀具在切削 45 钢过程中自润滑膜形成的各个阶段的 SEM 照片

　　刀具在切削过程中不仅会受到压力和摩擦力的作用,还要受到刀具微变形和刀具基体拉应力的影响。在刀具切削过程中,刀具的切削力较大,在低速切削时,固体润滑剂 h-BN 处于脆性状态,不易形成自润滑膜;在较高速度下切削,切削温度较高,固体润滑剂 h-BN 处于塑性状态,易形成自润滑膜。但是随着切削的进行,h-BN 润滑膜会不断地被磨损,在各种应力的影响下,h-BN 润滑膜会产生裂纹。经过一段时间,自润滑膜逐渐脱落,最终完全脱落,与刚开始切削时的刀具表面相似。图 7-23 为纳微米复合梯度自润滑陶瓷刀具 TN2 的前刀面上自润滑膜开始出现裂纹的 SEM 照片。从图中可以看见,自润滑膜在各种应力的作用下开始出现裂纹的情况。

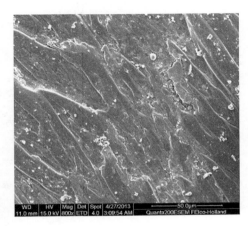

图 7-23 自润滑膜产生裂纹

7.3 纳米固体润滑剂与梯度设计协同改性陶瓷刀具的切削性能

7.3.1 干切削试验方法

在 CDE6140A 车床(大连机床集团)上进行干切削试验,车床及切削试验如图 7-24 所示,刀柄型号为肯纳 GSSN R/L 2525M12-MN7。

图 7-24 干切削试验图

1. **刀具与工件材料**

试验采用的刀具及其刀具几何参数、工件材料如下。

(1) 刀具:$Al_2O_3/TiC/CaF_{2n}$ 系纳米固体润滑剂与梯度设计协同改性陶瓷刀具(G-ATC$_n$ 刀具)及其表层均质刀具(H-ATC$_n$ 刀具)、$Al_2O_3/(W,Ti)C/CaF_{2n}$ 系纳

米固体润滑剂与梯度设计协同改性陶瓷刀具（G-ATWC$_n$）及其表层均质刀具（H-ATWC$_n$）、Al$_2$O$_3$/TiC 陶瓷刀具（H-AT）。刀具尺寸为 12mm×12mm×5mm。所用梯度刀具的后刀面如图 7-25 所示。

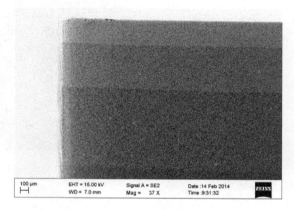

图 7-25　梯度刀具的后刀面 SEM 照片

（2）刀具几何参数：前角 $\gamma_0 = -5°$，后角 $\alpha_0 = 5°$，刃倾角 $\lambda_s = 0°$，主偏角 $\kappa_r = 45°$，倒棱宽度 $b_{\gamma1} = 0.1mm$，倒棱角度 $\gamma_{o1} = -10°$，刀尖圆弧半径 $r_\varepsilon = 0.2mm$。

（3）工件材料：40Cr 淬火钢，硬度 HRC 48～50。40Cr 合金钢经调质处理后具有良好的综合力学性能和低温冲击韧性，是目前机械制造业使用最广泛的钢材之一。特别是淬火后的 40Cr 合金钢在航空航天、船舶和军事等尖端行业的应用前景巨大，硬度可达 HRC 50～70，属于难加工材料。分析 40Cr 淬火钢的特点：①硬度强度双高，几乎没有塑性；②由于 Cr 的加入，淬透性高；③导热系数低，7.12W/(m·K)，约为 1045 钢的 1/7。切削加工时，由于硬度高、脆性大，易产生积屑瘤，导致加工质量不高；高脆性还导致切屑与刀刃接触距离短，切削力和切削热集中在刀刃上，易造成刀刃的崩碎和磨损；低导热系数导致通过排屑作用带走的切削热较少，加快了刀片热磨损。

40Cr 淬火钢的精加工通常采用聚晶立方氮化硼（PCBN）刀具进行加工，但切削速度（60～80m/min）和进给量（0.05～0.025mm/r）均比较低，加工效率较差。Al$_2$O$_3$ 陶瓷刀具具有优良的高温力学性能和耐磨损性能，但脆性较大，切削 40Cr 淬火钢时刀刃易破碎。出于降低切削力和切削温度、加快排屑作用、抑制积屑瘤、改善刀具韧性等方面的考虑，在 Al$_2$O$_3$ 陶瓷刀具中引入纳米固体润滑剂 CaF$_2$，可在较高的切削速度下加工，保证切削加工质量，提高加工效率。

2. 测试方法

后刀面磨损量：每次试验后，采用上海朗微工具显微镜观察后刀面的磨损情况,并根据标尺读取后刀面磨损量,刀具失效标准为 VB=0.3mm。

工件表面粗糙度:每次试验后,采用 TR200 表面粗糙度测量仪测量工件的表面粗糙度,每点测量重复 5 次,取其平均值作为结果。

切削力:采用 Kistler 9265A 型测力仪测量三方向的切削力。

切削温度:采用 TH5104 型红外热像仪测量切削温度。

采用扫描电子显微镜及其自带的能谱分析仪分别观察刀具和切屑的磨损形貌,分析其元素含量变化。

7.3.2　纳米固体润滑剂对陶瓷刀具切削性能的影响

在相同的切削条件下,分别采用 H-AT 刀具和 H-ATC$_n$ 刀具干切削 40Cr 淬火钢,研究纳米固体润滑剂对切削性能的影响,两种刀具的力学性能如图 5-41 所示。

1. 纳米固体润滑剂对后刀面磨损量的影响

图 7-26 为 H-AT 刀具和 H-ATC$_n$ 刀具切削 40Cr 淬火钢时刀具后刀面磨损量,在切削速度 v=300m/min、背吃刀量 a_p=0.2mm 和进给量 f=0.1mm/r 条件下,切削 40Cr 淬火钢 1500m 时,H-ATC$_n$ 刀具的后刀面磨损量 VB=0.24mm,高于 H-AT 刀具(0.22mm)。

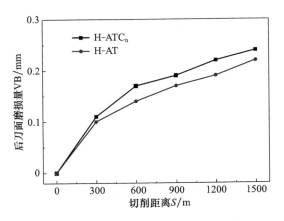

图 7-26　H-AT 和 H-ATC$_n$ 刀具切削 40Cr 淬火钢时刀具的后刀面磨损量
(v=300m/min,a_p=0.2mm,f=0.1mm/r)

刀具的力学性能是决定切削加工中刀具磨损的最重要因素。由式(7-1)可知,陶瓷刀具磨损最重要的影响因素是硬度,其次是断裂韧性。由于添加纳米 CaF$_2$ 的 H-ATC$_n$ 刀具的硬度比 H-AT 刀具低而断裂韧性高,所以刀具的磨损量略高。

此外,多次试验结果表明,当切削距离高于 1500m 以后,H-AT 刀具易发生崩刃,导致加工质量剧烈下降和刀具失效,而在刀具磨损 0.3mm 以内,H-ATC$_n$ 刀具并未发生严重的崩刃,切削距离可达 3000m 以上。

2. 纳米固体润滑剂对工件表面粗糙度的影响

图 7-27 给出了 H-ATC$_n$ 和 H-AT 刀具切削 40Cr 淬火钢时工件的表面粗糙度,H-ATC$_n$ 刀具切削后工件的平均表面粗糙度约为 $1.6\mu m$,H-AT 陶瓷刀具加工工件的平均表面粗糙度约为 $1.9\mu m$。结果表明,加入纳米固体润滑剂可以降低加工工件的表面粗糙度。另外,随切削距离的增加,H-ATC$_n$ 刀具加工工件的表面粗糙度变化较小,在 0~1500m 范围内工件的表面粗糙度维持在 1.5~$1.7\mu m$。而不含纳米 CaF$_2$ 的 H-AT 陶瓷刀具加工工件的表面粗糙度随切削距离的增加而增加较为明显。

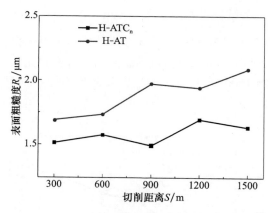

图 7-27　H-AT 和 H-ATC$_n$ 刀具切削 40Cr 淬火钢时工件的表面粗糙度

($v=300$m/min,$a_p=0.2$mm,$f=0.1$mm/r)

3. 纳米固体润滑剂对切削力和切削温度的影响

图 7-28 为相同切削条件下 H-AT 和 H-ATC$_n$ 刀具的切削力和切削温度。添加纳米 CaF$_2$ 的 H-ATC$_n$ 刀具的主切削力和切削温度分别为 100N 和 382.6℃,较 H-AT 刀具的主切削力下降了 36.3%,切削温度下降了 34.0%。此外,添加纳米 CaF$_2$ 的 H-ATC$_n$ 刀具的径向力 F_y 和进给力 F_x 也有所下降。结果表明,在陶瓷刀具中加入纳米固体润滑剂可以显著降低切削加工过程中的切削力和切削温度。

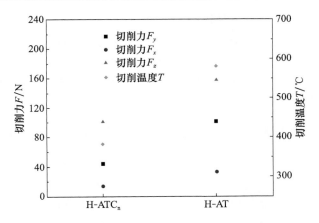

图 7-28　H-AT 和 H-ATCn 刀具切削 40Cr 淬火钢时的切削力和切削温度

（$v=300\text{m/min}, a_p=0.2\text{mm}, f=0.1\text{mm/r}$）

4. 纳米固体润滑剂对摩擦系数的影响

根据测量的径向力 F_y 和主切削力 F_z，代入式(7-2)中计算刀具前刀面的平均摩擦系数：

$$\mu=\tan[\gamma_0+\arctan(F_y/F_z)] \tag{7-2}$$

式中，μ 为前刀面平均摩擦系数；γ_0 为刀具前角。

H-ATCn 和 H-AT 刀具切削 40Cr 淬火钢时前刀面的平均摩擦系数如图 7-29 所示。添加纳米 CaF_2 的 H-ATCn 刀具的前刀面平均摩擦系数约为 0.34，明显低于未添加纳米 CaF_2 的 H-AT 刀具的 0.53，表明加入纳米 CaF_2 具有显著的减摩效果。前刀面摩擦系数的降低是切削温度降低的主要原因。

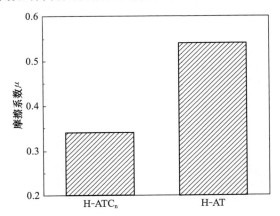

图 7-29　H-AT 和 H-ATCn 刀具前刀面的平均摩擦系数

（$v=300\text{m/min}, a_p=0.2\text{mm}, f=0.1\text{mm/r}$）

结合 H-AT 和 H-ATC$_n$ 刀具的力学性能、磨损量、加工表面粗糙度、摩擦系数、切削力和切削温度进行分析,纳米 CaF$_2$ 具有良好的减摩效果,可以显著降低切削力和切削温度,提高工件加工质量,但由于刀具硬度的下降,后刀面磨损量略有升高。结果表明,陶瓷刀具中添加纳米 CaF$_2$ 具有良好的减摩效果,但仍需要良好的刀具力学性能作为支撑。

7.3.3　梯度设计对纳米固体润滑剂改性陶瓷刀具切削性能的影响

采用 Al$_2$O$_3$/TiC/CaF$_{2n}$ 系纳米固体润滑剂与梯度设计协同改性陶瓷刀具(G-ATC$_n$ 刀具)及其表层均质刀具(H-ATC$_n$ 刀具)、Al$_2$O$_3$/(W,Ti)C/CaF$_{2n}$ 系纳米固体润滑剂与梯度设计协同改性陶瓷刀具(G-ATWC$_n$)及其表层均质刀具(H-ATWC$_n$)进行干切削试验,研究梯度设计对切削性能的影响。

1. 梯度设计对后刀面磨损量的影响

如图 7-30(a)所示,在切削速度 $v=300$m/min、背吃刀量 $a_p=0.2$mm 和进给量 $f=0.1$mm/r 条件下切削 40Cr 淬火钢。当切削距离为 3900m 时,H-ATC$_n$ 刀具磨损失效,相同条件下 G-ATC$_n$ 刀具的 VB=0.26mm,较均质刀具有了明显的改善;当切削距离增大到 5100m 时,G-ATC$_n$ 刀具失效;当切削距离为 1200m 时 H-ATWC$_n$ 刀具的后刀面磨损量 VB=0.37mm,此时 G-ATWC$_n$ 刀具的后刀面磨损量 VB=0.29mm;当切削距离增大到 1500m 时,梯度刀具失效,VB=0.35mm。如图 7-30(b)所示,在切削速度 $v=200$m/min、背吃刀量 $a_p=0.2$mm 和进给量 $f=0.1$mm/r 条件下切削 40Cr 淬火钢。G-ATC$_n$ 刀具及其均质刀具的切削失效距离分别为 5400m 和 4500m;G-ATWC$_n$ 刀具及其均质刀具切削失效距离均为 1500m,此时后刀面磨损量 VB 分别为 0.31mm 和 0.36mm。

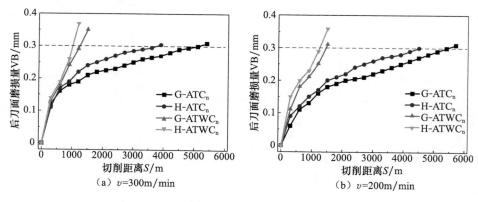

（a）$v=$300m/min　　　　　　　（b）$v=$200m/min

图 7-30　梯度与均质刀具切削 40Cr 淬火钢时刀具的后刀面磨损量

（$a_p=0.2$mm, $f=0.1$mm/r）

　　结果表明,在相同加工条件下,两种梯度刀具的后刀面磨损量均低于均质刀具,表明自润滑陶瓷刀具的梯度设计有助于提高刀具的切削性能。分析认为,采用梯度技术设计纳米固体润滑剂的含量从刀具表面到内部逐渐降低,并相应设计增强相的含量变化,使刀具表层产生残余压应力,不仅改善了刀具的力学性能,同时改善了刀具的切削性能。

2. 梯度设计对加工工件表面粗糙度的影响

　　图 7-31 给出了两种梯度自润滑陶瓷刀具加工工件的表面粗糙度。如图 7-31(a)所示,在切削速度 $v=300\text{m/min}$、背吃刀量 $a_p=0.2\text{mm}$ 和进给量 $f=0.1\text{mm/r}$ 条件下切削 40Cr 淬火钢。G-ATC$_n$ 刀具切削后工件的表面粗糙度约为 $1.4\mu\text{m}$,低于均质材料的 $1.6\mu\text{m}$;G-ATWC$_n$ 刀具切削后工件的表面粗糙度约为 $2.4\mu\text{m}$,低于均质材料的 $2.6\mu\text{m}$。如图 7-31(b)所示,在切削速度 $v=200\text{m/min}$、背吃刀量 $a_p=0.2\text{mm}$ 和进给量 $f=0.1\text{mm/r}$ 条件下切削 40Cr 淬火钢。G-ATC$_n$ 刀具切削后工件的表面粗糙度约为 $1.7\mu\text{m}$,低于均质材料的 $1.8\mu\text{m}$;G-ATWC$_n$ 刀具切削后工件的表面粗糙度约为 $2.3\mu\text{m}$,低于均质材料的 $2.6\mu\text{m}$。

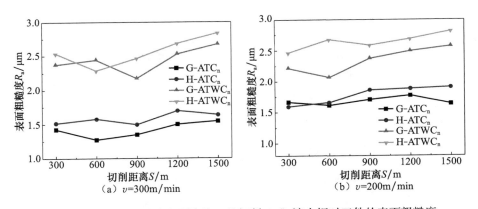

图 7-31　梯度与均质自润滑陶瓷刀具切削 40Cr 淬火钢时工件的表面粗糙度

$(a_p=0.2\text{mm},f=0.1\text{mm/r})$

　　在各加工条件下,梯度刀具切削后工件的表面粗糙度均低于均质刀具,表明梯度设计可以改善加工工件的表面粗糙度。并且,相比于均质刀具,G-ATC$_n$ 刀具加工工件在切削速度 $v=300\text{m/min}$ 下的表面粗糙度明显低于 $v=200\text{m/min}$,表明梯度设计也可以改善刀具在高速条件下的加工质量;G-ATWC$_n$ 刀具由于切削性能较差,刀具磨损较快,导致表面粗糙度高,且随切削距离的增长较快。

3. 梯度设计对切削力和切削温度的影响

　　如图 7-32 所示,采用梯度设计可以显著降低切削力。相比对应均质刀具,G-

ATC$_n$ 刀具的主切削力降低了 13.6%，G-ATWC$_n$ 刀具降低了 27.8%。结合两种梯度的表层压应力分析结果和切削力变化，表明梯度设计对切削力的影响主要来自于表层的残余压应力，残余压应力较大的 G-ATWC$_n$ 刀具的主切削力降低也较大。

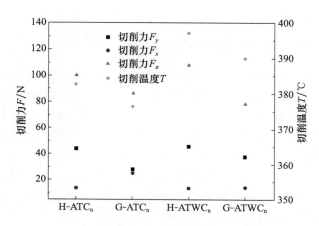

图 7-32　梯度设计对切削力和切削温度的影响

($v=300$m/min, $a_p=0.2$mm, $f=0.1$mm/r)

　　另外，如图 7-32 所示，梯度设计也可以降低切削温度，但降低程度较小，G-ATC$_n$ 刀具的切削温度降低了 1.6%，G-ATWC$_n$ 刀具降低了 1.8%。由于梯度刀具表层中纳米固体润滑剂的含量与均质刀具相同，切削温度的降低主要是由于切削力的降低。

　　4. 梯度设计对摩擦系数的影响

　　梯度设计对摩擦系数的影响如图 7-33 所示。可见，梯度设计对摩擦系数的影响很小，均质刀具前刀面的摩擦系数甚至略低于梯度刀具。分析原因认为，梯度刀具表面存在残余压应力，切削过程中可降低主切削力，即 F_z 降低。根据式(7-2)可知，F_z 减小，刀具的摩擦系数升高。如图 7-33 所示，残余压应力较大的 G-ATWC$_n$ 刀具的摩擦系数比均质刀具更高。

　　5. 切削参数对切削性能的影响

　　下面采用 $Al_2O_3/TiC/CaF_{2n}$ 系纳米固体润滑剂与梯度设计协同改性陶瓷刀具（G-ATC$_n$ 刀具），研究不同切削条件下切削 40Cr 淬火钢的切削性能。

　　图 7-34 给出了 G-ATC$_n$ 刀具切削 40Cr 淬火钢时后刀面磨损量随切削参数的变化。图 7-34(a)中，背吃刀量 $a_p=0.2$mm、进给量 $f=0.1$mm/r；图 7-34(b)中，

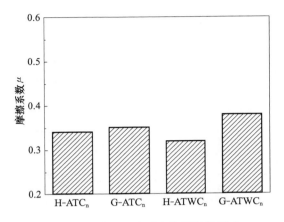

图 7-33　梯度设计对摩擦系数的影响

$(v=300\text{m/min}, a_p=0.2\text{mm}, f=0.1\text{mm/r})$

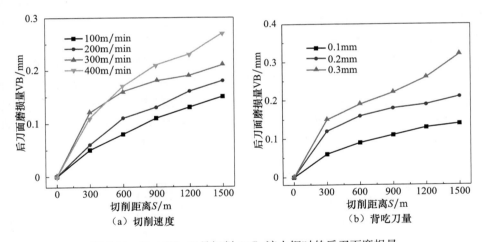

（a）切削速度　　　　　　　　（b）背吃刀量

图 7-34　G-ATC$_n$ 刀具切削 40Cr 淬火钢时的后刀面磨损量

切削速度 $v=300\text{m/min}$、进给量 $f=0.1\text{mm/r}$。如图 7-34 所示，G-ATC$_n$ 刀具后刀面磨损量均随切削速度的增加和背吃刀量的增加呈增大的趋势。G-ATC$_n$ 刀具在切削速度 $v=300\text{m/min}$ 和背吃刀量 $a_p=0.1\text{mm}$ 或 0.2mm 时，刀具的磨损较为平缓。而尽管切削速度较低（$v=100\text{m/min}$ 和 $v=200\text{m/min}$）时刀具后刀面磨损量较小，但随切削距离的增加几乎呈直线增大。

G-ATC$_n$ 刀具切削加工工件的表面粗糙度随切削参数的变化如图 7-35 所示。图 7-35（a）中，背吃刀量 $a_p=0.2\text{mm}$、进给量 $f=0.1\text{mm/r}$；图 7-35（b）中，切削速度 $v=300\text{m/min}$、进给量 $f=0.1\text{mm/r}$。G-ATC$_n$ 刀具加工工件的表面粗糙度随切削速度的增加逐渐降低，随背吃刀量的增加而提高。当 $v=300\text{m/min}$ 和

$a_p=0.1$mm时，工件表面的平均表面粗糙度 R_a 最低，约为 1.3μm。

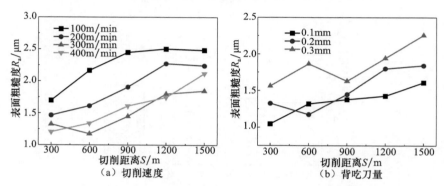

图 7-35　G-ATC$_n$ 刀具切削 40Cr 淬火钢时工件的表面粗糙度

　　G-ATC$_n$ 刀具切削时的切削力和切削温度随切削参数的变化如图 7-36 所示。主切削力随切削速度和背吃刀量的增大而升高，轴向力 F_x 和径向力 F_y 在各切削参数下均较小，且变化不大。随切削速度的升高，切削温度逐渐升高；随背吃刀量的增加，切削温度逐渐升高，当 $a_p=0.1$mm 时，切削温度最低，为 352.3℃。

　　相同切削速度下，随背吃刀量的增加，切削温度升高较快；而在相同背吃刀量的情况下，随切削速度的增加，切削温度升高较慢。分析原因认为，切削温度除受切削力、刀具和工件材料影响外，切屑的排热作用和切削产生的风冷作用也不容忽视。在切削速度升高时，排屑速率和风冷作用也逐渐增大；而在相同切削速度条件下，排屑速率和风冷作用几乎不变，所以切削温度升高较快。

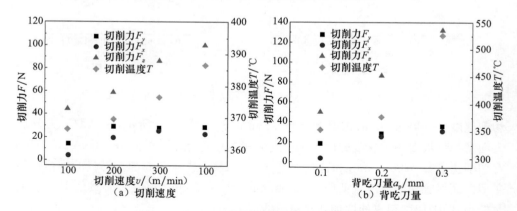

图 7-36　G-ATC$_n$ 刀具的切削力和切削温度随切削速度和背吃刀量的变化

　　G-ATC$_n$ 刀具在不同切削速度下切削的切屑如图 7-37 所示。在各速度条件下，切屑均呈连续带状，表面均存在一定的纹理。切屑存在一定的曲率，并随切削速度的增加而减小。切削速度越高，切屑表面的纹理越明显，当切削速度增加到

300m/min 以上,纹理呈周期性变化。G-ATCₙ 刀具在不同背吃刀量下切削的切屑如图 7-38 所示,背吃刀量越大,纹理越明显。

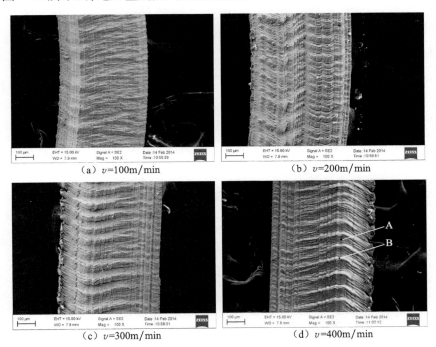

（a）v=100m/min　　　　　　　（b）v=200m/min

（c）v=300m/min　　　　　　　（d）v=400m/min

图 7-37　不同切削速度条件下 G-ATCₙ 刀具切削 40Cr 淬火钢的切屑形态

（a_p=0.2mm, f=0.1mm/r）

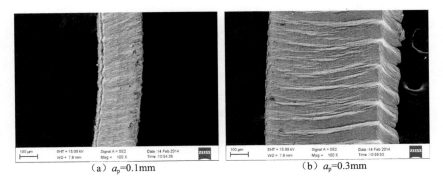

（a）a_p=0.1mm　　　　　　　（b）a_p=0.3mm

图 7-38　不同背吃刀量条件下 ATCₙ 梯度自润滑陶瓷刀具切削 40Cr 淬火钢时的切屑形态

（v=300m/min, f=0.1mm/r）

对图 7-37(d)切屑中交替分布的深色(A 点)和浅色(B 点)区域分别进行能谱分析,结果如图 7-39 所示。深色区以 Fe 为主,也存在少量的 O 元素;浅色区 O 和 Fe 元素的含量几乎相同,且 O 元素的含量高于 A 区 3 倍多。元素分析结果表明,切屑均发生了一定的氧化,但深色区氧化程度轻而浅色区氧化程度高。比较图 7-37 和图 7-38,在高切削速度和大背吃刀量条件下,GATC$_n$ 刀具切削后产生的切屑均交替出现氧化严重区。切削速度越高和背吃刀量越大,氧化严重区越明显,宽度越大,如图 7-37(d)和图 7-38(b)所示。

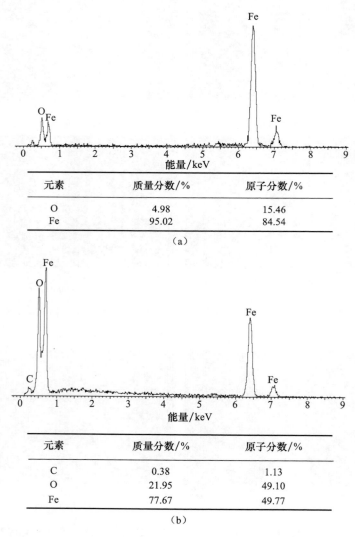

元素	质量分数/%	原子分数/%
O	4.98	15.46
Fe	95.02	84.54

（a）

元素	质量分数/%	原子分数/%
C	0.38	1.13
O	21.95	49.10
Fe	77.67	49.77

（b）

图 7-39　切屑的电子能谱分析[图 7-37(d)中的 A 点与 B 点]

结合切削力和切削温度结果分析原因认为,切削速度越高和背吃刀量越大,切削力和切削温度也越高,导致加工工件表面氧化。与此同时,高切削力和高切削热的作用使刀具中的纳米 CaF_2 "溢出"进入刀屑接触区产生润滑作用,降低切削力和切削温度,缓解工件的加工氧化,实现减摩与耐磨作用。切削力、切削热的不断升高和降低使切屑呈现氧化严重区和氧化轻微区不断交替变化的形态。

7.3.4　纳米固体润滑剂与梯度设计协同改性陶瓷刀具的减摩耐磨机理

如前文所示,在切削速度 $v=300\text{m/min}$、背吃刀量 $a_p=0.2\text{mm}$ 和进给量 $f=0.1\text{mm/r}$ 条件下切削 40Cr 淬火钢。G-ATC$_n$ 刀具在切削 6000m 时,后刀具磨损量 VB=0.34mm;而 G-ATWC$_n$ 刀具在切削 1500m 时,后刀面磨损量 VB=0.35mm。G-ATC$_n$ 刀具的切削性能明显高于 G-ATWC$_n$ 刀具。采用扫描电镜观察两种梯度自润滑陶瓷刀具前刀面和后刀面的磨损形貌,分析减摩耐磨机理。

1. 前刀面磨损机理

如图 7-40 所示,G-ATC$_n$ 刀具前刀面发生了微崩刃,并且前刀面出现了直径约 $100\mu\text{m}$ 的圆状剥离区,即月牙洼磨损。但是,剥离区边缘仍然存在规则的摩擦痕迹,表明前刀面上发生月牙洼磨损后刀具仍可进行切削加工,未直接导致刀具失效;G-ATWC$_n$ 刀具前刀面没有发生微崩刃,月牙洼磨损面积仅为 G-ATC$_n$ 刀具的 1/4 左右,且深度较浅。结果表明,G-ATC$_n$ 刀具的前刀面磨损均以微崩刃和月牙洼磨损为主,G-ATWC$_n$ 刀具只存在轻微的月牙洼磨损;G-ATWC$_n$ 刀具虽然硬度较低,磨损较快,但由于梯度设计使刀具表面具有较大的残余压应力,提高了刀具抗微崩刃和月牙洼磨损的能力。

(a) G-ATC$_n$刀具　　　　　　　　　(b) G-ATWC$_n$刀具

图 7-40　切削 40Cr 淬火钢时刀具前刀面 SEM 照片

($v=300\text{m/min}, a_p=0.2\text{mm}, f=0.1\text{mm/r}$)

切削过程中刀具和切屑交界处存在剧烈的摩擦,切削热和切削力的作用使刀具前刀面产生磨损,形成月牙洼磨损。月牙洼磨损会在一定程度上改变切削参数,降低了刀具的性能,最终导致刀具失效。对 G-ATC$_n$ 刀具前刀面上月牙洼中的 A 点和月牙洼外摩擦区 B 点进行了能谱分析,结果如图 7-41 所示。除存在少量的

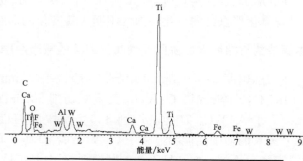

元素	质量分数/%	原子分数/%
C	1.73	4.49
O	23.00	44.86
F	2.59	4.25
Al	2.35	2.72
Ca	2.32	1.81
Ti	59.26	38.60
Fe	4.58	2.56

（a）A点

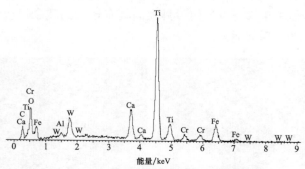

元素	质量分数/%	原子分数/%
C	0.49	1.34
O	24.34	49.79
Al	0.53	0.64
Ca	6.85	5.59
Ti	46.79	31.97
Cr	3.19	2.01
Fe	13.46	7.89

（b）B点

图 7-41　G-ATC$_n$ 刀具前刀面的能谱分析

Fe 元素外，月牙洼中（A 点）元素的含量接近于陶瓷刀具本身。而摩擦区（B 点）Ca 元素含量约为 A 点的 3 倍，表明 B 点处的纳米 CaF_2 较多；Fe 元素的含量也比 A 点增加了 3 倍左右，并且在基体 Al_2O_3 降低的情况下，O 元素的含量还有所增加，表明切屑发生了氧化。同时，B 点的 Ca 元素含量远高于 A 点，表明 B 点的纳米 CaF_2 较多。综合分析认为，B 点 Ca 元素的增加主要是纳米 CaF_2 在切削摩擦的作用下沿切削方向发生移动，在刀-屑分离时大部分留在了刀具表面。B 点 CaF_2 含量的增加具有显著的减摩作用，加快排屑，降低刀-屑分离时产生的黏着作用。前刀面的摩擦区（B 点）有部分 Fe 和 Fe 的氧化物残留，这可能引发黏着磨损。

　　图 7-42 为 $G-ATC_n$ 刀具切削淬火 40Cr 钢时的前刀面磨损形貌的背散射图及各元素线扫描图。如图 7-42（a）所示，刀具前刀面的刀屑接触区形成了一层比较完整的固体润滑膜，这种膜具有良好的减摩效果。采用电子能谱分析固体润滑膜的组成成分，结果如图 7-42（b）～（f）所示。

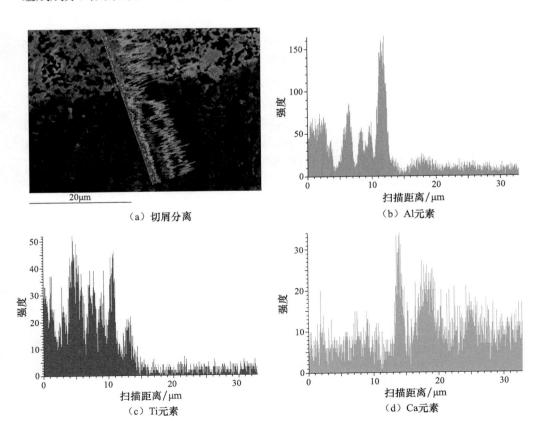

（a）切屑分离　　　　　　　　　　（b）Al 元素

（c）Ti 元素　　　　　　　　　　（d）Ca 元素

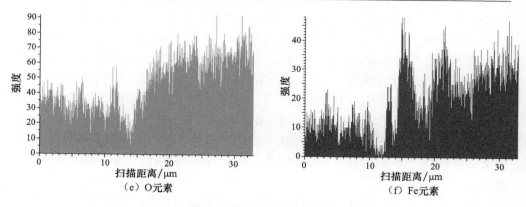

（e）O元素　　　　　　　　　　　　　（f）Fe元素

图 7-42　前刀面刀屑接触区的背散射图和能谱分析图

如图 7-42（b）和（c）所示，固体润滑膜中 Al 和 Ti 元素远低于基体，考虑到膜比较薄，测试出的 Al 和 Ti 元素可能来自于固体润滑膜覆盖的基体材料，即可认为固体润滑膜中不含基体 Al_2O_3 和 TiC；如图 7-42（d）所示，Ca 元素含量明显升高，表明 CaF_2 是固体润滑膜的主要成分；如图 7-42（e）和（f）所示，Fe 和 O 元素的含量比刀屑接触区外的位置多，表明切屑发生了氧化并有部分残留在了刀具前刀面上。此外，比较固体润滑膜同一直线上 Ca 和 Fe 元素的分布还发现：首先，固体润滑膜的边缘处 Ca 元素很多，而 Fe 元素很少，这说明切屑分离时 CaF_2 留在了前刀面上；其次，Ca 和 Fe 元素的分布趋势相反，即沿切屑排出方向，CaF_2 逐渐增多，而切屑逐渐减少，这表明 CaF_2 具有加快排出切屑的作用，使刀具前刀面具有较高的抗黏着磨损能力；最后，Ca 元素峰强度高的地方 Fe 元素峰弱，反之亦然，这表明 CaF_2 和切屑的浸润性较差。

分析纳米 CaF_2 的减摩机理认为，在切削过程中刀具前刀面形成了以纳米 CaF_2 为主体的固体润滑膜，由于固体润滑膜的剪切强度低，在切削过程中具有良好的减摩效果；而固体润滑膜中的 CaF_2 可加速切屑的排出和降低切削温度，且 CaF_2 不会随切屑排出系统，保证了切削加工中固体润滑膜的时效性。

2. 后刀面磨损机理

如图 7-43（a）所示，$G\text{-}ATC_n$ 刀具的后刀面同样可以观察到微崩刃磨损；如图 7-43（c）所示，$G\text{-}ATC_n$ 刀具的后刀面磨损较为平整，磨损面上存在部分狭长的塑性黏着区；如图 7-43（b）和（d）所示，$G\text{-}ATWC_n$ 刀具的后刀面存在明显的犁沟，这是发生严重磨粒磨损的痕迹，并且其后刀面磨损面上同样存在部分狭长的塑性黏着区。结果表明，$G\text{-}ATC_n$ 刀具的后刀面磨损为微崩刃和黏着磨损；$G\text{-}ATWC_n$ 刀具的后刀面磨损为磨粒磨损和黏着磨损。

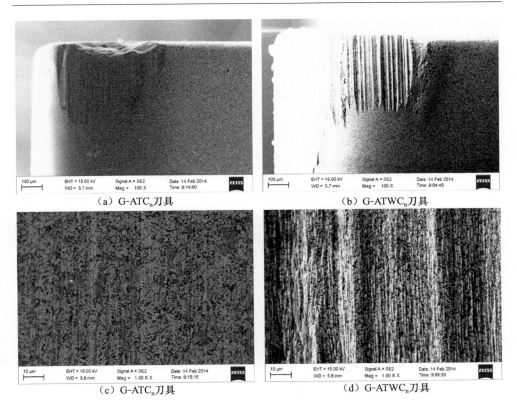

（a）G-ATC$_n$刀具　　　　　　（b）G-ATWC$_n$刀具

（c）G-ATC$_n$刀具　　　　　　（d）G-ATWC$_n$刀具

图 7-43　梯度自润滑刀具切削 40Cr 淬火钢时刀具后刀面 SEM 照片

（v＝300m/min,a_p＝0.2mm,f＝0.1mm/r）

如图 7-43（c）和（d）所示,刀具后刀面上均存在塑性黏着区,采用电子能谱分析其物相组成。如图 7-44 所示,G-ATC$_n$ 刀具塑性区以 Fe 元素为主,O 元素的原子分数仅为 2.87%;而 G-ATWC$_n$ 刀具塑性区中的 O 元素的原子分数高达 8.76%,约为前者的 3 倍。结果表明,切削过程中产生了工件元素向刀具表面的转移,并且 G-ATWC$_n$ 刀具切削中切屑的氧化程度显著高于 G-ATC$_n$ 刀具。

分析认为,Fe 的氧化程度与切削温度有关,切削温度越高,氧化越严重。纳米 CaF$_2$ 具有良好的润滑作用,并且有利于切屑的排出。如前文所示,梯度设计两种梯度刀具表层的纳米 CaF$_2$ 含量与均质刀具相同,具有较好的减摩和润滑作用,排屑作用高,抗黏着磨损能力强,这有利于降低切削温度,延长刀具寿命。

图 7-45 给出了两种刀具切削后产生切屑的 SEM 照片。在相同的切削条件下,G-ATC$_n$ 刀具切削时产生的切屑呈弯曲的连续带状,扫描电镜下可以观察到切屑表面存在规则分布的纹理,表明存在周期性变化的切削状态,如切削力、切削温度等,切削边缘呈现细小的齿状形态;G-ATWC$_n$ 刀具切削产生的切屑平直,切屑边缘呈明显锯齿状,为锯齿状切屑形态,切屑表面平滑。

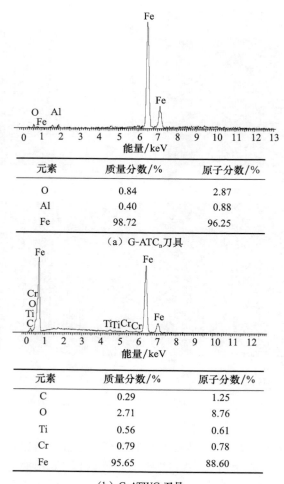

（a）G-ATCn刀具

元素	质量分数/%	原子分数/%
O	0.84	2.87
Al	0.40	0.88
Fe	98.72	96.25

（a）G-ATCn刀具

元素	质量分数/%	原子分数/%
C	0.29	1.25
O	2.71	8.76
Ti	0.56	0.61
Cr	0.79	0.78
Fe	95.65	88.60

（b）G-ATWCn刀具

图 7-44　两种刀具上黏着物的 EDS 分析

对 G-ATWCn 刀具加工产生的切屑进行能谱分析,结果如图 7-46 所示。对比图 7-46 和图 7-39 发现,G-ATWCn 刀具加工的切屑表面整体均发生了严重的氧化,O 元素含量高于 G-ATCn 刀具的氧化严重区。

分析切屑形态可知,G-ATCn 刀具加工的带状切屑形态均匀,切屑氧化区宽度较小,氧化程度较轻;G-ATWCn 刀具产生的锯齿状切屑氧化程度较为严重,锯齿形态不规则。

综上所述,G-ATCn 刀具的前刀面磨损包括微崩刃和月牙洼磨损,后刀面磨损包括微崩刃和黏着磨损;G-ATWCn 刀具的前刀面也存在轻微的月牙洼磨损,后刀面为磨粒磨损和黏着磨损。

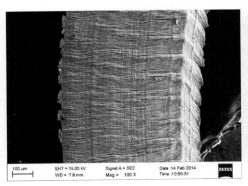
（a）G-ATC$_n$刀具

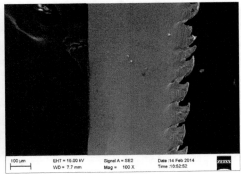
（b）G-ATWC$_n$刀具

图 7-45　两种梯度陶瓷刀具切削加工产生的切屑

（$v=300\mathrm{m/min}, a_\mathrm{p}=0.2\mathrm{mm}, f=0.1\mathrm{mm/r}$）

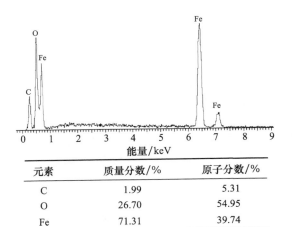

元素	质量分数/%	原子分数/%
C	1.99	5.31
O	26.70	54.95
Fe	71.31	39.74

图 7-46　G-ATWC$_n$ 刀具切削加工产生切屑的能谱分析

参 考 文 献

艾兴,萧虹.1988.陶瓷刀具切削加工[M].北京:机械工业出版社

包亦望,苏胜彪,黄肇瑞.2002.对称型陶瓷材料层状复合材料中的残余应力分析[J].材料研究学报,16(5):449-457

蔡旬,赵涛,陈秋龙,等.2002.铸造铝合金激光表面改性金属-陶瓷梯度层[J].机械工程材料,26(1):25-28

曹同坤.2005.自润滑陶瓷刀具的设计开发及其自润滑机理研究[D].济南:山东大学

曹同坤,高伟.2009.Al_2O_3/TiC/CaF_2陶瓷的摩擦磨损及自润滑膜的形成机理研究[J].材料工程,(9):75-79

陈蓓,丁培道.2001.强界面结合层状陶瓷研究现状及增韧机制[J].材料导报,15(6):28-29

陈辉,许崇海,肖光春,等.2014.TiB_2/WC/h-BN纳微米复合梯度自润滑陶瓷材料的设计与制备[J].人工晶体学报,43(8):2091-2097

邓建新,曹同坤,艾兴.2006.Al_2O_3/TiC/CaF_2自润滑陶瓷刀具切削过程中的减摩机理[J].机械工程学报,42(7):109-113

邓建新,李兆前,艾兴.1995.晶须增韧陶瓷复合材料的界面行为研究[J].材料导报,9(4):67-69

邓建新,丁泽良,赵军,等.2003.高温自润滑陶瓷刀具材料及其切削性能的研究[J].机械工程学报,39(8):106-109

郭景坤,诸培南.1996.复相陶瓷材料的设计原则[J].硅酸盐学报,24(1):7-12

韩杰才,徐丽,王保林,等.2004.梯度功能材料的研究进展及展望[J].固体火箭技术,27(3):207-215

黄旭涛,严密.1997.功能梯度材料:回顾与展望[J].材料科学与工程,15(4):35-38

金卓仁,程继贵,夏永红.2001.梯度自润滑滑动轴承的研制[J].机械工程学报,37(3):81-84

李彬.2010.原位反应自润滑陶瓷刀具的设计开发及其减摩机理研究[D].济南:山东大学

李长虹.2006.梯度铜石墨自润滑材料及摩擦性能研究[D].北京:北京交通大学

李艳征.2011.Al_2O_3基梯度纳米复合陶瓷刀具的研制及切削性能研究[D].济南:山东大学

梁英教,车荫昌,刘晓霞,等.1994.无机物热力学数据手册[M].沈阳:东北大学出版社

刘莉莉.2006.梯度陶瓷喷嘴的设计理论及其应用研究[D].济南:山东大学

刘雪峰,赵劲松,谢建新,等.2008.不锈钢背锡青铜梯度自润滑材料的评价[J].复合材料学报,25(4):131-136

马国政,徐滨士,王海斗,等.2010.空间固体润滑材料的研究现状[J].材料导报,24(1):68-71

仇启源,庞思勤.1992.现代金属切削技术[M].北京:机械工业出版社

宋文龙,邓建新,吴泽,等.2010.镶嵌固体润滑剂的自润滑刀具切削温度研究[J].农业机械学报,41(1):205-210

王华明,于荣莉,李锁岐.2002.激光熔覆Al_2O_3/CaF_2陶瓷基高温自润滑耐磨复合材料涂层组织与耐磨性研究[J].应用激光,22(2):86-88,168

王黎钦,应丽霞,古乐,等.2002.固体自润滑复合材料研究进展及其制备技术发展趋势[J].机械工程师,(9):6-8

王一三,黄文.1999.铁基自润滑梯度复合层的研究[J].机械工程材料,23(1):18-19,32

魏羟,周白杨,陈顺宽.2009.新型镶嵌式自润滑轴承材料的摩擦磨损性能研究[J].材料热处理技术,(14):81-84

温诗铸,黄平.2002.摩擦学原理[M].2版.北京:清华大学出版社

吴光永.2012.梯度自润滑陶瓷刀具材料的研制及其减摩耐磨机理研究[D].济南:山东轻工业学院

吴泽,邓建新,亓婷,等.2010.微织构自润滑刀具的切削性能研究[J].工具技术,45(7):18-22

谢凤,朱江.2007.固体润滑剂概述[J].合成润滑材料,34(1):31-32

解念锁,李春月,冯晓明,等.2010.SiC_p/Cu梯度复合材料热疲劳性能研究[J].铸造技术,31(6):706-709

徐秀国.2013.纳微米复合梯度自润滑陶瓷刀具的研制及其切削性能研究[D].济南:齐鲁工业大学

徐秀国,许崇海,方斌,等.2014.TiB_2/WC/h-BN自润滑陶瓷刀具材料的制备及其力学性能[J].材料工程,(4):63-67

许崇海,肖光春,张永莲.2013.层数对Al_2O_3/TiC/CaF_2梯度自润滑陶瓷刀具材料残余应力的影响[J].人工晶体学报,42(10):2114-2120

许崇海,肖光春,张永莲.2014.热物性参数对Al_2O_3/(W,Ti)C/CaF_2梯度自润滑陶瓷刀具材料残余应力的影响[J].人工晶体学报,43(7):1744-1750

许崇海,吴光永,张永莲,等.2014.多元梯度自润滑陶瓷刀具材料的研制[J].机械工程学报,50(7):94-101

许富民,齐民,朱世杰,等.2002.SiC颗粒增强Al基梯度复合材料的制备与性能[J].金属学报,38(9):998-1001

叶大伦,胡建华.2002.实用无机物热力学数据手册[M].北京:冶金工业出版社

叶先磊,史亚杰.2003.ANSYS工程分析软件应用实例[M].北京:清华大学出版社

衣明东.2010.基于摩擦学设计的氧化锆纳米复合陶瓷模具材料的研究与应用[D].济南:山东轻工业学院

衣明东.2014.纳米固体润滑剂与梯度设计协同改性陶瓷刀具的研究[D].济南:山东大学

衣明东,许崇海,肖光春.2014.添加纳米固体润滑剂的自润滑陶瓷材料高温摩擦磨损性能研究[J].人工晶体学报,43(9):2372-2376,2383

衣明东,许崇海,陈照强,等.2014.纳米CaF_2对自润滑陶瓷材料力学性能的影响[J].硅酸盐学报,42(9):1288-1133

尹飞,陈康华,王社全.2005.基体的梯度结构对涂层硬质合金性能的影响[J].中南大学学报(自然科学版),36(5):776-779

尹衍升,张景德,李嘉,等.2003.Fe_3Al/Al_2O_3梯度复合涂层的摩擦磨损性能[J].摩擦学学报,23(5):376-379

员冬玲.2009.层状复合陶瓷喷嘴的设计制造及其应用研究[D].济南:山东大学

袁麒.2010.功能梯度材料的残余应力分析[D].大连:大连理工大学

张定军,王爱芳,吴有智.2011.Ni-Al基自润滑复合材料的制备及其摩擦学性能[J].材料科学与

工程学报,29(1):80-85

张丽娟,饶秋华,贺跃辉,等. 2005. 梯度功能材料热应力的研究进展[J]. 粉末冶金材料科学与工程,10(5):257-263

张永莲. 2012. 自润滑陶瓷刀具材料的梯度设计及应用[D]. 济南:山东轻工业学院

赵金龙. 2008. MoS_2/Zr 系列"软"涂层自润滑刀具的研究[D]. 济南:山东大学

赵军. 1998. 新型梯度功能陶瓷刀具材料的设计制造及其切削性能研究[D]. 济南:山东工业大学

赵军,艾兴,张建华. 1997. 功能梯度材料的发展及展望[J]. 材料导报,1(4):57-60

赵军,丁代存,艾兴. 2005. Al_2O_3/TiC 对称型梯度功能陶瓷材料的抗热震性[J]. 稀有金属材料与工程,34(增刊1):1047-1050

赵军,艾兴,张建华,等. 1998. 梯度功能陶瓷刀具材料的残余应力设计及制备[J]. 硅酸盐学报,26(3):292-299

赵群,孙志昂. 1996. 对氧化铝陶瓷液相烧结的研究[J]. 轻金属,8:13-16

郑光明. 2012. Sialon-Si_3N_4 梯度纳米复合陶瓷刀具的研制及高速切削性能研究[D]. 济南:山东大学

周静,曹兴进,张隆平,等. 2002. 等离子喷涂 NiCr 合金基复合梯度润滑涂层的组织与力学性能研究[J]. 表面技术,31(3):17-20

邹俭鹏,阮建明,周忠诚,等. 2005. 功能梯度材料的设计与制备以及性能评价[J]. 粉末冶金材料科学与工程,10(2):78-87

Ahn Y, Chandrasekar S, Farris T N. 1996. Determination of surface residual in machined ceramics using indentation fracture[J]. Journals of Manufacturing Science and Engineering,118:483-489

Ai X, Zhao J, Huang C Z, et al. 1998. Development of an advanced ceramic tool material——functionally gradient cutting ceramics[J]. Materials Science and Engineering A,248:125-131

Anstis G R, Chantikul P, Lawn B R, et al. 1981. A critical evaluation of indentation techniques for measuring fracture toughness: I. Direct crack measurements[J]. Journal of American Ceramic Society,64:533-538

Awaji H, Choi S M, Yagi E. 2002. Mechanisms of toughening and strengthening in ceramic-based nanocomposites[J]. Mechanics of Materials,34:411-422

Balog M, Kečkéš J, Schöberl T, et al. 2007. Nano/macro-hardness and fracture resistance of Si_3N_4/SiC composites with up to 13 wt. % of SiC nano-particles[J]. Journal of the European Ceramic Society,27(5):2145-2152

Cai P Z, Green D J, Messing G L. 1998. Mechanical characterization of Al_2O_3/ZrO_2 hybird laminates[J]. Journal of the European Ceramic Society,5:2025-2034

Calvié E, Réthoré J, Joly-Pottuz L. 2014. Mechanical behavior law of ceramic nanoparticles from transmission electron microscopy in situ nano-compression tests[J]. Materials Letters,119:107-110

Cao M R, Wang S B, Han W B. 2012. Influence of nanosized SiC particle on the fracture toughness of ZrB_2-based nanocomposite ceramic[J]. Materials Science and Engineering A,527(12):2925-2928

Chen H, Xu C H, Xu X G, et al. 2014. Cutting performance of TiB$_2$/WC/h-BN micro/nano-composite gradient self-lubricating ceramic tool when machining carbon steel[J]. Advanced Materials Research, 887-888: 1205-1209

Chiu W K, Yu K M. 2008. Direct digital manufacturing of three-dimensional functionally graded material objects[J]. Computer-Aided Design, (40): 1080-1093

Choi S, Awaji H. 2005. Nanocomposites—A new material design concept[J]. Science and Technology of Advanced Materials, 6(1): 2-10

de Portu G, Micele L, Prandstaller D, et al. 2006. Abrasive wear in ceramic laminated composites [J]. Wear, 260(9-10): 1104-1111

Deng J X, Liu L L, Ding M W. 2007. Gradient structures in ceramic nozzles for improved erosion wear resistance[J]. Ceramics International, 33(7): 1255-1261

Deng J X, Liu L L, Ding M W. 2007. Sand erosion performance of SiC/(W,Ti)C gradient ceramic nozzles by abrasive air-jets[J]. Materials & Design, 28(7): 2099-2105

Deng J X, Duan Z X, Yun D L, et al. 2010. Fabrication and performance of Al$_2$O$_3$/(W,Ti)C+Al$_2$O$_3$/TiC multilayered ceramic cutting tools[J]. Materials Science and Engineering A, 527: 1039-1047

Deng J X, Liu L L, Li J F, et al. 2007. Development of SiC/(W,Ti)C gradient ceramic nozzle materials for sand blasting surface treatments[J]. International Journal of Refractory Metals and Hard Materials, 25(2): 130-137

Dong L R, Li C S, Tang H. 2010. Tribological properties of Ag/BSCCO self-lubricating composites [J]. International Journal of Modern Physics B, 15-16: 2664-2669

Dong Y L, Xu F M, Shi X L, et al. 2009. Fabrication and mechanical properties of nano-/micro-sized Al$_2$O$_3$/SiC composites[J]. Materials Science and Engineering A, 504(1-2): 49-54

Eshelby J D. 1957. The determination of the elastic field of an ellipsoidal inclusion, and related problem[J]. Proceedings of the Royal Society of London A, 241: 376-396

Finot M, Suresh S, Bull C, et al. 1996. Curvature changes during thermal cycling of a compositionally graded Ni-Al$_2$O$_3$ multi-layered material[J]. Materials Science and Engineering A, 205 (1-2): 59-71

Gao L, Jin X, Kawaoka H, et al. 2002. Microstructure and mechanical properties of SiC-mullite nanocomposite prepared by spark plasma sintering[J]. Materials Science and Engineering A, 334(1): 262-266

Golombek K, Mikula J, Pakula D, et al. 2008. Sintered tool materials with multi- component PVD gradient coatings[J]. Journal of Achievements in Materials and Manufacturing Engineering, 31 (1): 15-22

Green D J. 1982. Critical microstructures for microcracking in Al$_2$O$_3$-ZrO$_2$ composites[J]. Journal of the American Ceramic Society, 65(12): 610-614

Grzesik W. 2009. Wear development on wiper Al$_2$O$_3$-TiC mixed ceramic tools in hard machining of high strength steel[J]. Wear, 266(9-10): 1021-1028

Guo X Z, Yang H, Zhu X Y, et al. 2013. Preparation and properties of nano-SiC-based ceramic composites containing nano-TiN[J]. Scripta Materialia, 68(5): 281-284

Haider J, Rahman M, Corcoran B, et al. 2005. Simulation of thermal stress in magnetron sputtered thin coating by finite element analysis[J]. Journal of Materials Processing Technology, 168(1): 36-41

He R J, Zhang R B, Pei Y M, et al. 2014. Two-step hot pressing of bimodal micron/nano-ZrB₂ ceramic with improved mechanical properties and thermal shock resistance[J]. International Journal of Refractory Metals and Hard Materials, 46: 65-70

Hu X G, Hu S L, Zhao Y S. 2005. Synthesis of nano-metric molybdenum disulphide particles and evaluation of friction and wear properties[J]. Lubrication Science, 7(3): 295-308

Hvizdŏs P, Jonsson D, Anglada M, et al. 2007. Mechanical properties and thermal shock behaviour of an alumina/zirconia functionally graded material prepared by electrophoretic deposition[J]. Journal of the European Ceramic Society, 27: 1365-1371

Jiang D, Van B O, Vleugels J. 2007. ZrO₂-WC nanocomposites with superior properties[J]. Journal of the European Ceramic Society, 27(2): 1247-1251

Jiao S, Jenkins M L, Davidge R W. 1997. Interfacial fracture energy-mechanical behavior relationship in Al₂O₃/SiC and Al₂O₃/TiN nanocomposites[J]. Acta Materialia, 45(1): 149-153

Jin G, Takeuchi M, Honda S, et al. 2005. Properties of multilayered mullite/Mo functionally graded materials fabricated by powder metallurgy processing[J]. Materials Chemistry and Physics, 89: 238-243

Karch J, Birringer R, Gleiter H. 1987. Ceramics ductile at low temperature[J]. Nature, 330: 556-558

Kerner E H. 1956. The elastic and thermal-elastic properties of composite media[C]. Proceedings of the Physical Society, London, B69: 808-813

Kieback B, Neubrand A, Riedel H. 2003. Processing techniques for functionally graded materials [J]. Materials Science and Engineering A, 362: 81-105

Kingery W D. 1962. The thermal conductivity of ceramic dielectrics[M]//Burke J E. Progress in Ceramic Science. New York: Pergamon Press, 2: 181

Kou X Y, Tan S T. 2007. Heterogeneous object modeling: A review[J]. Computer-Aided Design, (39): 284-301

Li X M, Zhang L T, Yin X W. 2013. Electromagnetic properties of pyrolytic carbon-Si₃N₄ ceramics with gradient PyC distribution[J]. Journal of the European Ceramic Society, 33(4): 647-651

Liu L L, Deng J X, Wang Y, et al. 2008. Design and development of SiC/(W, Ti)C gradient ceramic nozzle[J]. Science in China Series E: Technological Sciences, 51(1): 77-84

Liu Y R, Liu J J, Du Z. 1999. The cutting performance and wear mechanism of ceramic cutting tools with MoS₂ coating deposited by magnetron sputtering[J]. Wear, 231(4): 285-292

Lojanová S, Tatarko P, Chlup Z, et al. 2010. Rare-earth element doped Si₃N₄/SiC micro/nano-composites RT and HT mechanical properties[J]. Journal of the European Ceramic Society, 30

(9):1931-1944

Löffler M, Weissker U, Mühl T, et al. 2011. Robust determination of Young's modulus of indi-
vidual carbon nanotubes by quasi-static interaction with Lorentz forces[J]. Ultramicroscopy,
111(2):155-158

Mehrali M, Wakily H, Metselaar I. 2011. Residual stress and mechanical properties of Al_2O_3/
ZrO_2 functionally graded material prepared by EPD from 2-butanone based suspension[J].
Advances in Applied Ceramics, 110:35-40

Mori T, Tanaka K. 1973. Average stress in matrix and average elastic energy of materials with
misfitting inclusions[J]. Acta Metallurgica, 21:5471-5476

Nemat-Alla M. 2003. Reduction of thermal stresses by developing two-dimensional functionally
graded materials[J]. International Journal of Solids and Structures, 40:7339-7356

Niihara K. 1991. New design concept of structural ceramics-ceramic nanocomposites[J]. Journal
of the Ceramic Society of Japan, 99(10):974-982

Ohji T, Jeong Y K, Choa Y H, et al. 1998. Strengthening and toughening mechanism of ceramic
nano-composites[J]. Journal of the American Ceramic Society, 81(6):1453-1457

Ouyang J H, Sasaki S, Murakami T, et al. 2005. Tribological properties of spark-plasma-sintered
ZrO_2(Y_2O_3)/CaF_2/Ag composites at elevated temperatures[J]. Wear, 258:1444-1454

Pei X Q, Wang Q H, Chen J M. 2006. Structural and tribological responses of phenolphthale in
poly on electron irradiation[J]. Applied Surface Science, 252(10):3878-3883

Pezzotti G, Müller W H. 2001. Strengthening mechanisms in Al_2O_3/SiC nanocomposites[J].
Computational Materials Science, 22(3-4):155-168

Poncharal P, Wang Z L, Ugarte D, et al. 1999. Electrostatic deflections and electromechanical
resonances of carbon nanotubes[J]. Science, 283(5407):1513-1516

Rao P G, Iwasa M, Kondoh I, et al. 2003. Preparation and mechanical properties of Al_2O_3-15wt%
ZrO_2 composites[J]. Scripta Materialia, 48:437-441

Rapoport L, Leshchinsky V, Lapsker I, et al. 2003. Tribological properties of WS_2 nanoparticles
under mixed lubrication[J]. Wear, 255(1):785-793

Sekino T, Niihara K. 1995. Microstructural characteristics and mechanical properties for Al_2O_3/
metal nanocomposites[J]. Nanostructured Materials, 6(5):663-666

Stauffer D D, Beaber A, Wagner A, et al. 2012. Strain-hardening in submicron silicon pillars and
spheres[J]. Acta Materialia, 60(6-7):2471-2478

Sui X D, Huang X R. 2003. The characterization and water purification behavior of gradient
ceramic membranes[J]. Separation and Purification Technology, 32(1-3):73-79

Szafran M, Konopka K, Bobryk E, et al. 2007. Ceramic matrix composites with gradient concen-
tration of metal particles[J]. Journal of the European Ceramic Society, 27(2-3):651-654

Tan H L, Yang W. 1998. Toughening mechanisms of nano-composite ceramics[J]. Mechanics of
Materials, 30:111-123

Tian C Y, Jiang H, Liu N. 2011. Thermal shock behavior of Si_3N_4-TiN nano-composites[J].

International Journal of Refractory Metals and Hard Materials,29(1):14-20

Tian X H,Zhao J,Zhu N B,et al. 2014. Reparation and characterization of $Si_3N_4/(W,Ti)C$ nano-composite ceramic tool materials[J]. Materials Science and Engineering A,596:255-263

Tohgo K,Iizuka M,Araki H,et al. 2008. Influence of microstructure on fracture toughness distribution in ceramic-metal functionally graded materials[J]. Engineering Fracture Mechanics,75:4529-4541

Tsuda K,Ikegaya A. 1996. Development of functionally graded sintered hard materials[J]. Powder Metallurgy,39(4):296-300

Tyagi R. 2005. Synthesis and tribological characterization of in situ cast Al-TiC composites[J]. Wear,259:569-576

Tyagi R,Nath S K,Ray S. 2003. Modelling of dry sliding oxidation-modified wear in two phase materials[J]. Wear,255:327-332

Vanmeensel K,Anné G,Jiang D,et al. 2005. Processing of a graded ceramic cutting tool in the Al_2O_3-ZrO_2-$Ti(C,N)$ system by electrophoretic deposition[J]. Materials Science Forum,492-493:705-710

Wang Q H,Xu J F,Shen W C,et al. 1996. An investigation of the friction and wear properties of nanometer Si_3N_4 filled PEEK[J]. Wear,196(1-2):82-86

Wang R G,Pan W,Chen J,et al. 2002. Fabrication and characterization of machinable $Si_3N_4/$h-BN functionally graded materials[J]. Materials Research Bulletin,37(7):1269-1277

Wei C,Gao Y M,Can C,et al. 2010. Tribological characteristics of $Si_3N_4/$h-BN ceramic materials sliding against stainless steel without lubrication[J]. Wear,269(3-4):241-248

Wu G Y,Xu C H,Fang B,et al. 2014. Preparation of $TiB_2/WC/$h-BN micro-nano composite gradient self-lubricating ceramic tool materials[J]. Key Engineering Materials,589-590:307-311

Wu G Y,Xu C H,Zhang Y L,et al. 2001. State of the art of graded self-lubricating ceramic cutting tool materials[J]. Applied Mechanics and Materials,66-68:1598-1604

Wu G Y,Xu C H,Zhang Y L,et al. 2012. Development of $Al_2O_3/TiC/CaF_2$ graded self-lubricating ceramic cutting tool materials[J]. Materials Science Forum,723:258-263

Xu C H. 2005. Effects of particle size and matrix grain size and volume fraction of particles on the toughening of ceramic composite by thermal residual stress[J]. Ceramics International,31:537-542

Xu C H,Wu G Y,Xiao G C,et al. 2014. $Al_2O_3/(W,Ti)C/CaF_2$ multi-component graded self-lubricating ceramic cutting tool material[J]. International Journal of Refractory Metals and Hard Materials,45:125-129

Xu C H,Xiao G C,Zhang Y L,et al. 2014. Finite element design and fabrication of $Al_2O_3/TiC/CaF_2$ gradient self-lubricating ceramic tool material[J]. Ceramics International,40(7):10971-10983

Xu Y,Zangvil A,Kerber A. 1997. SiC nanoparticle-reinforced Al_2O_3 matrix composites:Role of intra-and intergranular particles[J]. Journal of the European Ceramic Society,17(7):921-928

Yang G, Li J C, Wang G C. 2005. Influences of ZrO_2 nanoparticles on the microstructure and mechanical behavior of Ce-TZP-Al_2O_3 nanocomposites[J]. Journal of Materials Science, 40: 6087-6090

Yi M D, Xu C H, Chen Z Q, et al. 2014. Effects of nano-Al_2O_3 on the mechanical property and microstructure of nano-micro composite self-lubricating ceramic tool material[J]. Materials Science Forum, 770: 308-311

Yi M D, Xu C H, Chen Z Q, et al. 2014. Preparation of Al_2O_3 based nano-micro composite gradient self-lubricating ceramic tool materials[J]. Materials Science Forum, 788: 613-616

Zhang D Y, Lin P, Dong G N, et al. 2013. Mechanical and tribological properties of self-lubricating laminated composites with flexible design[J]. Materials & Design, 50: 830-838

Zhang F C, Luo H H, Roberts S G. 2007. Mechanical properties and microstructure of Al_2O_3/mullite composite[J]. Journal of Materials Science, 42(16): 6798-6802

Zhang S X, Ong Z Y, Li T, et al. 2010. Ceramic composite components with gradient porosity by powder injection moulding[J]. Materials & Design, 31(6): 2897-2903

Zhang Y, Ma L. 2009. Optimization of ceramic strength using elastic gradients[J]. Acta Materialia, 57(9): 2721-2729

Zhang Z Y, Wang Z P, Liang B N. 2006. Tribological properties of flame sprayed Fe-Ni-RE alloy coatings under reciprocating sliding[J]. Tribological International, 39(11): 1462-1468

Zhao J, Ai X, Huang X P. 2002. Relationship between the thermal shock behavior and the cutting performance of a functionally gradient ceramic tool[J]. Journal of Materials Processing Technology, 129(1-3): 162-167

Zhao J, Yuan X L, Zhou Y H. 2010. Cutting performance and failure mechanisms of an Al_2O_3/WC/TiC micro-nano-composite ceramic tool[J]. International Journal of Refractory Metals and Hard Materials, 28(3): 330-337

Zhao J, Yuan X L, Zhou Y H. 2010. Processing and characterization of an Al_2O_3/WC/TiC micro-nano-composite ceramic tool material[J]. Materials Science and Engineering A, 527(7-8): 1844-1849

Zhao J, Ai X, Huang C Z, et al. 2003. An analysis of unsteady thermal stresses in a functionally gradient ceramic plate with symmetrical structure[J]. Ceramics International, 29(3): 279-285

Zhao X J, Zhang N, Ru H Q, et al. 2012. Mechanical properties and toughening mechanisms of silicon carbide nano-particulate reinforced Alon composites[J]. Materials Science and Engineering A, 538: 118-124

Zheng G M, Zhao J, Zhou Y H. 2012. Friction and wear behaviors of Sialon-Si_3N_4 graded nano-composite ceramic materials in sliding wear tests and in cutting processes[J]. Wear, 290-291: 41-50

Zou B, Huang C Z, Chen M, et al. 2007. Study of the mechanical properties, toughening and strengthening mechanisms of Si_3N_4/Si_3N_{4w}/TiN nanocomposite ceramic tool materials[J]. Acta Materialia, 55(12): 4193-4202